轨道交通装备制造业职业技能鉴定指导丛书

电器产品检验工

中国北车股份有限公司　编写

中国铁道出版社

２０１５年·北 京

图书在版编目(CIP)数据

电器产品检验工/中国北车股份有限公司编写.—北京:
中国铁道出版社,2015.5

(轨道交通装备制造业职业技能鉴定指导丛书)

ISBN 978-7-113-20006-0

Ⅰ.①电… Ⅱ.①中… Ⅲ.①日用电气器具—产品质
量—质量检验—职业技能—鉴定—自学参考资料 Ⅳ.
①TM925

中国版本图书馆 CIP 数据核字(2015)第 036758 号

书 名:	轨道交通装备制造业职业技能鉴定指导丛书
	电器产品检验工
作 者:	中国北车股份有限公司

策 划:	江新锡 钱士明 徐 艳
责任编辑:	陶赛赛 编辑部电话:010-51873193
编辑助理:	袁希翀
封面设计:	郑春鹏
责任校对:	王 杰
责任印制:	郭向伟

出版发行:	中国铁道出版社(100054,北京市西城区右安门西街 8 号)
网 址:	http://www.tdpress.com
印 刷:	北京海淀五色花印刷厂
版 次:	2015 年 5 月第 1 版 2015 年 5 月第 1 次印刷
开 本:	787 mm×1 092 mm 1/16 印张:13.25 字数:336 千
书 号:	ISBN 978-7-113-20006-0
定 价:	42.00 元

序

在党中央、国务院的正确决策和大力支持下，中国高铁事业迅猛发展。中国已成为全球高铁技术最全、集成能力最强、运营里程最长、运行速度最高的国家。高铁已成为中国外交的新名片，成为中国高端装备"走出国门"的排头兵。

中国北车作为高铁事业的积极参与者和主要推动者，在大力推动产品、技术创新的同时，始终站在人才队伍建设的重要战略高度，把高技能人才作为创新资源的重要组成部分，不断加大培养力度。广大技术工人立足本职岗位，用自己的聪明才智，为中国高铁事业的创新、发展做出了重要贡献，被李克强同志亲切地赞誉为"中国第一代高铁工人"。如今在这支近 5 万人的队伍中，持证率已超过96％，高技能人才占比已超过 60％，3 人荣获"中华技能大奖"，24 人荣获国务院"政府特殊津贴"，44 人荣获"全国技术能手"称号。

高技能人才队伍的发展，得益于国家的政策环境，得益于企业的发展，也得益于扎实的基础工作。自 2002 年起，中国北车作为国家首批职业技能鉴定试点企业，积极开展工作，编制鉴定教材，在构建企业技能人才评价体系、推动企业高技能人才队伍建设方面取得明显成效。为适应国家职业技能鉴定工作的不断深入，以及中国高端装备制造技术的快速发展，我们又组织修订、开发了覆盖所有职业（工种）的新教材。

在这次教材修订、开发中，编者们基于对多年鉴定工作规律的认识，提出了"核心技能要素"等概念，创造性地开发了《职业技能鉴定技能操作考核框架》。该《框架》作为技能人才评价的新标尺，填补了以往鉴定实操考试中缺乏命题水平评估标准的空白，很好地统一了不同鉴定机构的鉴定标准，大大提高了职业技能鉴定的公信力，具有广泛的适用性。

相信《轨道交通装备制造业职业技能鉴定指导丛书》的出版发行，对于促进我国职业技能鉴定工作的发展，对于推动高技能人才队伍的建设，对于振兴中国高端装备制造业，必将发挥积极的作用。

中国北车股份有限公司总裁：

2015. 2. 7

前　言

鉴定教材是职业技能鉴定工作的重要基础。2002 年,经原劳动保障部批准,中国北车成为国家职业技能鉴定首批试点中央企业,开始全面开展职业技能鉴定工作。2003 年,根据《国家职业标准》要求,并结合自身实际,组织开发了《职业技能鉴定指导丛书》,共涉及车工等 52 个职业(工种)的初、中、高 3 个等级。多年来,这些教材为不断提升技能人才素质、适应企业转型升级、实施"三步走"发展战略的需要发挥了重要作用。

随着企业的快速发展和国家职业技能鉴定工作的不断深入,特别是以高速动车组为代表的世界一流产品制造技术的快步发展,现有的职业技能鉴定教材在内容、标准等诸多方面,已明显不适应企业构建新型技能人才评价体系的要求。为此,公司决定修订、开发《轨道交通装备制造业职业技能鉴定指导丛书》(以下简称《丛书》)。

本《丛书》的修订、开发,始终围绕促进实现中国北车"三步走"发展战略、打造世界一流企业的目标,努力遵循"执行国家标准与体现企业实际需要相结合、继承和发展相结合、坚持质量第一、坚持岗位个性服从于职业共性"四项工作原则,以提高中国北车技术工人队伍整体素质为目的,以主要和关键技术职业为重点,依据《国家职业标准》对知识、技能的各项要求,力求通过自主开发、借鉴吸收、创新发展,进一步推动企业职业技能鉴定教材建设,确保职业技能鉴定工作更好地满足企业发展对高技能人才队伍建设工作的迫切需要。

本《丛书》修订、开发中,认真总结和梳理了过去 12 年企业鉴定工作的经验以及对鉴定工作规律的认识,本着"紧密结合企业工作实际,完整贯彻落实《国家职业标准》,切实提高职业技能鉴定工作质量"的基本理念,在技能操作考核方面提出了"核心技能要素"和"完整落实《国家职业标准》"两个概念,并探索、开发出了中国北车《职业技能鉴定技能操作考核框架》;对于暂无《国家职业标准》、又无相关行业职业标准的 40 个职业,按照国家有关《技术规程》开发了《中国北车职业标准》。经 2014 年技师、高级技师技能鉴定实作考试中 27 个职业的试用表明:该《框架》既完整反映了《国家职业标准》对理论和技能两方面的要求,又适应了企业生产和技术工人队伍建设的需要,突破了以往技能鉴定实作考核中试卷的难度与完整性评估的"瓶颈",统一了不同产品、不同技术含量企业的鉴定标准,提高了鉴定考核的技术含量,保证了职业技能鉴定的公平性,提高了职业技能鉴定工作质量和管理水平,将成为职业技能鉴定工作、进而成为生产操作者技能素质评价的新标尺。

本《丛书》共涉及98个职业(工种),覆盖了中国北车开展职业技能鉴定的所有职业(工种)。《丛书》中每一职业(工种)又分为初、中、高3个技能等级,并按职业技能鉴定理论、技能考试的内容和形式编写。其中:理论知识部分包括知识要求练习题与答案;技能操作部分包括《技能考核框架》和《样题与分析》。本《丛书》按职业(工种)分册,并计划第一批出版74个职业(工种)。

本《丛书》在修订、开发中,仍侧重于相关理论知识和技能要求的应知应会,若要更全面、系统地掌握《国家职业标准》规定的理论与技能要求,还可参考其他相关教材。

本《丛书》在修订、开发中得到了所属企业各级领导、技术专家、技能专家和培训、鉴定工作人员的大力支持;人力资源和社会保障部职业能力建设司和职业技能鉴定中心、中国铁道出版社等有关部门也给予了热情关怀和帮助,我们在此一并表示衷心感谢。

本《丛书》之《电器产品检验工》由永济新时速电机电器有限责任公司《电器产品检验工》项目组编写。主编陈强;主审贺兴跃,副主审冯列万、牛志钧、贾健;参编人员于秀丽、耿涛、李世江、许珂、杨惠兰、胡梦娇。

由于时间及水平所限,本《丛书》难免有错、漏之处,敬请读者批评指正。

中国北车职业技能鉴定教材修订、开发编审委员会
二〇一四年十二月二十二日

目　　录

电器产品检验工(职业道德)习题

一、填空题

1. 职业道德是事业( )的保证。

2. 诚实守信就是指真实不欺,遵守( )的品德及行为。

3. 团结互助有利于营造人际和谐气氛,有利于增强企业的( )。

4. 创新的本质是( ),即突破旧的思维定势,突破旧的常规戒律。

5. 职业道德就是从事一定职业的人,在特定的( )和劳动过程中,所应当遵守的,与其职业活动紧密相连的道德原则和规范的总和。

6. 遵纪守法是从业人员的( )和必备素质。

7. 文明礼貌是从业人员的( )。

8. 办事公道不仅是对手中掌握一定权力的人的要求,而且是对( )的道德要求。

9. 职业纪律是在( )的职业活动范围内从事某种职业的人们必须共同遵守的行为准则。

10. 职业道德品质的养成,不是一蹴而就的,要自觉从小事做起,从( )做起。

11. 文明礼貌是维护企业( )的手段之一。

12. 一个人如果他不爱岗,就不可能会( )。

13. 爱岗敬业的具体要求是树立职业理想、( )、提高职业技能。

14. 办事公道是企业赢得良好信誉,赢得市场,保证企业( )的重要条件。

15. 创新是事业( )的最佳手段。

16. 班组文明生产,在一定程度上反映了企业的( ),科学技术水平和职工的精神风貌。

17. 工业企业的各项规章制度,是全厂职工必须遵循的( )。

18. 劳动保护法规是国家强制力保护的在( )中约束人们行为,以达到保护劳动者安全健康的一种行为规范。

19. 将含有粉尘或烟尘的气体捕集,并用管道输送至除尘设备,出去含尘气体中的粉尘和烟尘,然后将净化后的气体排至大气,这一套设施称为( )。

20. 铁路工业有机废气的四种处理方法是冷凝法、固体吸附法、( )和燃烧净化法。

21. 奉献是一种( )的职业道德。

22. 社会主义道德建设以社会公德、( )、家庭美德为着力点。

23. 利用工作之便盗窃公司财产的,将依据国家法律追究( )。

24. 认真负责的工作态度能促进( )的实现。

25. 团结协作应作为员工日常工作的( )来执行。

26. 合作是从业人员汲取( )的重要手段。

27. 企业员工应树立（　　　）、提高技能的敬业意识。

28. 道德是靠舆论和内心信念来发挥和（　　　）社会作用的。

29. 职业道德不仅是从业人员在职业活动中的行为要求，而且是本行业对社会所承担的（　　　）和义务。

30. 文明生产是指在遵章守纪的基础上去创造整洁、（　　　）、优美而又有序的生产环境。

二、单项选择题

1. 产品工艺和操作规程，是生产技术实践的总结，也是保证产品质量的（　　　）。
(A)重要环节　　　　　(B)指导文件　　　　　(C)中心环节　　　　　(D)措施

2. 职业道德（　　　）。
(A)只讲权利，不讲义务　　　　　(B)与职业活动紧密联系
(C)与领导无关　　　　　(D)与法律完全相同

3. 办事公道（　　　）。
(A)只是对领导干部的要求　　　　　(B)只是对服务人员的要求
(C)是对每个从业者的要求　　　　　(D)只是对执法人员的要求

4. 加强职业道德建设的关键是（　　　）。
(A)抓好每个职工的职业道德修养的提高　　　　　(B)要和个人利益挂钩
(C)抓各级领导干部的职业道德建设　　　　　(D)建设和完善职业道德监督机制

5. 由于人类工业生产，产生了大量的有毒、有害气体进入大气层，造成大气污染，其中（　　　）可造成大气污染。
(A)氨气　　　　　(B)二氧化硫　　　　　(C)二氧化碳　　　　　(D)氩气

6. 社会主义职业道德以（　　　）为基本行为准则。
(A)爱岗敬业　　　　　(B)诚实守信
(C)人人为我，我为人人　　　　　(D)社会主义荣辱观

7. 《公民道德建设实施纲要》中，党中央提出了所有从业人员都应该遵循的职业道德"五个要求"是爱岗敬业、（　　　）、公事公办、服务群众、奉献社会。
(A)爱国为民　　　　　(B)自强不息　　　　　(C)修身为本　　　　　(D)诚实守信

8. 职业化管理在文化上的体现是重视标准化和（　　　）。
(A)程序化　　　　　(B)规范化　　　　　(C)专业化　　　　　(D)现代化

9. 职业技能包括职业知识、职业技术和（　　　）。
(A)职业语言　　　　　(B)职业动作　　　　　(C)职业能力　　　　　(D)职业思想

10. 职业道德对职业技能的提高具有（　　　）作用。
(A)促进　　　　　(B)统领　　　　　(C)支撑　　　　　(D)保障

11. 市场经济环境下的职业道德应该讲法律、讲诚信、（　　　）、讲公平。
(A)讲良心　　　　　(B)讲效率　　　　　(C)讲人情　　　　　(D)讲专业

12. 敬业精神是个体以明确的目标选择、忘我投入的志趣、认真负责的态度，从事职业活动时表现出的（　　　）。
(A)精神状态　　　　　(B)人格魅力　　　　　(C)个人品质　　　　　(D)崇高品质

13. 以下不利于同事信赖关系建立的是（　　　）。

(A)同事间分派系   (B)不说同事的坏话
(C)开诚布公相处   (D)彼此看重对方

14. 公道的特征不包括( )。
(A)公道标准的时代性   (B)公道思想的普遍性
(C)公道观念的多元性   (D)公道意识的社会性

15. 从领域上看,职业纪律包括劳动纪律、财经纪律和( )。
(A)行为规范   (B)工作纪律   (C)公共纪律   (D)保密纪律

16. 从层面上看,纪律的内涵在宏观上包括( )。
(A)行业规定、规范   (B)企业制度、要求
(C)企业守则、规程   (D)国家法律、法规

17. 以下不属于节约行为的是( )。
(A)爱护公物   (B)节约资源   (C)公私分明   (D)艰苦奋斗

18. 下列选项不属于合作的特征的是( )。
(A)社会性   (B)排他性   (C)互利性   (D)平等性

19. 奉献精神要求做到尽职尽责和( )。
(A)爱护公物   (B)节约资源   (C)艰苦奋斗   (D)尊重集体

20. 机关、( )是对公民进行道德教育的重要场所。
(A)家庭   (B)企事业单位   (C)学校   (D)社会

21. 职业道德涵盖了从业人员与服务对象、职业与职工、( )之间的关系。
(A)人与人   (B)人与社会   (C)职业与职业   (D)人与自然

22. 中国北车团队建设目标是( )。
(A)实力、活力、凝聚力   (B)更高、更快、更强
(C)诚信、创新、进取   (D)品牌、市场、竞争力

23. 以下法律规定了职业培训的相关要求的是( )。
(A)专利法   (B)环境保护法   (C)合同法   (D)劳动法

24. 对待工作岗位,正确的观点是( )。
(A)虽然自己并不喜爱目前的岗位,但不能不专心努力
(B)敬业就是不能得陇望蜀,不能选择其他岗位
(C)树挪死,人挪活,要通过岗位变化把本职工作做好
(D)企业遇到困难或降低薪水时,没有必要再讲爱岗敬业

25. 以下思想体现了严于律己的思想的有( )。
(A)以责人之心责己   (B)以恕己之心恕人   (C)以诚相见   (D)以礼相待

26. 以下体现互助协作精神的思想是( )。
(A)助人为乐   (B)团结合作   (C)争先创优   (D)和谐相处

27. 坚持( ),创造一个清洁、文明、适宜的工作环境,塑造良好的企业形象。
(A)文明生产   (B)清洁生产   (C)生产效率   (D)生产质量

28. 忠于职守,热爱本职是社会主义国家对每个从业人员的( )。
(A)起码要求   (B)最高要求   (C)全面要求   (D)局部要求

29. 职业道德是促使人们遵守职业纪律的思想基础和( )。

(A)工作基础 （B)动力 （C)结果 （D)源泉

30. 掌握必要的职业技能是（　　　）。

(A)每个劳动者立足社会的前提 （B)每个劳动者对社会应尽的道德义务

(C)竞争上岗的唯一条件 （D)为人民服务的先决条件

三、多项选择题

1. 道德（　　　）。

(A)是一种特殊的行为规范

(B)是讲行为"应该"怎样和"不应该"怎样的问题

(C)和法律是一回事

(D)只是对少数人而言

2. 职业品格包括（　　　）。

(A)职业理想 （B)进取心 （C)责任感 （D)意志力

3. 遵循文明礼貌的职业道德规范必须做到（　　　）。

(A)仪表端正 （B)语言规范 （C)举止得体 （D)待人热情

4. 爱岗敬业的具体要求主要是（　　　）。

(A)树立职业理想 （B)挣钱谋生 （C)强化职业责任 （D)提高职业技能

5. 遵循诚实守信的职业道德规定，必须（　　　）。

(A)忠诚所属企业 （B)维护企业信誉 （C)保守企业秘密 （D)服从领导意志

6. 办事公道是（　　　）。

(A)企业正常运行的基本保证 （B)企业赢得市场,生存发展的重要条件

(C)抵制行为不正之风的重要内容 （D)劳动者应具有的品质

7. 要做到平等尊重、以诚待人,要注意遵循的道德要求有（　　　）。

(A)上下级之间平等尊重 （B)同事之间相互尊重

(C)师徒之间相互尊重 （D)尊重服务对象

8. 人在创新实践中要自觉培养和强化创造意识,要做到（　　　）。

(A)要有创造的功利性趋使 （B)在竞争中培养创造意识

(C)要敢于标新立异 （D)要善于大胆设想

9. 集体主义作为社会主义的道德原则,其主要内涵是（　　　）。

(A)集体利益高于个人利益,这是集体主义原则的出发点和归宿

(B)个人利益要服从集体利益和人民利益

(C)集体主义利益的核心是为人民服务

(D)在保障社会整体利益前提下,个人利益与集体利益要互相结合,实现二者的统一

10. 诚实守信是（　　　）。

(A)企业秘密 （B)企业的无形资本

(C)市场经济的法则 （D)市场经济的根本

11. 遵纪守法指的是每个从业人员都要遵守（　　　）。

(A)职业纪律 （B)与职业活动相关的法律

(C)企业规定 （D)部门规定

12. 职业纪律的特点(　　)。
(A)具有明确的规定性　　　　　　　　(B)具有一定的强制性
(C)不公平性　　　　　　　　　　　　(D)不确定性

13. 班组文明生产,在一定程度上反映了(　　)。
(A)企业的管理水平　　(B)科学技术水平　　(C)职工的精神风貌　　(D)员工素质

14. 社会主义纪律是(　　)的统一。
(A)组织性　　　　　　(B)自觉性　　　　　　(C)强制性　　　　　　(D)规范性

15. 职业道德对事业成功的作用主要表现在(　　)。
(A)没有职业道德的人干不好任何工作
(B)职业道德是人、事业成功的重要条件
(C)每一个事业成功的人往往都具有较高的职业道德
(D)职业道德反映着人的整体道德素质

16. 劳动者素质是一个多内容、多层次的系统结构,主要包括(　　)。
(A)爱岗敬业　　　　　(B)文化素质　　　　　(C)职业道德素质　　(D)专业技能素质

17. 企业信誉和形象的树立,主要依赖以下几个要素,即(　　)。
(A)产品质量　　　　　(B)服务质量　　　　　(C)产品数量　　　　(D)信守承诺

18. 劳动者素质主要包括(　　)。
(A)专业技能素质　　　(B)职业道德素质　　　(C)良好身体素质　　(D)文化素质

19. 诚实守信是(　　)的根本。
(A)做人　　　　　　　(B)做事　　　　　　　(C)成功　　　　　　(D)致富

20. 团结互助指在人与人之间的关系中,为了实现共同的(　　),互相帮助,互相支持,团结协作,共同发展。
(A)利益　　　　　　　(B)指标　　　　　　　(C)目标　　　　　　(D)利润

21. 创新指人们为了发展的需要,运用已知的信息,不断突破常规,发展或产生某种新颖、独特的有(　　)的新事物、新思想的活动。
(A)集体价值　　　　　(B)社会价值　　　　　(C)个人价值　　　　(D)新闻价值

22. 文明生产的具体要求包括(　　)。
(A)语言文雅、行为端正、精神振奋、技术熟练
(B)相互学习、取长补短、互相支持、共同提高
(C)岗位明确、纪律严明、操作严格、现场安全
(D)优质、低耗、高效

23. 职业道德的价值在于(　　)。
(A)有利于企业提高产品和服务的质量
(B)可以降低成本、提高劳动生产率和经济效益
(C)有利于协调职工之间及职工与领导之间的关系
(D)有利于企业树立良好形象,创造著名品牌

24. 维护企业信誉必须做到(　　)。
(A)树立产品质量意识　　　　　　　　(B)重视服务质量,树立服务意识
(C)保守企业一切秘密　　　　　　　　(D)妥善处理顾客对企业的投诉

25.生产质量和服务水平的高低主要取决于(　　　)。

(A)职业理想　　　　(B)职业技能　　　　(C)职业选择　　　　(D)职业道德素质

26.企业形象包括企业的(　　　)。

(A)经济效益　　　　(B)道德形象　　　　(C)内部形象　　　　(D)外部形象

27.职业责任的特点是(　　　)。

(A)反映一个人的职业道德　　　　　　(B)与物质利益存在直接关系

(C)具有明确的规定性　　　　　　　　(D)具有法律及纪律和强制性

28.职业技能主要指从业人员的(　　　)。

(A)实际操作能力　　　　　　　　　　(B)业务处理能力

(C)技术技能　　　　　　　　　　　　(D)与职业有关的理论知识

29.保守企业秘密是企业对员工的要求,从业人员必须(　　　)。

(A)闲谈莫论或少论企业事　　　　　　(B)谨防亲朋好友泄密

(C)相信名言:沉默是金　　　　　　　(D)即使企业违法也要守口如瓶

30.从职业道德的角度讲"服务意识"表现为(　　　)。

(A)服务热情　　　　(B)服务态度　　　　(C)服务方式　　　　(D)服务质量

四、判断题

1.不讲职业道德的人,同样也可以成就自己的事业。(　　　)

2.职工守则与企业的厂规厂纪既有密切的联系又有明显的区别。(　　　)

3.爱岗就是热爱自己的工作岗位,热爱本职工作,敬业就是要用一种恭敬严肃的态度对待自己的工作。(　　　)

4.诚实守信是做人的准则,但不是做事的准则。(　　　)

5.办事公道必须做到坚持真理、公私分明、公平公正、光明磊落。(　　　)

6.节俭的现代意义是"俭而有度,合理消费"。(　　　)

7.在职业活动中,平等尊重、相互信任是团结互助的基础和出发点。(　　　)

8.创新的本质是突破,即突破旧的思维定势,旧的常规戒律。(　　　)

9.工业企业的各项规章制度,是全公司职工必须遵循的法规。(　　　)

10.机械行业的生产工人,保护产品要做到"四不一坚持"。(　　　)

11.一个人有德无才或有才无德,都不可能成就一番事业,只有德才兼备才会事业有成。(　　　)

12.职工个体形象是个人的事,它与企业整体形象无关。(　　　)

13.国家依法鼓励和保护企业和个人的利益,必须是人们通过合法经营和诚实劳动获得的正当经济利益。(　　　)

14.高效率快节奏的工作是诚实劳动的一种表现。(　　　)

15.法纪虽然重要,但它束缚人,压抑了人的创造性,使人不自由;只有想干什么就干什么,才是真正意义上的自由。(　　　)

16.不要限制,不要法律制约的自由在任何社会都是不存在的,绝对自由必然导致绝对不自由。(　　　)

17.创新是工程技术人员的工作,是发明家的事,它与我们平常人无关。(　　　)

18. 在今天,我们每个人的工作都与他人和社会息息相关,因此,我们的工作要对他人负责,对社会负责,其实这也是对自己负责。(　　)

19. 文明礼貌是对商业服务人员的基本素质要求,它与企业从业人员无关。(　　)

20. 生产质量和服务水平的高低取决于人的职业技能,与职业道德素质无关。(　　)

21. 举止得体是指从业人员在职业活动中行为、动作要适当,不要有过分的或出格的行为。(　　)

22. 做人是否诚实守信,不仅是一个人品德修养状况和人格高下的表现,而且也是能否赢得别人尊重和友善的前提条件之一。(　　)

23. 人们对"质量"的认识是随着社会生产力的发展而发展的。(　　)

24. 在职业实践中,讲公私分明是指不能凭借自己手中的职权谋取个人私利,损害社会集体利益和他人利益。(　　)

25. 工业产品质量的好坏是社会生产力水平的反映,是技术经济发展的标志。(　　)

26. 爱岗敬业是奉献精神的一种体现。(　　)

27. 工作应认真钻研业务知识,解决遇到的难题。(　　)

28. 安全第一,确保质量,兼顾效率。(　　)

29. 每个职工都有保守企业秘密的义务和责任。(　　)

30. 市场经济条件下,首先是讲经济效益,其次才是精工细作。(　　)

电器产品检验工(职业道德)答案

一、填 空 题

1. 成功	2. 诚诺和契约	3. 凝聚力	4. 突破
5. 工作	6. 基本义务	7. 基本素质	8. 每个从业者
9. 特定	10. 自身	11. 外部形象	12. 敬业
13. 强化职业责任	14. 生存和发展	15. 竞争取胜	16. 管理水平
17. 法规	18. 生产领域	19. 除尘系统	20. 液体吸附法
21. 最高层次	22. 职业道德	23. 刑事责任	24. 个人价值
25. 基本规范	26. 智慧和力量	27. 钻研业务	28. 维护
29. 道德责任	30. 安全、舒适		

二、单项选择题

1. B	2. B	3. C	4. C	5. B	6. D	7. D	8. B	9. C
10. A	11. B	12. C	13. A	14. B	15. D	16. D	17. C	18. B
19. D	20. B	21. C	22. A	23. D	24. A	25. A	26. B	27. A
28. A	29. B	30. D						

三、多项选择题

1. AB	2. ABCD	3. ABCD	4. ACD	5. ABC	6. ABCD	7. ABCD
8. BCD	9. AD	10. BC	11. AB	12. AB	13. ABC	14. BC
15. ABC	16. CD	17. ABD	18. AB	19. AB	20. AC	21. BC
22. ABCD	23. ABCD	24. ABD	25. BD	26. BCD	27. BCD	28. ABCD
29. ABC	30. BD					

四、判 断 题

1. ×	2. √	3. √	4. ×	5. √	6. √	7. √	8. √	9. √
10. ×	11. √	12. ×	13. √	14. √	15. ×	16. √	17. ×	18. ×
19. ×	20. ×	21. √	22. √	23. √	24. √	25. √	26. √	27. √
28. √	29. √	30. ×						

电器产品检验工(初级工)习题

一、填 空 题

1. 游标计量器具用于各种工件( )、深度、高度、齿厚和角度的测量。

2. 表类计量器具可分为( )、千分表、杠杆百分表和杠杆千分表等。

3. 塞规用于检验( )的直径尺寸,卡规用于检验轴的直径尺寸。

4. 正确度表示测量结果中( )影响的程度,精确度表示测量结果与真值的相近程度。

5. 斜度符号"∠"的方向应与斜度方向( )。

6. 由若干个基本几何体按一定的形式组合起来的物体称( )。

7. 机器或部件都是由许多( )装配而成的。

8. 零件图是加工和( )零件的依据。

9. 尺寸基准是指图样中标注尺寸的( )。

10. 轴、套筒、衬套等零件属于( )类零件。

11. 已经标准化的零件视图,可以采用规定的( )画法。

12. 在一对配合中,孔的上偏差 $E_s = +0.033$ mm,下偏差 $E_I = 0$,轴的上偏差 $e_s = -0.02$ mm,下偏差 $e_i = -0.041$ mm,其最小间隙为( )mm。

13. 金属材料在外力作用下抵抗塑性变形或断裂的能力称为( )。

14. 45 号钢中的平均含碳量为( )。

15. 衡量导电材料导电能力的重要技术参数是( )。

16. 表征物质导磁能力的物理量是磁导率,磁导率越大表示物质的导磁性能( )。

17. 绝缘强度是反映绝缘材料被击穿时的电压,若高于这个电压(或场强)可能会使材料发生( )现象。

18. 齿轮传动能保持瞬时传动比恒定不变,因而传动平稳、( )、可靠。

19. 电路就是( )所经过的路径。

20. 电流通过导体使导体发热的现象称为( )。

21. 电炉的电阻是 44 Ω,使用时的电流是 5 A,则供电线路的电压为( )。

22. 串联电阻越多,等效电阻( )。

23. 并联电阻越多,等效电阻( )。

24. 通电导线或线圈周围的磁场方向用( )来判定。

25. 感应电流的磁通总是( )原磁通的变化,这个规律称为楞次定律。

26. 直导线在磁场中切割磁力线所产生的感生电动势的方向用( )来判定。

27. 判定通电线圈在磁场中的受力方向用( )。

28. 测量过程是确定量值的一组操作,测量方法按被测表面与量具测头接触与否,可分为( )测量和非接触测量。

29. 图纸上标注(　　　)时,应将尺寸数字加上圆括弧。

30. 电压表应与待测电路(　　　)联。

31. 电流表应与待测电路(　　　)联。

32. 兆欧表主要是用来测量(　　　)的仪表。

33. 兆欧表使用前要先切断被测设备的(　　　)并对其进行充分的放电。

34. 铝作为导电材料的最大优点是(　　　)。

35. 电磁线是专门用于实现电能和(　　　)相互转换场合的有绝缘层的导线。

36. 铁氧体软磁材料主要用于(　　　)情况。

37. 绝缘材料主要用来隔离电位不同的(　　　)。

38. 欲获得优质钎焊接头,(　　　)是关键。

39. 助钎剂的质量的好坏直接影响(　　　)质量。

40. 钎焊弱电元件时焊头的含锡量以(　　　)为宜。

41. 绝缘材料耐热等级分为(　　　)级。

42. 至少有一个表面是(　　　)的形体称为曲面立体。

43. 轴套类零件一般由几段不同形状与直径的共轴线(　　　)组成。

44. 绝缘电阻是加于介质上的(　　　)与介质中流过的泄漏电流之比,是反映材料绝缘性能的重要参数。

45. 电感只有在(　　　)时才起作用。

46. 电容器在并联时总的电容量(　　　)。

47. 电流周围的磁场方向用(　　　)来判定。

48. 当绕组的节距等于极距时,为(　　　)绕组。

49. 当绕组的节距小于极距时,为(　　　)绕组。

50. 轴承的原始游隙是指轴承在未安装前(　　　)。

51. 工装在使用之前应进行(　　　)。

52. 某一尺寸减其基本尺寸所得的代数差叫(　　　)。

53. 单层绕组与双层绕组相比,线圈数(　　　)。

54. 双层绕组的线圈数(　　　)槽数。

55. 磁极线圈套装之前,线圈必须进行(　　　)。

56. 磁极套装时,尽可能地使线圈与铁芯(　　　)。

57. 浸漆时加压的目的是(　　　)。

58. 抽真空的目的是(　　　)。

59. 磁极连线的基本要求是,保证连接处(　　　)。

60. 加工 V 形槽,通常采用(　　　),并用专用样板进行检查,以保证 V 形槽形的精度。

61. 换向器制造工艺文件烘焙时间指的是工件温度达到工艺规定温度至打开烘箱时的时间,通常称为(　　　)时间。

62. 直流电机的总装就是将定子、(　　　)两大部件和其他配件按图纸要求组装在一起。

63. 氩弧焊是用(　　　)在焊接区造成保护气体。

64. 氩弧焊中氩气的纯度不应小于(　　　)。

65. 按照槽楔的导磁要求,槽楔可分为(　　　)。

66. 当电枢线圈数等于电枢槽时,绕组为（　　）。

67. 当电枢线圈数等于电枢槽数的一半时,绕组为（　　）。

68. 三相异步电动机转速与转矩之间的关系曲线为电动机的（　　）。

69. 由异步电动机运行状态分析可知,当电动机转矩 T 与转速 n 的方向相反时,电机运行在（　　）状态。

70. 绕组对地耐压试验的电压为（　　）。

71. 全面质量管理以往通常用英文缩写 TQC 来代表,现在改用（　　）来代表。

72. 直流电机采用单叠绕组时,并联支路数与（　　）相等。

73. 直流电机在电动机状态时, E_A（　　）U, I_A 与 U 同方向。

74. 直流电机磁极联线一般有（　　）和银铜钎焊两种方式。

75. 钢丝绑扎需选用（　　）钢丝。

76. 绕组嵌线后需进行（　　）和匝间耐压检查。

77. 对一种漆来说,溶剂越多,固体含量越少,漆的黏度就越（　　）。

78. 烘焙温度的调整视绝缘漆而异,对 H 级的绝缘漆允许最高工作温度（　　）。

79. 对不同绝缘等级的电机,烘焙温度（　　）。

80. 烘焙温度过高会损坏电机的（　　）。

81. 普通浸渍时,一般要求绝缘漆的（　　）要强,才能渗透到绕组内部。

82. 匝间绝缘是指同一线圈（　　）之间的绝缘。

83. 对高压电机浸渍的绝缘漆一般采用（　　）。

84. 主磁极由主极铁心和励磁绕组组成,其作用是（　　）。

85. 换向极的作用是（　　）。

86. 直流电机的电枢铁芯是电机磁路的一部分,另一个作用是（　　）。

87. 绕线式异步电动机的定子绕组结构与鼠笼式异步电动机（　　）。

88. 绕线式异步电动机的三组转子绕组一般都接成（　　）。

89. 三相异步电动机定子绕组是电动机的电路部分,通入三相交流电产生（　　）。

90. 交流发电机的磁极由（　　）和励磁绕组组成。

91. 励磁不变,当电机的转速增加时,直流电机的电枢电势将（　　）。

92. 直流电机的电枢反应是指（　　）对主磁场的影响。

93. 直流电机正常运行时,火花不能超过（　　）。

94. 交流耐压试验是检查绝缘（　　）最有效和最直接的试验项目。

95. 三相异步电动机定子绕组中产生的旋转磁场的转速,与交流电源频率成正比,与（　　）成反比。

96. 三相异步电动机转子总是紧跟着旋转磁场以（　　）的速度而旋转,故称异步电动机。

97. 当三相异步电动机处于（　　）状态时,转差率 S 趋近于零。

98. 异步电机处于电动机状态运行时,转差率 S 的取值（　　）。

99. 异步牵引电动机根据转子的不同,可分为（　　）和绕线式两种方式。

100. 轴承装配时必须保证（　　）和加油量。

101. 低压电器是指工作在额定电压交流（　　）、直流 1 500 V 及以下的电器。

102. 开关在线路中主要是实现对电路（　　）的控制。

103. 刀开关常与（　　　）串联配套使用,可以实现短路或过载保护功能。

104. 电流互感器副边严禁（　　　）运行。

105. 在主触头装配中,应按图进行（　　　）。

106. 内燃机车中,主回路转换开关用来实现机车（　　　）与制动工况之间的转换。

107. 一般电器制造的工序为配件加工工序、组装工序、（　　　）。

108. 电压调整器组装好后,将组装好的组件用（　　　）洗干净、晾干。

109. 按照电器的动作方式可分为非自动切换电器和（　　　）。

110. 电力机车电器部分的功用是将来自接触网的（　　　）能转变为牵引列车所需要的机械能。

111. 对电空接触器的气缸内壁要求应光洁、无（　　　）。

112. 在内燃机车的主电路中,应用电空接触器来接通或断开主发电机和（　　　）之间的主电路。

113. 火灾危险场所内的线路应采用（　　　）的电缆和绝缘导线敷设。

114. 当电器发生火灾时,应立即（　　　）,再进行灭火。

115. 当电器发生火灾,未断电前严禁用（　　　）或普通酸碱泡沫灭火。

116. 有爆炸或火灾危险的场所,应选用（　　　）型熔断器。

117. 由不可避免的因素造成的产品质量波动,称为（　　　）波动。

118. 有 5 个数据,分别为 3、5、7、9、11,则这组数据极差 R 等于（　　　）。

119. 在法定计量单位制中,在精密测量时,多用（　　　）单位。

120. 游标卡尺与万能角度尺的读数原理是（　　　）的。

121. 在形位公差中,符号"◯⧸"表示圆柱度,属于（　　　）公差。

122. 具有互换性的零件应保持几何参数和（　　　）的一致性。

123. 在图中某一处标注为 M20×2 左,其表示公称直径为 20 mm,螺距为（　　　）的左旋螺纹。

124. 基准分为设计基准、工艺基准、装配基准和（　　　）。

125. 测量误差从性质上可分成系统误差、随机误差和（　　　）。

126. 基本尺寸是指（　　　）。

127. 公差带是由公差带大小和（　　　）两个要素决定。

128. 同一公差等级中,基本尺寸不同,标准（　　　）数值不同,但认为具有同等的精确程度。

129. 配合可分为过渡配合、过盈配合和（　　　）。

130. 公差带的代号用公差等级代号与（　　　）代号组成。

131. 孔的实效尺寸为孔的（　　　）减去相应的形状或位置公差值。

132. 表面结构是指加工表面上具有较小（　　　）和峰谷所组成的微观几何形状特性。

133. 标准中给出的标准公差,是由公差单位、公差等级和（　　　）等因素确定的。

134. 在机械制造中,检验产品质量的依据是图样、工艺和（　　　）。

135. 形位公差与尺寸公差都是对零件的（　　　）。

136. 检验最基本的职能,概括而言就是鉴别、把关和（　　　）。

137. 主视图所在投影面称（　　　）投影面,简称主,用字母 V 表示。

138. 左视图所在的投影面称( )投影面,简称左,用字母 W 表示。

139. 俯视图所在投影面称( )投影面,简称俯,用字母 H 表示。

140. 零件图中的数值单位是( ),一般不标出。

141. 量规通常成对使用,对孔和轴都有( )规和止规。

142. 在法定计量单位中,长度的基本单位是( )。

143. 贯彻( )原则是现代质量管理的一个特点。

144. PDCA 循环中"P"的含义是( )。

145. PDCA 循环中"A"的含义是( )。

146. 5M1E 的 5M 中,( )是最活跃的因素。

147. 测量误差常用( )误差和相对误差两种形式表示。

148. 作为质量管理的一部分,( )应致力于提供质量要求会得到满足的信任。

149. 根据质量要求设定标准,测量结果,判定是否达到了预期要求,对质量问题采取措施进行补救并防止再发生的过程是( )。

150. 组织与供方的关系是( )。

151. 原先顾客认为质量好的产品因顾客要求的提高而不再受到欢迎,这反映了质量的( )。

152. 质量检验是把检测所得到的被测物的特性值和被测物的( )作比较。

153. 质量检验是确定产品每项质量特性合格情况的( )活动。

154. 在质量检验的准备阶段,应熟悉规定要求,选择( ),制定检验规范。

155. 产品质量检验的记录应由产品形成过程的( )签字,以便质量追溯,明确质量责任。

156. 质量检验记录是( )的证据。

157. 对检验的记录和判定的结果进行签字确认的人员是( )。

158. 最终检验是质量检验的最后一道关口,应由( )实施。

159. 只有在( )通过后才能进行正式批量生产。

160. 自检、互检、专检"三检"中,应以( )为主,其他为辅。

161. ( )是依靠检验员的感觉器官进行产品质量评价或判断的检验。

二、单项选择题

1. 主视图是在( )的投影。
(A)正面上　　　　　(B)水平面上　　　　　(C)侧面上　　　　　(D)垂直面上

2. 用来确定线段的长度、圆的直径或圆弧的半径、角度的大小等尺寸统称为( )尺寸。
(A)总体　　　　　(B)定位　　　　　(C)定形　　　　　(D)组合

3. 投影线汇交于一点的投影法称为( )投影法。
(A)平行　　　　　(B)中心　　　　　(C)垂直　　　　　(D)倾斜

4. 平行于 H 面、倾斜于 V、W 面的直线,称为( )线。
(A)侧平　　　　　(B)正平　　　　　(C)水平　　　　　(D)一般位置

5. 一个底面为多边形,各棱面均为有一个公共点的三角形,这样的形体称为( )。
(A)圆锥　　　　　(B)棱锥　　　　　(C)圆柱　　　　　(D)棱柱

6. 零件的名称、材料、重量、比例等在零件图的(　　)中查找。
(A)技术要求　　(B)完整的尺寸　　(C)一组视图　　(D)标题栏

7. 根据零件的加工工艺过程,为方便装卡定位和测量而确定的基准称为(　　)基准。
(A)设计　　(B)工艺　　(C)主要　　(D)辅助

8. 图纸上选定的基准称为(　　)基准。
(A)主要　　(B)辅助　　(C)工艺　　(D)设计

9. 看零件图时通过技术要求可以了解(　　)。
(A)零件概况　　(B)零件形状　　(C)各部大小　　(D)质量指标

10. 普通粗牙螺纹的牙型符号是(　　)。
(A)Tr　　(B)G　　(C)S　　(D)M

11. 当孔的下偏差大于相配合的轴的上偏差时,此配合的性质是(　　)。
(A)过盈配合　　(B)过渡配合　　(C)间隙配合　　(D)无法确定

12. 当孔的上偏差小于相配合的轴的下偏差时,此配合的性质是(　　)。
(A)间隙配合　　(B)过渡配合　　(C)过盈配合　　(D)无法确定

13. 在一对配合中,孔的上偏差 $E_s=+0.03$ mm,下偏差 $E_I=0$,轴的上偏差 $e_s=-0.03$ mm,下偏差 $e_i=-0.04$ mm,其最大间隙为(　　)mm。
(A)0.06　　(B)0.07　　(C)0.03　　(D)0.04

14. 金属材料在外力作用下抵抗塑性变形或断裂的能力称为(　　)。
(A)硬度　　(B)强度　　(C)塑性　　(D)弹性

15. 应用极广的磁性材料是(　　)磁性物质。
(A)铜　　(B)铝　　(C)铁　　(D)银

16. 测电气设备的绝缘电阻时,额定电压 500 V 以上的设备应选用(　　)兆欧表。
(A)1 000 V 或 2 500 V　　(B)500 V 或 1 000 V
(C)500 V　　(D)400 V

17. 两轴平行,相距较远的传动可选用(　　)。
(A)圆锥齿轮传动　　(B)圆柱齿轮传动　　(C)带传动　　(D)蜗杆传动

18. 圆柱齿轮传动用于两轴(　　)的传动场合。
(A)平行　　(B)相交　　(C)相错　　(D)垂直相交

19. 齿轮传动的特点有(　　)。
(A)寿命长,效率低　　(B)传递的功率和速度范围大
(C)传动不平稳　　(D)制造和安装精度要求不高

20. 使用锉刀时不能(　　)。
(A)推锉　　(B)单手锉　　(C)双手锉　　(D)来回锉

21. 套丝时,应保持板牙的端面与圆杆轴线成(　　)。
(A)水平　　(B)垂直
(C)倾斜　　(D)有一定的角度要求

22. 1 kWh 可供 220 V/40 W 灯泡正常发光的时间是(　　)。
(A)20 h　　(B)45 h　　(C)25 h　　(D)10 h

23. 为使电炉丝消耗的功率减小到原来的一半,则应使(　　)。

(A)电压加倍　　　　　(B)电阻减半　　　　　(C)电阻加倍　　　　　(D)电阻不变

24. 已知 $R_1>R_2>R_3$,若将此三个电阻串联接在电压为 U 的电源上,获得最大功率的电阻是(　　)。

(A)R_1　　　　　(B)R_2　　　　　(C)R_3　　　　　(D)无法确定

25. 已知 $R_1>R_2>R_3$,若将此三个电阻并联接在电压为 U 的电源上,获得最大功率的电阻是(　　)。

(A)R_1　　　　　(B)R_2　　　　　(C)R_3　　　　　(D)无法确定

26. 电容器并联使用时将使总的电容量(　　)。

(A)无法确定　　　　　(B)减小　　　　　(C)不变　　　　　(D)增大

27. 电容器串联使用时等效电容量总是(　　)其中任意电容器的电容量。

(A)大于　　　　　(B)小于　　　　　(C)等于　　　　　(D)不小于

28. 如图 1 所示:$U_{AB}=$(　　)。

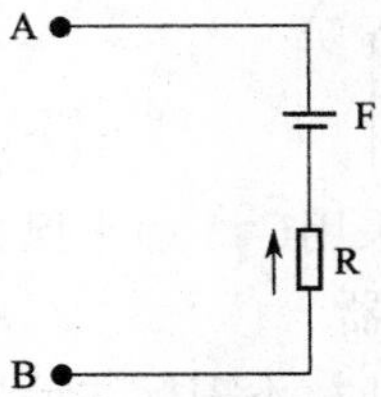

图　1

(A)$E+IR$　　　　　(B)$E-IR$　　　　　(C)$-E-IR$　　　　　(D)$-E+IR$

29. 通电线圈插入铁芯后它的磁场将会(　　)。

(A)无法确定　　　　　(B)不变　　　　　(C)减弱　　　　　(D)增强

30. 直导线在磁场中切割磁力线所产生感生电动势最大时,运动方向与磁力线的夹角为(　　)。

(A)0°　　　　　(B)45°　　　　　(C)90°　　　　　(D)180°

31. 线圈中感生电动势的大小与通过同一线圈的(　　)成正比。

(A)磁通量　　　　　(B)磁通量的变化率

(C)磁通量的改变量　　　　　(D)磁感应强度

32. 通电导体在磁场中运动受磁场力最大时,磁场方向与运动方向的夹角为(　　)。

(A)0°　　　　　(B)45°　　　　　(C)90°　　　　　(D)180°

33. 组织存在的基础是(　　)

(A)社会需求　　　　　(B)员工　　　　　(C)顾客　　　　　(D)社会分工

34. 在某单一元件正弦交流电路中,电压 $U=220\sqrt{2}\sin(314t+30°)$V,电流 $I=5\sqrt{2}\sin(314t+30°)$A,则该元件为(　　)。

(A)纯电阻　　　　　(B)纯电感　　　　　(C)纯电容　　　　　(D)无法判定

35. 某电机为三相单层链式绕组,已知 $Z_1=24,2p=4,m=3$,则每极每相槽数为(　　)槽。

(A)8　　　　　(B)4　　　　　(C)6　　　　　(D)2

36. $Z_1=36$,$2p=4$,$m=3$ 的三相绕组,其每槽电角度为(　　)。

(A)60° (B)30° (C)40° (D)20°

37. $Z_1=24$,$2p=4$,$m=3$ 的三相绕组,$y=5/6\tau$,则 $y=$(　　)。

(A)4 (B)5 (C)6 (D)7

38. 下列符号是熔断器的是(　　)。

(A) (B)

(C) (D)

39. 下列符号为接触器主触头的是(　　)。

(A) (B) (C) (D)

40. 低压电路中出现短路故障时,采用(　　)来保护线路。

(A)接触器 (B)熔断器 (C)热继电器 (D)开关

41. 图样中的尺寸以(　　)为单位时,不需标注计量单位的代号和名称。

(A)米 (B)分米 (C)厘米 (D)毫米

42. 某零件基本尺寸为 20 mm±0.017 5 mm,其尺寸公差值是(　　)。

(A)0.010 mm (B)0.020 mm (C)0.025 mm (D)0.035 mm

43. 测量设备的绝缘电阻应该用(　　)。

(A)欧姆表 (B)万用表 (C)兆欧表 (D)电桥

44. 更换钻头、绞刀、丝锥等刀具时,应在(　　)的情况下进行。

(A)停止转动 (B)慢速转动 (C)相对停止 (D)高速运转

45. 下列圆裸线中,硬铝线是(　　)。

(A)TY (B)TR (C)LY (D)LR

46. 软磁性材料是一种既容易磁化又容易去磁性材料是因为(　　)。

(A)磁导率很高,剩磁很大,矫顽力很大,磁端现象严重

(B)磁导率很高,剩磁很小,矫顽力很大,磁端现象不严重

(C)磁导率很高,剩磁很小,矫顽力很小,磁端现象不严重

(D)磁导率很高,剩磁很大,矫顽力很小,磁端现象严重

47. 将相互关联的过程作为系统加以识别、理解和管理,有助于组织提高实现目标的有效性和效率。这反映了质量管理八项原则中的(　　)。

(A)过程方法 (B)目标管理

(C)管理的系统方法 (D)持续改进

48. 在平面图形中,圆弧的半径 r 和圆心坐标(x,y)均已知,这样的弧称为(　　)弧。

(A)连接 (B)已知 (C)中间 (D)平面

49. 为了去除轴端和孔端的锐边、毛刺,便于装配,常将轴端或孔口做成锥台,称为(　　)。

(A)圆角　　　　　　　(B)倒角　　　　　　　(C)倒圆　　　　　　　(D)中心孔

50. HRC 是（　　）符号。

(A)布氏硬度　　　　　(B)洛氏硬度　　　　　(C)维氏硬度　　　　　(D)冲击韧度

51. 由异步电动机机械特性可知,增大转子电阻,（　　）增大。

(A)最大转矩　　　　　(B)起动电流　　　　　(C)起动转矩　　　　　(D)转子转速

52. 电压的方向规定为（　　）。

(A)由电源负极指向正极　　　　　　　　　　(B)由低电位指向高电位

(C)由某一点指向参考点　　　　　　　　　　(D)由高电位指向低电位

53. 电源电动势的大小表示（　　）做功本领的大小。

(A)电场力　　　　　　(B)非电场力　　　　　(C)电场力和外力　　　(D)外力

54. 对同一导体而言,$R=U/I$ 的物理意义是（　　）。

(A)电阻与电压成正比

(B)电阻与电压成正比与电流成反比

(C)导体的电阻等于它两端的电压与通过其电流之比

(D)电阻与电流成反比

55. 判定电流周围的磁场方向用（　　）。

(A)左手定则　　　　　(B)右手定则　　　　　(C)安培定则　　　　　(D)楞次定律

56. 判定通电线圈在磁场中的受力方向用（　　）。

(A)安培定则　　　　　(B)左手定则　　　　　(C)右手定则　　　　　(D)楞次定律

57. 通常所说的交流电 220 V 是指它的（　　）。

(A)平均值　　　　　　(B)有效值　　　　　　(C)最大值　　　　　　(D)瞬时值

58. 由下向上投影所得的视图称为（　　）视图。

(A)后　　　　　　　　(B)俯　　　　　　　　(C)右　　　　　　　　(D)仰

59. 重合剖面的轮廓线用（　　）线绘制。

(A)粗实　　　　　　　(B)细实　　　　　　　(C)点划　　　　　　　(D)波浪

60. 轴类零件主视图一般按（　　）位置原则来确定。

(A)其他　　　　　　　(B)工作　　　　　　　(C)形状特征　　　　　(D)加工

61. 管螺纹的公称直径指的是（　　）。

(A)螺纹大径的基本尺寸　　　　　　　　　　(B)管子内径

(C)螺纹小径的基本尺寸　　　　　　　　　　(D)螺纹中径的基本尺寸

62. 绝缘材料超过最高允许温度后,绝缘性能会（　　）。

(A)增强　　　　　　　(B)降低　　　　　　　(C)不变　　　　　　　(D)都有可能

63. 两只电阻串联接在电路中,则阻值较大的电阻（　　）。

(A)发热量较大　　　　(B)电压小　　　　　　(C)电流大　　　　　　(D)功率小

64. 直、脉流牵引电机磁极连线采用焊接的方法连接时,通常采用（　　）。

(A)电烙铁焊　　　　　(B)电焊　　　　　　　(C)氧气钎焊　　　　　(D)铜焊机焊接

65. 电刷与刷盒宽度方向间隙一般为（　　）。

(A)0.02～0.04 mm　　　　　　　　　　　　(B)0.05～0.10 mm

(C)0.10～0.15 mm　　　　　　　　　　　　(D)0.05～0.26 mm

66. 牵引电机换向器的基本结构形式为（　　）。
(A)拱形　　　　　　　　(B)钳形　　　　　　　　(C)紧固式　　　　　　　(D)箍环式

67. 电刷预磨后要保证电刷磨合面达到（　　）。
(A)50%　　　　　　　　(B)70%　　　　　　　　(C)80%　　　　　　　　(D)100%

68. 为确保电子线路的焊接质量,应选用（　　）助钎剂。
(A)盐酸　　　　　　　　(B)松香　　　　　　　　(C)硫酸　　　　　　　　(D)氯化锌

69. 钎焊时焊头停留时间应（　　）。
(A)长一些好　　　　　　(B)短一些好　　　　　　(C)长短都好　　　　　　(D)由焊件大小决定

70. 钎焊好后焊头应该（　　）。
(A)慢慢提起　　　　　　(B)迅速提起　　　　　　(C)可快可慢　　　　　　(D)由焊件大小决定

71. 绕组在嵌装过程中,（　　）绝缘最易受机械损伤。
(A)端部　　　　　　　　(B)鼻部　　　　　　　　(C)槽口　　　　　　　　(D)槽中

72. 电枢线圈数等于电枢槽数时,绕组为（　　）。
(A)单层绕组　　　　　　(B)双层绕组　　　　　　(C)单叠绕组　　　　　　(D)单波绕组

73. 电枢线圈数等于电枢槽数的 $\frac{1}{2}$ 时,绕组为（　　）。
(A)单层绕组　　　　　　(B)双层绕组　　　　　　(C)单叠绕组　　　　　　(D)单波绕组

74. 异步电机作电动机运行时,其转差率（　　）。
(A)S 值大于 1　　　　　　　　　　　　(B)S 值在 0 与 1 之间变化
(C)S 值小于 0　　　　　　　　　　　　(D)S 值等于 1

75. 某笼式异步电动机,当电源电压不变,仅仅是频率由 50 Hz 改为 60 Hz 时（　　）。
(A)额定转速上升,最大转矩增大　　　　(B)额定转速上升,最大转矩减小
(C)额定转速不变,最大转矩减小　　　　(D)都不变

76. 直流电机一个元件的两个有效边之间的距离为（　　）。
(A)极距　　　　　　　　(B)合成节距　　　　　　(C)第一节距　　　　　　(D)换向节距

77. 极对数 $p=3$ 的三相双层叠绕组,每相绕组中可组成的最多支路数为（　　）。
(A)12　　　　　　　　　(B)3　　　　　　　　　　(C)2　　　　　　　　　　(D)6

78. 极对数 $p=4$ 的三相交流绕组通入 50 Hz 交流电,产生的旋转磁场的转速为（　　）。
(A)3 000 r/min　　　　(B)1 500 r/min　　　　(C)1 000 r/min　　　　(D)750 r/min

79. 交流电机与直流电机的电枢绕组是（　　）。
(A)产生旋转磁场　　　　　　　　　　　(B)电机能量转换的枢纽
(C)产生电磁转矩　　　　　　　　　　　(D)产生脉振磁场

80. 三相异步电动机的定子绕组通以对称三相交流电,则产生（　　）。
(A)圆形旋转磁场　　　　(B)脉振磁场　　　　　　(C)椭圆磁场　　　　　　(D)对称磁场

81. 直流单叠绕组的磁极数 $2p=4$ 时,则电机的并联支路数为（　　）。
(A)4　　　　　　　　　　(B)3　　　　　　　　　　(C)2　　　　　　　　　　(D)1

82. 直流电机磁极联线的对地绝缘主要是用（　　）。
(A)聚酰亚胺薄膜　　　　(B)玻璃丝带　　　　　　(C)粉云母带　　　　　　(D)白布带

83. 联接线焊接质量最主要的要求是（　　）。

(A)焊接牢靠,接触电阻小　　　　　　　　(B)焊接美观
(C)接触良好　　　　　　　　　　　　　　(D)焊接光滑

84. 钢丝绑扎一般选用(　　)。
(A)普通钢丝　　　　(B)无磁钢丝　　　　(C)磁性钢丝　　　　(D)不锈钢钢丝

85. 绕组嵌线后,必须进行(　　)耐压检查。
(A)对地和匝间　　　　(B)对地　　　　(C)匝间　　　　(D)对地或匝间

86. 绕组嵌线中,绕组接地和匝间短路故障一般出现在(　　)。
(A)下层边　　　　(B)上层边　　　　(C)槽口部位　　　　(D)端部

87. 浸渍漆的最高允许工作温度为180℃的绝缘等级为(　　)。
(A)B 级　　　　(B)F 级　　　　(C)H 级　　　　(D)C 级

88. 电机所用绝缘漆的耐热等级一般可分为(　　)级。
(A)6　　　　(B)7　　　　(C)8　　　　(D)10

89. 对绝缘等级为 H 级的电机其烘焙温度为(　　)。
(A)120℃　　　　(B)150℃　　　　(C)180℃　　　　(D)200℃

90. 真空压力浸漆时,真空度一般要求为(　　)。
(A)大于 1 500 Pa　　(B)小于 1 500 Pa　　(C)大于 400 Pa　　(D)小于 400 Pa

91. 真空压力浸漆时,压力一般要求为(　　)。
(A)0.1~0.2 MPa/cm²　　　　　　　　　(B)0.2~0.3 MPa/cm²
(C)0.3~0.4 MPa/cm²　　　　　　　　　(D)0.4~0.5 MPa/cm²

92. 高压电机的额定电压一般为(　　)。
(A)2 000 V 以上　　(B)4 000 V 以上　　(C)6 000 V 以上　　(D)8 000 V 以上

93. 直流电机的换向极绕组应与电枢绕组(　　)。
(A)串联　　　　(B)并联　　　　(C)混联　　　　(D)都可以

94. 直流电机换向极的作用是(　　)。
(A)改善电流换向　　(B)产生磁场　　　(C)引入电流　　　(D)引出电流

95. 小功率三相鼠笼式异步电动机的转子常用(　　)。
(A)铸铝转子　　　　(B)铜条结构转子　　(C)深槽式转子　　(D)斜槽式转子

96. 绕线式异步电动机转子绕组一般接成(　　)。
(A)星/三角形　　　　(B)三角形　　　　(C)双星形　　　　(D)星形

97. 下列不属于异步电动机的定子部分的是(　　)。
(A)定子绕组　　　　(B)定子铁心　　　　(C)转轴　　　　(D)机座

98. 旋转磁极式交流发电机电刷的作用是(　　)。
(A)电流的引入装置　　　　　　　　　　(B)电压的引出或引入的装置
(C)励磁电流的引入装置　　　　　　　　(D)电流的引出的装置

99. 直流电动机的电枢电动势为(　　)。
(A)电源电动势　　(B)交变电动势　　　(C)电枢反电势　　(D)直流电动势

100. 电动机将(　　)。
(A)机械能转变成电能　　　　　　　　　(B)电能转变成机械能
(C)交流电变为直流电　　　　　　　　　(D)直流电变为交流电

101. 直流发电机的电枢电动势为(　　)。

(A)直流电动势　　　(B)交变电动势　　　(C)电枢反电势　　　(D)电源电动势

102. 发电机是将(　　)。

(A)电能转变为机械能　　　　　　　(B)机械能转变为电能

(C)直流电变为交流电　　　　　　　(D)交流电变为直流电

103. 单叠绕组相串联的两个元件的对应边位于(　　)的两个换向片上。

(A)相隔一个极距　　(B)相隔两个极距　　(C)相隔　　　(D)相邻

104. 电动机的电磁转矩为(　　)。

(A)拖动转矩　　　(B)制动转矩　　　(C)输出转矩　　　(D)输入转矩

105. 发电机的电磁转矩为(　　)。

(A)拖动转矩　　　(B) 输入转矩　　　(C)输出转矩　　　(D)制动转矩

106. 一台直流电机的总导体数 $N=200$,采用单叠绕组,磁极对数 $p=1$,每极磁通 $\phi=0.05$ Wb,转速 $n=750\ r/min$,则电枢电势为(　　)V。

(A)250　　　　　(B)125　　　　　(C)375　　　　　(D)500

107. 进行机车电空接触器灭弧罩的装配中,(　　)应符合图纸要求。

(A)配件　　　　(B)工艺　　　　(C)工位器具　　　(D)工作台位

108. 在读电空接触器装配图时应重点了解触头组件、灭弧罩组成和(　　)三部分。

(A)气缸组成　　　(B)接触片安装　　(C)电空阀的安装　　(D)底板组装

109. 转换开关用来实现牵引工况与(　　)之间的转换。

(A)制动工况　　　(B)前进工况　　　(C)后退工况　　　(D)水阻工况

110. 装配时,使用可换垫片、衬套和镶条等,以消除零件间的累计误差或配合间隙的方法是(　　)。

(A)修配法　　　　(B)选配法　　　　(C)调整法　　　　(D)互换法

111. 电压调整器组装好后,将组装好的组件用(　　)洗干净、晾干。

(A)清漆　　　　(B)汽油　　　　(C)清水　　　　(D)酒精

112. 通用继电器的结构,主要有安装底座、电磁机构、(　　)及外罩器部分组成。

(A)触头系统　　　(B)衔铁　　　　(C)弹簧　　　　(D)仪表

113. 通常绝大多数热塑性塑料在注射前都要进行(　　)处理。

(A)加热　　　　(B)冷却　　　　(C)清洗　　　　(D)干燥

114. 电空接触器灭弧装置采用磁吹窄缝灭弧,灭弧线圈用紫铜扁线绕成,(　　)在主电路中。

(A)串联　　　　(B)并联　　　　(C)混联　　　　(D)没有联接

115. 在内燃机车的主电路中,应用电空接触器来接通或断开主发电机和(　　)之间的主电路。

(A)辅助发电机　　(B)整流柜　　　(C)牵引电动机　　(D)励磁电机

116. 电空接触器在最大工作气压,最高周围空气温度和最大控制电压下的热稳定时,在(　　)下应能可靠工作。

(A)最小电压　　　(B)最大电压　　　(C)最高电压　　　(D)最低电压

117. 机车电器柜中每一电器应有的导线根数应(　　)布线板工装上数量。

(A)等于　　　　　(B)不同于　　　　　(C)大于　　　　　(D)不小于

118. 电磁接触器与电空接触器结构的不同主要在于具有(　　)。

(A)灭弧装置　　　(B)辅助触头　　　(C)电磁驱动机构　　(D)安装尺寸

119. 电空阀是在电空驱动装置中用来控制(　　)的风路。

(A)风动装置　　　(B)通路器　　　(C)活塞　　　(D)驱动器

120. 为了消除电器的振动和噪声,应在交流电磁铁中设置(　　)。

(A)极靴　　　(B)非磁性垫片　　　(C)短路环　　　(D)永磁体

121. 接地继电器适用于电路的(　　)保护中,检测故障。

(A)过流　　　(B)空转　　　(C)同步　　　(D)接地

122. 机车电器柜中同一根导线允许套(　　)的两个线号。

(A)相同　　　(B)相连　　　(C)任意　　　(D)相符

123. 机车上电器安装时紧固螺栓应遵循(　　)原则。

(A)顺时针紧固　　　(B)对称紧固　　　(C)两边紧固　　　(D)逆时针紧固

124. 在机车上铁制操纵台面板表面应有(　　)。

(A)橡皮垫　　　(B)皮垫　　　(C)布垫　　　(D)PC 保护膜

125. 内燃、电力机车的大部分仪表安装在(　　)上。

(A)高压柜　　　(B)低压柜　　　(C)操纵台　　　(D)励磁柜

126. 低压电路中出现短路故障时,采用(　　)来保护线路。

(A)接触器　　　(B)开关　　　(C)热继电器　　　(D)熔断器

127. 机车电器进行防氧化处理的保护剂涂敷过程有前处理、清洗、干燥、(　　)、晾干。

(A)酸洗　　　(B)保温　　　(C)打磨　　　(D)涂敷

128. 继电保护装置是由(　　)组成的。

(A)二次回路各元件　　　　　　(B)各种继电器

(C)各种继电器和仪表回路　　　(D)以上选择均可

129. 线路继电器保护装置在线路发生故障时,能迅速将故障部分切除并(　　)。

(A)自动重合闸一次　　　　　　(B)发出信号

(C)将完好部分继续运行　　　　(D)处理故障

130. (　　)级危险场所是指存有可燃液体,并在数量和配置上可能引起火灾的场所。

(A)G-1　　　(B)G-2　　　(C)H-1　　　(D)H-2

131. 发生火警在未确认切断电源时,灭火严禁使用(　　)。

(A)四氯化碳灭火器　　　　　　(B)二氧化碳灭火器

(C)酸碱泡沫灭火器　　　　　　(D)干粉灭火器

132. 不属于微动螺旋量具的是(　　)。

(A)外径千分尺　　　(B)内径千分尺　　　(C)深度千分尺　　　(D)游标深度尺

133. 基准孔和基准轴的基本偏差代号分别是(　　)。

(A)h、H　　　(B)H、h　　　(C)H、f　　　(D)h、F

134. 通过测量所得的尺寸称为(　　)尺寸。

(A)设计给定的　　　(B)图纸　　　(C)实际　　　(D)测量

135. 尺寸公差是用(　　)公式表示的。

(A)最大极限尺寸－最小极限尺寸

(B)最大极限尺寸－实际尺寸

(C)上偏差－基本尺寸

(D)实际尺寸－最小极限尺寸

136. M24×1.5 表示(　　)。

(A)公称直径为 24 mm,螺距为 1.5 mm 的细牙普通螺纹

(B)公称直径为 24 mm,螺距为 1.5 mm 的粗牙普通螺纹

(C)公称直径为 1.5 mm,螺距为 24 mm 的细牙普通螺纹

(D)公称直径为 1.5 mm,螺距为 24 mm 的粗牙普通螺纹

137. 基轴制的(　　)。

(A)轴为基准轴,基准轴的下偏差为零,基本偏差的代号为 h

(B)轴为基准轴,基准轴上偏差为零,基本偏差的代号为 h

(C)轴为基准轴,基准轴上偏差为零,基本偏差的代号有 H

(D)轴为基准轴,基准轴下偏差为零,基本偏差的代号为 H

138. 工件的实际尺寸在极限尺寸范围内,那么这个工件(　　)。

(A)合格　　　　　　　(B)不合格　　　　　　(C)无法判断　　　　　(D)优等

139. 基本偏差为一定的孔公差带,与不同基本偏差的轴公差带形成各种性质不同的配合的一种制度称为(　　)。

(A)基孔制　　　　　　(B)基轴制　　　　　　(C)配合　　　　　　　(D)公差配合

140. 根据国标 GB 4458.4—2003 规定,在机械制图中,尺寸数字若未注明计量单位时,其计量单位应为(　　)。

(A)米　　　　　　　　(B)分米　　　　　　　(C)厘米　　　　　　　(D)毫米

141. 上偏差与下偏差的区域是(　　)。

(A)标准公差　　　　　(B)公差　　　　　　　(C)公差带　　　　　　(D)基本偏差

142. 按图标规定,在机械制图中表面结构值若未注明计量单位,则其计量单位实为(　　)。

(A)mm　　　　　　　(B)cm　　　　　　　　(C)m　　　　　　　　(D)μm

143. 随着公差等级的递增,(　　)。

(A)标准公差数值依次增大,精度依次增大

(B)标准公差数值依次增大,精度依次降低

(C)标准公差数值依次降低,精度依次增大

(D)标准公差数值依次降低,精度依次降低

144. 测量误差可用绝对误差表示,也可用相对误差表示,当未注明时,通常都指(　　)。

(A)绝对误差　　　　　(B)相对误差　　　　　(C)一般误差　　　　　(D)都可能

145. 设计给定的尺寸是(　　)。

(A)公称尺寸　　　　　(B)测量尺寸　　　　　(C)基本尺寸　　　　　(D)实际尺寸

146. 基本尺寸相同,相互结合的孔和轴公差带之间的关系称为(　　)。

(A)配合　　　　　　　(B)基孔制　　　　　　(C)基轴制　　　　　　(D)尺寸偏差

147. 轴的公差完全在孔的公差带之下,此配合为(　　)。

(A)过盈配合 　　　　(B)过渡配合 　　　　(C)间隙配合 　　　　(D)公差配合

148. 有 3 个数据,分别为 4、5、7,则中位数为( )。

(A)5 　　　　　　　(B)8 　　　　　　　(C)5.5 　　　　　　　(D)6

149. 产品质量的异常波动是由( )造成的。

(A)系统性因素 　　　(B)不可避免因素 　　(C)偶然性因素 　　　(D)必然性因素

150. 在抽样检验时,按不同条件下生产出来的产品归类分组后,按一定的规则从各组中随机抽取产品组成样本,这种抽样方法是( )。

(A)单纯随机抽样法 　　　　　　　　　　(B)分步随机抽样法

(C)分层随机抽样法 　　　　　　　　　　(D)整群随机抽样法

151. 在一定条件下,对同一被测的量进行多次重复测量时,误差的大小和符号均保持不变,或按一定规律变化的误差为( )。

(A)系统误差 　　　(B)偶然误差 　　　(C)粗大误差 　　　(D)随机误差

152. 已知轴的基本尺寸 $d=25$ mm,最大极限尺寸 $d_{max}=24.980$ mm,最小极限尺寸 $d_{min}=24.967$ mm,则公差等于( )。

(A)+0.020 mm 　(B)−0.033 mm 　(C)0.013 mm 　(D)−0.013 mm

153. 孔的公差带与轴的公差带相互交叠,此配合为( )。

(A)过盈配合 　　　(B)公差配合 　　　(C)间隙配合 　　　(D)过渡配合

154. 基本偏差为一定的轴的公差带,与不同基本偏差的孔公差带形成各种配合的一种制度称为( )。

(A)基孔制 　　　　(B)基轴制 　　　　(C)配合 　　　　(D)公差配合

155. 形位误差是由( )来控制的。

(A)尺寸公差 　　　　　　　　　　　　(B)微观几何形状误差

(C)形位公差 　　　　　　　　　　　　(D)位置公差

156. 公差带是直径为公差值 t,且与基准轴线同轴的圆柱面内的区域为( )公差带定义。

(A)圆度 　　　　　(B)圆柱度 　　　　(C)圆跳动 　　　　(D)同轴度

157. 根据零件强度,结构和工艺性要求,设计确定的尺寸为( )。

(A)实际尺寸 　　　(B)测量尺寸 　　　(C)极限尺寸 　　　(D)基本尺寸

158. 在标准条件下,测量环境温度为( )。

(A)0 ℃ 　　　　　(B)10 ℃ 　　　　(C)20 ℃ 　　　　(D)25 ℃

159. 在圆柱(或圆锥)外表面上形成的螺纹叫( )。

(A)内螺纹 　　　　(B)标准螺纹 　　　(C)外螺纹 　　　(D)螺纹

160. SR 表示( )。

(A)圆(或圆弧)半径 　(B)圆(或圆弧)直径 　(C)球直径 　　(D)球半径

161. 质量是一组固有特性满足要求的程度,理解质量的定义时下列说法正确的是( )。

(A)特性是可以固有的或赋予的

(B)特性是针对产品而言的

(C)某产品的赋予特性不可能是另外产品的固有特性

(D)对特性的要求均应来自于顾客

162. 关于"质量检验"的定义,正确的是(　　)。

(A)对产品的一个或多个质量特性进行观察、测量、试验,并将结果和规定的质量要求进行比较,以确定每项质量特性合格状况的技术性检查活动

(B)根据产品对原材料、中间产品、成品合格与否给出结论

(C)通过观察和判断,适当时结合测量、试验所进行的符合性评价

(D)通过技术专家多产品使用性能进行评价

163. 在质量检验的报告功能中,为使相关部门及时掌握产品实现过程的质量状况,要把检验获取的数据和信息,经汇总、整理、分析、形成质量报告。下列信息和分析情况中,不属于质量报告内容的是(　　)。

(A)进货检验情况　　　　　　　　　(B)过程合格率及相关的损失金额

(C)质量损失情况　　　　　　　　　(D)质量管理体系实施情况

164. 质量检验记录的内容有检验数据、检验日期和(　　)。

(A)主管领导签字　　　　　　　　　(B)工装名称

(C)检验设备的编号　　　　　　　　(D)检验人员签字

三、多项选择题

1. 电工材料可分为(　　)。
(A)有机材料　　　(B)磁性材料　　　(C)绝缘材料　　　(D)导电材料

2. 锉刀按作用分为(　　)。
(A)普通锉　　　　(B)特种锉　　　　(C)整形锉　　　　(D)方形锉

3. 普通锉刀按断面形状可分为(　　)。
(A)平锉　　　　　(B)方锉　　　　　(C)圆锉　　　　　(D)三角锉

4. 质量的概念最初仅用于产品,以后逐渐扩展到(　　)以及以上几项的组合。
(A)管理和控制　　(B)服务　　　　　(C)过程　　　　　(D)体系和组织

5. 电磁线从材质上可分为(　　)。
(A)铝线　　　　　(B)铜线　　　　　(C)铁线　　　　　(D)金线

6. 磁性材料按其磁特性和应用,可以概括分为(　　)。
(A)硬磁材料　　　(B)软磁材料　　　(C)特殊材料　　　(D)普通

7. 磁性材料按其组成可分为(　　)。
(A)非绝缘材料　　(B)绝缘材料　　　(C)金属磁性材料　(D)非金属材料

8. 过程是指将输入转化为输出的相互关联或相互作用的活动,其具体组成环节包括(　　)。
(A)准备　　　　　(B)输入　　　　　(C)实施活动　　　(D)输出

9. 润滑脂的主要指标是(　　)。
(A)滴点　　　　　(B)针入度　　　　(C)色泽度　　　　(D)光泽度

10. 轴承的装配方法有(　　)。
(A)冷压　　　　　(B)热套　　　　　(C)气压装配　　　(D)冲压装配

11. 对换向器的电气检查一般分为(　　)。

(A)对地耐压检查　　　　(B)片间检查　　　　(C)绝缘电阻检查　　(D)强度检查

12. 联连线常用的方法有(　　)。

(A)螺栓连接　　　　(B)焊接　　　　(C)捆扎　　　　(D)压接

13. 直流电机转子氩弧焊的主要参数为(　　)。

(A)氩气流量　　　　(B)焊接电流　　　　(C)焊接速度　　　　(D)电弧长度

14. 转子的绑扎方法一般分为(　　)。

(A)玻璃丝带绑扎　　(B)无纬带绑扎　　(C)钢丝绑扎　　　　(D)压接

15. 转子绑扎无纬带的主要工艺参数有(　　)。

(A)转子烘白胚的温度和时间　　　　(B)绑扎拉力

(C)绑扎匝数　　　　　　　　　　　(D)无纬带宽

16. 绝缘处理过程中常用的浸渍漆分为(　　)。

(A)非绝缘漆　　　　(B)无溶剂漆　　　　(C)有溶剂漆　　　　(D)绝缘漆

17. 一般普通浸渍的方法有(　　)。

(A)滴浸　　　　　　(B)滚浸　　　　　　(C)沉浸　　　　　　(D)半沉浸

18. 直流电机主磁极由(　　)组成。

(A)主极铁芯　　　　(B)励磁绕组　　　　(C)换向器　　　　　(D)碳刷

19. 直流电机的机座是(　　)。

(A)电机的机械支架　　　　　　　　(B)电机磁路的一部分

(C)非电机磁路的一部分　　　　　　(D)电路回路

20. 鼠笼式异步电动机按其外壳的防护型式不同分为(　　)。

(A)开启式　　　　　(B)防护式　　　　　(C)封闭式　　　　　(D)非防护式

21. 直流电机的电枢绕组型式可分为(　　)。

(A)叠绕组　　　　　(B)波绕组　　　　　(C)复绕组　　　　　(D)单层绕组

22. 对电刷材质的要求是(　　)。

(A)换向性能好　　　(B)润滑性能好　　　(C)机械强度高　　　(D)磨损小

23. 同步主发电机转子一般由(　　)。

(A)磁极铁芯　　　　(B)磁极线圈　　　　(C)磁轭支架　　　　(D)滑环

24. 电机总装后,对轴承装配要进行(　　)的检查。

(A)装配游隙　　　　　　　　　　　(B)轴承端面跳动量

(C)转子轴向窜动量　　　　　　　　(D)径向跳动量

25. 熔断器在低压配电网络中有(　　)。

(A)过电流保护　　　(B)欠电压保护　　　(C)短路保护　　　　(D)过载保护

26. 在读电空接触器装配图时应重点了解(　　)。

(A)灭弧罩组成　　　(B)气缸组成　　　　(C)触头组件　　　　(D)使用说明书

27. 组装转换开关时主要有(　　)。

(A)辅助触头组装　　(B)气缸组装　　　　(C)主触头组装　　　(D)线圈组装

28. 机车原理图中主要有(　　)等回路。

(A)主回路　　　　　(B)辅助回路　　　　(C)励磁回路　　　　(D)控制回路

29. 电力机车在构造上包括(　　)。

(A)电气部分　　　　　(B)机械部分　　　　　(C)空气管路系统　　　(D)冷却系统

30. 机车转换开关组装主要有(　　)。

(A)鼓轴组装　　　　　(B)气缸组装　　　　　(C)主触头组装　　　(D)辅助触头组装

31. 通用继电器的结构,主要有(　　)。

(A)安装底座　　　　　(B)电磁机构　　　　　(C)触头系统　　　　(D)外罩器部分

32. 按照电压的等级来分,有(　　)。

(A)高压电器　　　　　(B)低压电器　　　　　(C)直流电器　　　(D)交流电器

33. 电空传动装置主要由(　　)组成。

(A)压缩空气传动装置　(B)电空阀　　　　　　(C)外罩器　　　　(D)散热装置

34. 电工材料是由(　　)组成。

(A)导电材料　　　　　(B)半导体材料　　　　(C)绝缘材料　　　(D)磁性材料

35. 从技术性能、经济、价格来考虑(　　)是合适的普通导电材料。

(A)铁　　　　　　　　(B)铜　　　　　　　　(C)铝　　　　　　(D)铅

36. 钳工常用的刀具材料有(　　)。

(A)碳素工具钢　　　　(B)高速钢　　　　　　(C)合金工具钢　　(D)硬质合金

37. 电路如图 2 所示,下列不正确的是(　　)。

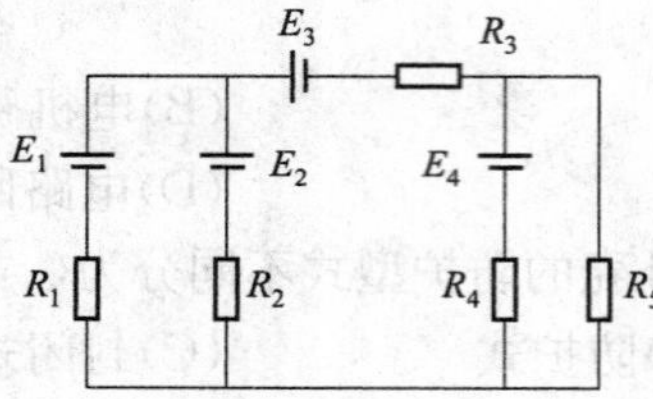

图　2

(A)节点数 3 个,支路数 5 条　　　　　　　(B)节点数 4 个,支路数 4 条

(C)节点数 3 个,支路数 4 条　　　　　　　(D)节点数 4 个,支路数 5 条

38. 正弦交流电的三要素是指(　　)。

(A)瞬时值　　　　　　(B)最大值　　　　　　(C)角频率　　　　(D)初相位

39. 三相负载星形联接时,下列关系不正确的是(　　)。

(A)$I_{Y线}=I_{Y相}$,$U_{Y线}=U_{Y相}$　　　　　　(B)$I_{Y线}=I_{Y相}$,$U_{Y线}=\sqrt{3}U_{Y相}$

(C)$I_{Y线}=\sqrt{3}I_{Y相}$,$U_{Y线}=U_{Y相}$　　　　(D)$I_{Y线}=\sqrt{3}I_{Y相}$,$U_{Y线}=U_{Y相}$

40. 对称三相负载三角形联接时,下列关系不正确的是(　　)。

(A)$U_{\triangle线}=\sqrt{3}U_{\triangle相}$,$I_{\triangle线}=I_{\triangle相}$　　　　(B)$U_{\triangle线}=\sqrt{3}U_{\triangle相}$,$I_{\triangle线}=\sqrt{3}U_{\triangle相}$

(C)$U_{\triangle线}=U_{\triangle相}$,$I_{\triangle线}=\sqrt{3}I_{\triangle相}$　　　　(D)$U_{\triangle线}=U_{\triangle相}$,$I_{\triangle线}=I_{\triangle相}$

41. 无机绝缘电磁线按材质分(　　)。

(A)铁丝线　　　　　　(B)铝线　　　　　　　(C)铜线　　　　　(D)光纤

42. 硬磁材料的特点是经磁化后(　　),当将外磁场去掉后,在较长的时间内仍能保持强而稳定的磁性。

(A)具有较高剩磁　　　(B)较高的矫顽力　　　(C)具有较低剩磁　　(D)较低的矫顽力

43. 下列物质不属于固体绝缘材料的是(　　)。

(A)云母   (B)六氟化硫   (C)变压器油   (D)二氧化碳

44. 下列物质不属于气体绝缘材料的是(   )。

(A)二氧化碳   (B)陶瓷   (C)容器油   (D)纸板

45. 质量特性中的可信性包括(   )。

(A)维修保障性   (B)安全性   (C)可靠性   (D)维修性

46. 可影响绝缘材料介电系数的因素是(   )。

(A)频率   (B)湿度   (C)温度   (D)存放时间

47. 测量500A直流电流应选用(   )。

(A)分流器   (B)毫伏表   (C)电压表   (D)功率表

48. 异步电动机的三种运行状态为(   )。

(A)启动   (B)电动   (C)发电   (D)制动

49. 一般电器制造的工序有(   )。

(A)配件加工工序   (B)组装工序   (C)试验工序   (D)维修工序

50. 电子元器件进厂,筛选工作分(   )。

(A)对包装、数量的检查   (B)电子元器件入厂检查

(C)电子元器件的工艺筛选   (D)产品重量检查

51. 电器柜组装前应检查电路板是否有(   )。

(A)短接   (B)断线   (C)敷铜线   (D)绝缘损坏

52. 在法定计量单位中,长度的基本单位是米,在机械制造中,常用的单位为(   )。

(A)mm   (B)m   (C)μm   (D)cm

53. 属于形状公差的是(   )。

(A)直线度   (B)圆度   (C)平行度   (D)线轮廓度

54. 不属于表面结构的是(   )。

(A)波距小于1 mm   (B)波距在1～10 mm之间

(C)波距在10 mm以上   (D)波距小于10 mm

55. 质量检验的职能是(   )。

(A)鉴别   (B)反馈   (C)报告   (D)把关

56. 不属于形状公差的是(   )。

(A)∥   (B)⌖   (C)═   (D)⌒

57. 质量检验是根据产品图、标准及工艺规范,采用(   )的方法,将原材料、半成品、成品的质量特征与规定的要求作比较,做出判定的过程。

(A)测量   (B)试验   (C)分析   (D)报告

58. 通常情况下,作为一名管理者应具备的管理技能包括(   )。

(A)社交技能   (B)技术技能   (C)人际技能   (D)概念技能

59. 研究两个变量之间的关系,我们不采用的方法是(   )。

(A)因果图   (B)排列图   (C)控制图   (D)散布图

60. 不属于游标量具的是(   )。

(A)外径千分尺   (B)内径千分尺   (C)深度千分尺   (D)游标卡尺

61. 不属于形状公差的是(   )。

(A)⊥   (B)○   (C)◎   (D)∠

62. QC 小组活动的程序包括组成小组、选题、(   )和成果发表。

(A)组内例会   (B)课题报告

(C)小组及选题注册登记   (D)课题完成

63. 质量改进团队可体现为多种形式,例如(   )。

(A)六西格玛活动小组   (B)QC 小组

(C)合理化建议小组   (D)5S 活动小组

64. 关于鱼刺图,下列说法正确的有(   )。

(A)展示了试验两个变量的相互关系   (B)展示了可能导致问题产生的原因

(C)又称石川图   (D)原因要分解到可采取措施为止

65. 在质量管理领域,朱兰运用洛伦兹的图表法将质量问题分为(   ),并将这种方法命名为"帕累托分析法"。

(A)关键的多数   (B)关键的少数   (C)次要的多数   (D)次要的少数

66. 帕累托分析法的注意要点有(   )。

(A)分类方法不同得到的排列图不同

(B)为了抓住"关键的少数",在排列图上通常把累计比率分为三类:在 0%～80%间的因素为 A 类因素,即主要因素;在 80%～90%间的因素为 B 类因素,即次要因素;在 90%～100%间的因素为 C 类因素,即一般因素

(C)如果"其他"项所占的百分比很大,则分类是不够理想的。如果出现这种情况,是因为调查的项目分类不当,把许多项目归在了一起,这是应考虑用另外的分类方法

(D)如果数据时质量损失,画排列图时质量损失在纵轴上表示出来

67. 以下关于调查表说法正确的是(   )。

(A)调查表的目的就是记录数据

(B)调查表只能收集数据,并不能提供数据的分布、分层等有关信息

(C)设计良好的调查表不仅用于采集数据,还可以对数据进行简单处理

(D)工序分布调查表可以起到代替直方图的作用

68. 下列关于分层法的表述中正确的是(   )。

(A)数据分层的统计意义是将来自不同总体的数据进行分离

(B)分层有多重方法,无论用何种方法只要进行了分层,就不会得出错误结论

(C)分层的目的是使同一层内数据的波动尽可能小,使层与层之间的差异尽可能明显

(D)数据可以按操作者、原材料、设备及作业环境分层

69. 下述关于直方图的说法正确的是(   )。

(A)矩形的宽度表示数据出现的频数

(B)矩形的高度表示给定数据的频数

(C)变化的高度表示是分布中心的波动情况

(D)利用直方图可以考虑数据的分布

70. PDCA 循环的内容包括(   )。

(A)计划   (B)组织   (C)控制   (D)检查

71. PDCA 中的处置阶段的内容有(   )。

(A)肯定成绩 　　　　　　　　　　(B)实施标准化

(C)表彰先进 　　　　　　　　　　(D)对没有解决的问题转入下一轮解决

72. 质量因素引起的波动分为偶然波动和异常波动,下述说法正确的有( )。

(A)偶然波动可以避免 　　　　　　(B)偶然波动不可以避免

(C)异常波动可以避免 　　　　　　(D)采取措施可以消除异常波动

73. 按检验的执行人员分类,质量检验可分为( )。

(A)自检 　　　　(B)互检 　　　　(C)专检 　　　　(D)综合检查

74. 电缆绝缘层剥除后,( )。

(A)线芯不应有划痕、损伤、断股 　　(B)无残余绝缘层

(C)电缆线芯清洁整齐、无纠结 　　(D)绝缘层切口光滑整齐

75. 按检验场所分类,质量检验可分为( )。

(A)固定场所检验 　　　　　　　　(B)流动检验(巡回检验)

(C)进货检验 　　　　　　　　　　(D)最终检验

76. 流动检验的优点有( )。

(A)检验的工作范围广,尤其是检验工具复杂的作业

(B)节省作业者在检验站排队等候检验的时间

(C)可以节省中间产品(零件)搬运和取送的工作,防止磕碰、划伤缺陷的产生

(D)容易及时发现过程(工序)出现的质量问题,使作业(操作)人员及时调整过程参数和纠正不合格,从而可预防发生成批废品的出现

77. 下列关于质量检验的说法正确的有( )。

(A)进货检验也称进货验收,是产品的生产者对采购的原材料、产品组成部分等物资进行入库前质量特性的符合性检查,证实其是否符合采购规定的质量要求的活动

(B)进货检验是采购产品的一种验证手段,进货检验主要的对象是原材料及其他对产品形成和最终产品质量有重大影响的采购物品和物资

(C)最终检验是对产品形成过程最终作业(工艺)完成的产品是否符合规定质量要求所进行的检验,并为产品符合规定的质量特性要求提供证据

(D)根据产品结构和性能的不同,最终检验和试验的内容、方法也不相同

78. 在原材料"紧急放行"的情况下,应对该产品( ),并在检验证实不符合质量要求时能及时追回和更换的情况下,才能放行。

(A)做出明确标识 　　(B)进行严格隔离 　　(C)做好记录 　　(D)经授权人员签字

79. 质量是一组固有特性满足要求的程度,以下有关"固有特性"的陈述正确的是( )。

(A)固有特性是永久的特性

(B)固有特性是可区分的特性

(C)固有特性与赋予特性是相对的

(D)一个产品的固有特性不可能是另一个产品的赋予特性

80. 关于产品的说法,正确的有( )。

(A)产品是指"过程的结果" 　　　　(B)产品有四种通用类别

(C)服务和产品是两个不同的类别 　　(D)产品类别的区分取决于其主导成分

81. "适用性"的质量概念,要求人们从( )方面理解质量的实质。

(A)使用要求　　　　　(B)满足程度　　　　　(C)符合标准　　　　　(D)符合规范

82. 根据质量管理的定义,质量管理是在质量方面指挥和控制组织的协调的活动,通常包括制定质量方针和质量目标,以及(　　)等活动。

(A)质量策划　　　　　(B)质量控制　　　　　(C)质量保证　　　　　(D)质量改进

83. 根据检验的定义,检验所涉及的活动有(　　)。

(A)估量　　　　　(B)测量　　　　　(C)观察判断　　　　　(D)试验

84. 质量检验准备阶段的主要工作有(　　)。

(A)熟悉规定要求　　　　　(B)建立检验机构　　　　　(C)选择检验方法　　　　　(D)检验人员培训

85. 对质量检验记录的数据的特定要求包括(　　)。

(A)不能随意涂改　　　　　(B)内容要完整　　　　　(C)避免事后补记　　　　　(D)检验人员签名

86. 不合格品的处置方式有(　　)。

(A)降价　　　　　(B)纠正　　　　　(C)让步　　　　　(D)报废

四、判 断 题

1. 通常所说的 220 V 交流电是指它的最大值为 220 V。(　　)
2. 局部视图是不完整的基本视图。(　　)
3. 表达机件内部结构,常采用剖视图的方法。(　　)
4. 轴类零件一般由几段不同形状、不同直径的共轴线回转体组成。(　　)
5. 用万用表测设备绝缘电阻不能得到符合实际工作条件下的绝缘电阻。(　　)
6. 链传动能保证准确的平均传动比,传动功率较大。(　　)
7. 一般将参考点的电位规定为零电位点。(　　)
8. 通过电阻的电流增大到原来的 2 倍时,它所消耗的功率也增大到原来的 2 倍。(　　)
9. 功率越大的电器,需要电压一定大。(　　)
10. 电源电动势等于电源端电压加上内压降。(　　)
11. 锥度是指正圆锥底圆直径与圆锥高度之比。(　　)
12. 用正投影法绘制的投影图称为视图。(　　)
13. 任何物体都可看成是由点、线、面等几何元素所构成的。(　　)
14. 立体表面上的点,其投影一定位于立体表面的同面投影。(　　)
15. 任何复杂的零件都可以看作由若干个基本几何体组成。(　　)
16. 设计图样上所采用的基准,称工艺基准。(　　)
17. 标注尺寸时,不允许出现封闭的尺寸链。(　　)
18. 零件图的尺寸标注,必须做到正确,完整,清晰,合理。(　　)
19. 轴套类零件的主要加工方法是车削。(　　)
20. 逆时针方向旋进的螺纹称为右旋螺纹。(　　)
21. 凡牙型、直径和螺距符合标准的称为标准螺纹。(　　)
22. 如果一对孔、轴装配后有间隙,则这对配合就称为间隙配合。(　　)
23. 相互配合的孔和轴,其基本尺寸必须相同。(　　)
24. 允许间隙或过盈的变动量,叫配合公差。(　　)

25. T3 是 3 号工业纯铜的代号。(   )

26. 磁性材料由软磁材料和硬磁材料组成。(   )

27. 铝作为导电材料最大的优点是导电性能好。(   )

28. 变压器的铁心通常用硬磁材料制作。(   )

29. 绝缘老化的方式主要有环境老化、热老化和电老化三种。(   )

30. 要求传动比准确的传动应选用带传动。(   )

31. 齿轮传动能保持瞬时传动比恒定不变,因而传动运动平稳。(   )

32. 选择锉刀尺寸规格的大小仅仅取决于加工余量的大小。(   )

33. 细齿锉刀,适用于锉削硬材料或狭窄的平面。(   )

34. 粗齿锯条适用于锯硬钢、板料及薄壁管子等,而细齿锯条适用于黄铜、铝及厚工件。(   )

35. 套螺纹时,材料受到板牙切削刃挤压而变形,所以套螺纹前圆杆直径应稍小于螺纹大径的尺寸。(   )

36. 电流强度大小是指单位时间内通过导体横截面积的电量。(   )

37. 电压是衡量电场做功本领大小的物理量。(   )

38. 电源电动势与电源端电压相等。(   )

39. 在电路闭合状态下,输出端电压随负载电阻的大小而变化。(   )

40. 串联电阻越多,等效电阻越大。(   )

41. 并联电阻越多,等效电阻越大。(   )

42. 磁力线始于 N 极,止于 S 极。(   )

43. 根据线圈中引起磁通变化原因的不同,电磁感应可分为自感和互感。(   )

44. 当磁通发生变化时,导体或线圈中就会有感生电流产生。(   )

45. 交流电的周期越长,说明交流电变化的越快。(   )

46. 正弦交流电有效值等于 $\sqrt{2}$ 倍的最大值。(   )

47. 只有同频率正弦交流电才能在同一矢量图中体现。(   )

48. 在纯电阻交流电路中,有功功率总是正值。(   )

49. 交流电路中的功率因数就是电路中总电压与电流相位差的余弦值。(   )

50. 交流电路中的功率因数总是小于或者等于 1。(   )

51. 三相负载采用星形联接时,中线电流为零。(   )

52. 漆包线按绝缘层结构分类有薄绝缘、厚绝缘、加厚绝缘、复合绝缘。(   )

53. 绕包线与漆包线同属电磁线。(   )

54. 漆包线由漆膜与线芯组成。(   )

55. 硅钢片一般用在交变磁场中。(   )

56. 不同类型的硬磁材料的磁性能都是相同的。(   )

57. 在强磁场下,最常用的软磁材料是硅钢片。(   )

58. 提高液体电介质击穿电压的主要方法就是提高并保持液体电介质的品质。(   )

59. 固体电介质的击穿分强电击穿、放电击穿和热击穿。(   )

60. 绝缘材料老化的形式有环境老化和热老化。(   )

61. 当平面平行于投影面时,它的投影反映其实际形状。(   )

62. 质量管理活动研究的基本单元是过程。（　　）
63. 配合公差永远大于相配合的孔或轴的公差。（　　）
64. 导体材料是由普通导电材料和特殊导电材料组成。（　　）
65. 硬磁材料适合制造永久磁铁。（　　）
66. 双层绕组的线圈数等于电机槽数。（　　）
67. 一台 $Z_1=S=K=8,2p=2$ 的单叠绕组,极距 τ 为 4。（　　）
68. 一台 $Z_1=S=K=31,2p=4$ 的单波绕组,合成节距 $Y=7.5$。（　　）
69. 相邻槽之间所间隔的角度被称为槽电角度。（　　）
70. 分数槽绕组主要用于多极低速同步电机中,用以减少空载电势中的高次谐波,尤其是齿谐波。（　　）
71. 直流电机的绕组为闭合式绕组。（　　）
72. 交流电机的绕组一般为开启式绕组。（　　）
73. 一台三相四极异步电动机,如果电源的频率 $f=50$ Hz,则一秒钟内定子旋转磁场在空间转过 25 转。（　　）
74. 同步转速是指定子旋转磁场的转速。（　　）
75. 异步电动机从电源的输入功率即为电磁功率。（　　）
76. 直流牵引电机的刷盒底面到换向器表面距离为 2～5 mm。（　　）
77. 电机总装前端盖用棉纱擦干净后即可进行装配。（　　）
78. 氦气保护焊比氩气保护焊的焊接质量好。（　　）
79. 焊接前必须用酒精或丙酮清理换向器升高片。（　　）
80. 钎焊过程中必须选高于所钎接的母材熔点的钎料。（　　）
81. 助钎剂能除去被焊金属表面的氧化物。（　　）
82. 钎焊电子元件不准使用焊膏和盐酸。（　　）
83. 单层绕组的线圈数等于槽数的一半。（　　）
84. 双层绕组的线圈数等于槽数的一半。（　　）
85. 异步电机装端盖时,一般先装轴伸端。（　　）
86. 异步电动机转子机械功率即为电机的输出功率。（　　）
87. 单叠绕组的并联支路数等于磁极数。（　　）
88. 单叠绕组的并联支路对数等于磁极对数。（　　）
89. 磁极套极后,要进行烘培处理。（　　）
90. 电器一般采用的绝缘材料是聚氨基甲酸酯。（　　）
91. 对法定计量单位制中,长度的基本单位是米。（　　）
92. 通过测量所得的尺寸称为基本尺寸。（　　）
93. 两个界限值中较大的一个称为最大极限尺寸,较小的一个称为最小极限尺寸。（　　）
94. 最小极限尺寸减去其基本尺寸所得的代数差称为上偏差。（　　）
95. 按加工过程特征来分,最大实体尺寸即为合格件的起始尺寸;而最小实体尺寸即为合格件的终止尺寸。（　　）
96. 标准公差是新国标中用以确定公差带大小的任一公差值。（　　）

97. 基本偏差是用来确定公差带距离零线的位置。(　　)

98. 图纸中未注公差的尺寸,即表示该尺寸没有公差要求。(　　)

99. 工序能力与公差毫无关系。(　　)

100. 公差等级是公差的分级,可以表示零件制造精度的高低。(　　)

101. 电压调整器组装好后,将组装好的组件用酒精洗干净、晾干。(　　)

102. 机车牵引电器的基本特点:耐震动、经受得起温度和湿度的剧烈变化、便于生产、电压变化范围大。(　　)

103. 机车用电空接触器的主触头的接触形式是面接触。(　　)

104. 电空阀按其作用原理分为两种结构:闭合式电空阀和开放式电空阀。(　　)

105. 电空接触器在最大工作气压,最高周围空气温度和最大控制电压下的热稳定时,在最大电压下应能可靠工作。(　　)

106. 进行耐压实验时,接线应先接地线,后接电源线。拆线时,待停电后,先拆地线,后拆电源线。(　　)

107. 电枢线圈焊接时要注意各种参数,线头和升高片的清洁度不重要。(　　)

108. 电路板小型元器件电路组装遇有跨接印制导线的安装元件,应离面板 7mm 悬空安装并焊好。(　　)

109. 电磁接触器与电空接触器结构的不同主要在于具有电磁驱动机构。(　　)

110. 电磁接触器的主触头闭合是依靠空气压力。(　　)

111. 电压调整器是能够自动调节发电机励磁磁通的大小,以维持发电机输出电流的基本稳定。(　　)

112. 转换开关的动作依靠气缸传动系统,通过电空阀控制二位置气缸传动实现转换。(　　)

113. 组合接触器由电磁传动装置、主触头、辅助触头等组成。(　　)

114. 为了消除电器的电弧和噪声,应在交流电磁铁中设置极靴。(　　)

115. 接地继电器适用于电路的接地保护中,检测故障。(　　)

116. 机车上同一根导线允许套相连的两个线号。(　　)

117. 机车上电器接线时,目前广泛采用的是线环冷压的方法。(　　)

118. 操纵台上安装仪表应远离磁场和腐蚀性气体。(　　)

119. 继电保护装置是由各种接触器组成的。(　　)

120. 在使用电压高于 36 V 的手电钻时,必须戴好绝缘手套,穿好绝缘鞋。(　　)

121. 开关应远离可燃物料存放地点 3 m 以上。(　　)

122. 为了防止导线局部过热或产生火花,危险场所内的线路均不得有中间接头。(　　)

123. 在易爆炸的危险场所采用保护接零时,选择熔断器熔体应按单相短路电流大于其额定电流的 4 倍来检验。(　　)

124. 检验的职能就是检查出每道工序中的废品,且挑出缺陷品和待处理品。(　　)

125. 凡是不符合产品图纸、技术标准和工艺规范的零部件(包括毛坯件、半成品),统称为废品。(　　)

126. 固定场所检验的含义是检验站(点)固定。(　　)

127. 贯彻管理原则是现代质量管理的一个特点。(　　)

128. 质量改进是通过不断采取纠正和预防措施来增强企业的质量管理水平。(　　)

129. 质量改进的重点是提高质量保证能力。（　　　）

130. 质量改进是质量提升。（　　　）

131. 检验的过程：明确标准、测量或试验、比较、判定、处理、记录反馈。（　　　）

132. 对产品进行质量检验的主要目的是：判定产品是否合格、监督工序质量，获取质量信息、仲裁质量纠纷。（　　　）

133. 工序能力越高越好。（　　　）

134. 产品技术标准，标志着产品质量特性应达到的要求，符合技术标准的就是合格品，否则即为废品。（　　　）

135. 标准偏差与极差都是表示数据离散程度的特征值。（　　　）

136. 测量就是将被测的量与用计量单位表示的标准量进行比较，从而确定被测量时值的过程，而量值则以带有计量单位的数值表示。（　　　）

137. PDCA 的顺序为计划、实施、检查、处置。（　　　）

138. 一般来说，解决问题应尽量依照数据进行。（　　　）

139. QC 小组的特点有自主性、民主性、科学性、原则性。（　　　）

140. QC 小组活动有很多特点，其中，小组组长可以轮流担当，起到锻炼大家的作用，这体现了该活动的科学性。（　　　）

141. 原先顾客认为质量好的产品因顾客要求的提高而不再受到欢迎，这反映了质量的经济性。（　　　）

142. 产品性能是指与产品使用直接有关的适合用途的特性。（　　　）

143. 产品的安全性是指产品在流通和使用过程中保证安全的程度。（　　　）

144. 所有游标计量器具的读数原理都是一样的。（　　　）

145. 对于免检的产品，检查工可以进行不定期的抽查。（　　　）

146. 俯视图确定了物体前、后、左、右四个不同部位，反映了物体的高度和长度。（　　　）

147. 机械制图中比例是指图样中机件要素的线性尺寸与实际机件相应要素的线性尺寸之比，一般在标题栏中注明。（　　　）

148. 机械制图中，视图上的过渡线无特殊的画法来表达，只是在过渡线的两端与小圆角之间留有间隙。（　　　）

149. 质量定义中的"要求是指明示的、通常隐含的或必须履行的需求或期望"，这里"通常隐含的"是指组织、顾客和其他相关方的惯例或一般做法。（　　　）

150. 作为质量管理的一部分，质量改进应致力于提供质量要求会得到满足的信任。（　　　）

151. 组织与供方的关系是相互竞争。（　　　）

152. 检验就是通过观察和判定，适当时结合测量、试验所进行的符合性评价。（　　　）

153. 质量检验是确定产品每项质量特性合格情况的技术性检查活动。（　　　）

154. 产品质量检验的记录应由产品形成过程的检验人员签字，以便质量追溯，明确质量责任。（　　　）

155. 最终检验应在订货客户核实样品符合合同要求后进行。（　　　）

五、简答题

1. 配合有哪几类？各类配合的公差带关系有何特点？

2. 电气工程上常将电工材料如何分类？

3. 绝缘材料按其最高允许工作温度可分为哪几级？其最高工作温度各为多少？

4. 电磁感应的条件是什么？线圈中有磁通是否一定有感生电势？

5. 什么叫公差？

6. 什么是工艺过程？

7. 为什么电压表要和负载并联？

8. 怎样判断兆欧表的状态是否正常？

9. 影响固体介质击穿的主要因素有哪些？

10. 使用兆欧表有哪些注意事项？

11. 标注尺寸时，如何避免出现封闭的尺寸链？

12. 双层绕组嵌线时层间绝缘为什么要比槽绝缘长一些？

13. 为什么线圈在槽内必须有适当的紧度？

14. 简述磁极套装常用的绝缘材料。

15. 简述磁极套装的工艺过程。

16. 简述磁极绕组测阻抗的目的。

17. 主、附极螺栓松动对电机有何影响？

18. 磁极的引线头有漆膜对电机有何影响？

19. 换向器装配的质量要求有哪些？

20. 简述直流电机总装前电枢检查清理的主要内容。

21. 轴承内套的装配工艺要点有哪些？

22. 电枢氩弧焊的主要参数有哪些？

23. 简述 VPI 设备的基本操作流程。

24. 钎料的基本要求有哪些？

25. 助焊剂的主要作用是什么？

26. 什么是电机绕组的绝缘电阻？

27. 对称三相交流绕组应符合什么条件？

28. 简述三相异步电动机定子绕组的作用，并说明为什么它又称为电枢绕组。

29. 电机绕组的绝缘电阻为什么经过一段时间后会下降？

30. 交流电机转子磁极联线时要注意哪些事项？

31. 联线焊接质量对电机的影响有哪些？

32. 直流牵引电动机的电枢为什么要预绑钢丝？

33. 转子绑无纬带的工艺参数有哪些？

34. 简述绝缘漆的粘度对浸漆质量的影响。

35. 绝缘漆对电机的作用是什么？

36. 烘焙温度对电机的绝缘电阻有何影响？

37. 真空压力浸漆时，真空和压力的作用各是什么？

38. 三相鼠笼式异步电动机和三相绕线式异步电动机在结构上的主要区别有哪些？

39. 简述直流电动机的工作原理。

40. 简述直流电动机的电枢反应。

41. 什么是直流电机的换向?

42. 改善换向的措施有哪些?

43. 三相电动机的转子是如何转动起来的?

44. 对电压表的内阻有何要求?

45. 刷盒至换向器表面的距离过大或过小对电机有何影响?

46. 简述鼠笼式异步电动机的结构。

47. 简述轴承装配要点。

48. 转子动平衡不良对电机有何影响?

49. 如何用兆欧表测量绕组对地绝缘电阻?

50. 简述直流电机匝间试验方法。

51. 机车牵引电器的基本特点?

52. 简述电空阀的结构。

53. 对继电器有哪些要求?

54. 电子元器件进厂,筛选工作分为哪三部分?

55. 保证产品装配精度的装配方法有那几种?

56. 电器柜中(DF$_{11}$)主要有什么继电器?

57. 在机车中转换开关的触头不带灭弧罩是如何保证的?

58. 内燃机车用的组合接触器主要由哪几部分组成?

59. 简述接地继电器的用途。

60. 具有互换性的零件应具备的条件?

61. 什么叫实际尺寸?

62. 什么是配合? 配合性质有哪几种?

63. 工件尺寸检验的原则是什么?

64. 什么是最大实体状态和最小实体状态?

65. 全面质量管理的基本特点是什么?

66. 全面质量管理的思想主要体现在哪些方面?

67. 什么是朱兰三步曲?

68. PDCA 循环指的是什么?

69. 如何实施不合格控制?

70. 质量检验的职能是什么?

六、综 合 题

1. 参照图 3 图形,作 1∶9 斜度图形。

2. 补画图 4 中的俯视图。

3. 补画图 5 中的俯、左视图。

4. 补画图 6 中的俯视图。

5. 一个灯泡接在电压是 220 V 的电路中,通过灯泡的电流是 0.5 A,通电时间是 1 h,它消耗了多少电能?

6. 如图 7 所示,已知 $E_1 = 3$ V,$E_2 = 4.5$ V,$R = 10$ Ω,$U_{AB} = -10$ V,求流过电阻 R 的电流

的大小和方向。

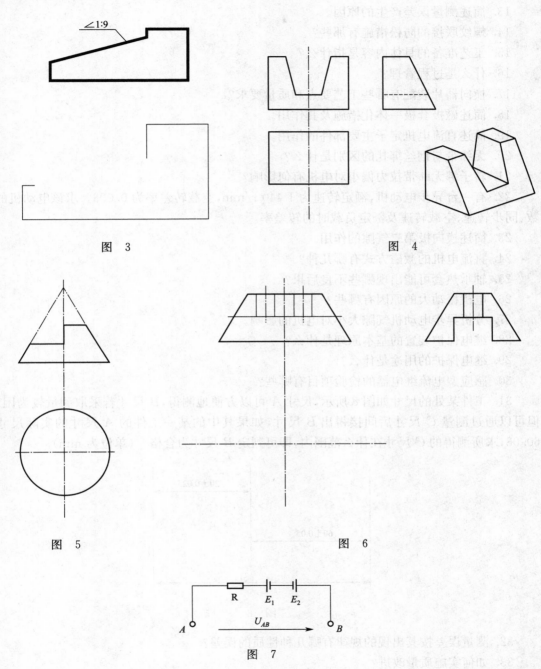

图 3

图 4

图 5

图 6

图 7

7. 关于质量的两种理解分别是什么?

8. 某正弦交流电的电流有效值 $I=10A$,求其最大值。

9. 简述保护剂涂敷的工艺过程。

10. 简述怎样正确使用接地摇表。

11. 质量管理三步曲的意义是什么?

12. 制定装配工艺规程的一般方法和步骤是什么？

13. 简述测量误差产生的原因。

14. 螺纹联接的防松措施有那些？

15. 工艺准备的具体内容是指什么？

16. 什么是过程管理？

17. 换向器片装配有哪些工艺要点和质量要求？

18. 简述磁极套极一体化措施及其作用。

19. 简述直流电机定子主要部件的作用。

20. 无纬带与钢丝绑扎的区别是什么？

21. 转子绑无纬带拉力偏小对电机有何影响？

22. 有一台异步电动机，额定转速为 1 440 r/min，空载转差率为 0.003。求该电动机的极数、同步转速、空载转速及额定负载时的转差率。

23. 简述换向极第二气隙的作用。

24. 直流电机的激磁方式有哪几种？

25. 轴承热套可能出现哪些不良后果？

26. 电机振动大的原因有哪些？

27. 分析异步电动机气隙大小对电机的影响。

28. 继电保护装置的基本原理是什么？

29. 继电保护的用途是什么？

30. 感应型电流继电器的检验项目有哪些？

31. 工件某处的尺寸如图 8 所示，尺寸 A 可以方便地测得，B 尺寸若采取测量较为困难，但可以通过测量 C 尺寸后间接得出 B 尺寸，如果其中的某一工件的 A 尺寸的实际尺寸为 60.03，求所测得的 C 尺寸在什么范围内，即可判定 B 尺寸为合格？（单位为 mm）

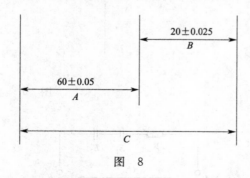

图　8

32. 测量误差按其出现的规律有哪几种性质的误差？

33. 如何实施质量改进？

34. 叙述质量检验的主要程序和内容。

35. 简述同步主发电机转子主要部件的作用。

电器产品检验工(初级工)答案

一、填 空 题

1. 内外尺寸
2. 百分表
3. 孔
4. 系统误差
5. 一致
6. 组合体
7. 零件
8. 检验
9. 起点
10. 轴套
11. 简化
12. 0.02
13. 强度
14. 0.45%
15. 电阻率或电导率
16. 越强
17. 电击穿
18. 准确
19. 电流
20. 电流的热效应
21. 220 V
22. 越大
23. 越小
24. 右手定则
25. 阻碍
26. 右手定则
27. 左手定则
28. 接触
29. 参考尺寸
30. 并
31. 串
32. 绝缘电阻
33. 电源
34. 价廉、密度小
35. 磁能
36. 高频
37. 导体
38. 钎料
39. 钎接
40. 满足一个焊点
41. 十(说明:70、90、105、120、130、155、180、200、220、250)
42. 曲面
43. 回转体
44. 稳定电压
45. 电流变化
46. 增大
47. 安培定则
48. 整距
49. 短距
50. 自由状态下的游隙
51. 检查
52. 偏差
53. 减少一半
54. 等于
55. 加热
56. 服贴
57. 缩短浸渍时间,提高浸透能力
58. 排除绕组内层空气、潮气和挥发物
59. 可靠接触
60. 样板刀
61. 保温
62. 转子
63. 氩气
64. 99.99%
65. 普通槽楔和磁性槽楔
66. 双层绕组
67. 单层绕组
68. 机械特性
69. 制动
70. 工频交流电
71. TQM
72. 磁极数
73. 小于
74. 螺栓联接
75. 非磁性
76. 对地耐压
77. 低
78. 180℃
79. 不同
80. 绝缘结构
81. 渗透性
82. 各个线匝
83. 无溶剂绝缘漆
84. 产生主磁通
85. 产生换向极磁场,改善电流换向
86. 固定电枢绕组
87. 完全一样
88. 星形
89. 旋转磁场
90. 磁极铁心
91. 增大
92. 电枢磁场
93. $1\frac{1}{2}$级
94. 介电强度
95. 磁极对数
96. 小于同步转速
97. 空载
98. 0<S<1
99. 鼠笼式
100. 清洁度
101. 1 200 V
102. 接通或断开
103. 熔断器
104. 开路
105. 装配
106. 牵引工况
107. 试验工序
108. 酒精
109. 自动切换电器
110. 电
111. 砂眼
112. 牵引电动机
113. 无延燃性外护层

114. 切断电源	115. 水	116. 防爆	117. 正常
118. 8	119. 微米	120. 相同	121. 形状
122. 力学性能	123. 2 mm	124. 测量基准	125. 粗大误差
126. 设计给定的尺寸	127. 公差带位置	128. 公差	129. 间隙配合
130. 基本偏差	131. 最大实体尺寸	132. 间距	133. 基本尺寸
134. 标准	135. 几何形状的控制	136. 报告	137. 正
138. 侧	139. 水平	140. 毫米(或 mm)	141. 通
142. 米	143. 预防	144. 计划	145. 处置
146. 人	147. 绝对	148. 质量保证	149. 质量控制
150. 相互依存	151. 时效性	152. 规定值	153. 技术性检查
154. 检验方法	155. 检验人员	156. 证实产品质量	157. 检验有关人员
158. 专职检验人员	159. 首件检验	160. 专检	161. 感官检验

二、单项选择题

1. A	2. C	3. B	4. C	5. B	6. D	7. B	8. D	9. D
10. D	11. C	12. C	13. B	14. B	15. C	16. A	17. C	18. A
19. B	20. D	21. B	22. C	23. C	24. A	25. C	26. D	27. B
28. B	29. D	30. C	31. B	32. C	33. C	34. A	35. D	36. D
37. B	38. A	39. B	40. B	41. D	42. D	43. B	44. A	45. C
46. C	47. C	48. B	49. B	50. B	51. C	52. D	53. B	54. C
55. C	56. B	57. B	58. D	59. B	60. D	61. D	62. B	63. A
64. D	65. D	66. A	67. D	68. B	69. D	70. B	71. C	72. B
73. A	74. B	75. B	76. D	77. D	78. D	79. B	80. A	81. A
82. C	83. A	84. B	85. A	86. C	87. A	88. D	89. C	90. D
91. D	92. C	93. A	94. A	95. A	96. D	97. C	98. C	99. C
100. B	101. D	102. B	103. D	104. A	105. D	106. B	107. A	108. A
109. A	110. C	111. D	112. B	113. D	114. A	115. C	116. D	117. D
118. C	119. A	120. C	121. D	122. A	123. B	124. D	125. C	126. D
127. B	128. D	129. D	130. C	131. C	132. D	133. D	134. D	135. D
136. A	137. B	138. A	139. A	140. D	141. C	142. D	143. B	144. A
145. C	146. A	147. C	148. A	149. A	150. D	151. A	152. C	153. D
154. D	155. C	156. D	157. D	158. C	159. C	160. D	161. A	162. A
163. D	164. D							

三、多项选择题

1. BCD	2. ABC	3. ABCD	4. BCD	5. AB	6. ABC	7. CD
8. BCD	9. AB	10. AB	11. AB	12. AB	13. ABCD	14. BC
15. ABCD	16. BC	17. ABC	18. AB	19. AB	20. ABC	21. AB
22. ABCD	23. ABCD	24. ABC	25. CD	26. ABC	27. ABC	28. ABCD

29. ABC	30. ABCD	31. ABCD	32. AB	33. AB	34. ABCD	35. BC
36. ABCD	37. BCD	38. BCD	39. ACD	40. ABD	41. BC	42. AB
43. BCD	44. BCD	45. ACD	46. ABC	47. AB	48. BCD	49. ABC
50. ABC	51. ABC	52. AC	53. ABD	54. BC	55. ACD	56. ABC
57. AB	58. BCD	59. ABC	60. ABC	61. ACD	62. ACD	63. ABCD
64. BCD	65. BC	66. ABCD	67. BC	68. ACD	69. BCD	70. AD
71. ABD	72. BCD	73. ABC	74. ABCD	75. AB	76. BCD	77. ABCD
78. ACD	79. BC	80. ABD	81. AB	82. ABCD	83. BCD	84. ACD
85. AD	86. CD					

四、判 断 题

1. ×	2. √	3. √	4. √	5. √	6. √	7. √	8. ×	9. ×
10. √	11. √	12. √	13. √	14. √	15. √	16. ×	17. √	18. √
19. √	20. ×	21. √	22. ×	23. √	24. √	25. √	26. √	27. √
28. ×	29. √	30. ×	31. √	32. √	33. √	34. √	35. √	36. √
37. √	38. ×	39. √	40. √	41. √	42. ×	43. √	44. √	45. √
46. ×	47. √	48. √	49. √	50. √	51. √	52. √	53. √	54. √
55. √	56. ×	57. √	58. √	59. √	60. √	61. √	62. √	63. √
64. √	65. √	66. √	67. √	68. √	69. √	70. √	71. √	72. √
73. √	74. √	75. ×	76. √	77. √	78. √	79. √	80. √	81. ×
82. √	83. √	84. ×	85. √	86. √	87. √	88. √	89. √	90. √
91. √	92. ×	93. √	94. ×	95. √	96. √	97. √	98. √	99. √
100. √	101. √	102. ×	103. √	104. √	105. ×	106. ×	107. √	108. ×
109. √	110. ×	111. ×	112. √	113. √	114. ×	115. √	116. √	117. √
118. √	119. √	120. √	121. √	122. ×	123. √	124. √	125. √	126. √
127. ×	128. √	129. √	130. √	131. √	132. √	133. √	134. √	135. √
136. √	137. √	138. √	139. ×	140. √	141. √	142. √	143. √	144. √
145. √	146. ×	147. √	148. √	149. √	150. ×	151. ×	152. √	153. √
154. √	155. ×							

五、简 答 题

1. 答:配合有间隙配合、过渡配合和过盈配合三类(2分)。间隙配合时,孔的公差带完全处于轴的公差带上方(1分);过盈配合时,孔的公差带完全处于轴的公差带下方(1分);过渡配合时,孔的公差带和轴的公差带是互相交错的,二者之间有重叠的部分(1分)。

2. 答:电气工程上常将电工材料作如下分类:(1)导电材料(1分);(2)半导体材料(1分);(3)绝缘材料(1分);(4)磁性材料(1分);(5)其他电工材料(1分)。

3. 答:绝缘材料按其最高允许工作温度可分为十个级别(2分);其最高工作温度分别为:70、90(Y)、105(A)、120(E)、130(B)、155(F)、180(H)、200、220、250(3分)。

4. 答:电磁感应的条件是穿越线圈回路的磁通必须发生变化(3分)。线圈中有磁通不一定有感生电势(1分),只有线圈内磁通变化时,才会产生感生电势(1分)。

5. 答:在零件设计时,将零件的尺寸规定为一个允许变动的范围(2分),在这个范围内,既不影响零件的互换性(1.5分),又不降低零件的工作性能,这种规定范围内的尺寸误差,叫公差(1.5分)。

6. 答:生产过程中改变毛坯(材料)的形状、尺寸、性能(2分)的加工过程及装配过程(2分),也就是生产中的主要过程,统称为工艺过程(1分)。

7. 答:因为并联电路的电压相等(2分),电压表两端的电压即负载两端的电压(3分)。

8. 答:(1)使兆欧表输出端短路,摇至额定转速,表针应指向零(2.5分);(2)使兆欧表输出端开路,摇至额定转速,表针应指向无穷大(2.5分)。

9. 答:(1)温度(1分);(2)时间(1分);(3)材质(1分);(4)频率(0.5分);(5)场强;(6)介质厚度(0.5分);(7)湿度(1分)。

10. 答:(1)正确选用合适电压等级的兆欧表(1分);(2)使用前应检查兆欧表的好坏(1分);(3)摇动手柄均匀加速达120转/分,保持恒定,记录第15 s和60 s时的读数(1分);(4)当试验电容量较大的设备,在试验终止时应在摇表原转速时断开接线(1分);(5)测试完后,将试品和兆欧表充分放电(1分)。

11. 答:可以选择一个不重要的尺寸不予标出(2.5分),使尺寸链有开口(2.5分)。

12. 答:层间绝缘比槽绝缘长一些是为了保证将同一槽内不同相的两个有效边隔开(2.5分),避免相间短路(2.5分)。

13. 答:线圈在槽内有适当的紧度的目的有两个,(1)是提高散热能力(2.5分),(2)是防止运行中线圈松动引起电枢接地故障(2.5分)。

14. 答:磁极套装常用的绝缘材料有填充泥(1分)、适形毡(1分)、Nomex纸(1分)、聚酰亚胺薄膜(2分)等。

15. 答:线圈烘焙→检查、清理磁极铁芯(1分)→在铁芯上放好绝缘材料(1分)→将加热后的线圈平放在绝缘材料上(1分)→用油压机将线圈压入铁芯(1分)→清理多余的绝缘材料(1分)。

16. 答:测磁极绕组的阻抗是在磁极绕组中通入一定的工频交流电流值(2分),测量磁极绕组的电压降(2分),根据电压降判断磁极绕组有无匝间短路和开路(1分)。

17. 答:如果定装时,主、附极螺栓紧固不牢,机车运行振动将会造成主、附极线圈松动(2分),磨破主、附极绝缘和联线绝缘(1分),以至于造成主、附极线圈、联线接地或断裂(2分)。

18. 答:电机磁极联线的引线头有漆膜将会使引线头接触不良(1分),接触电阻增大(2分),造成过热引起接头烧损或断线故障(2分)。

19. 答:换向器前端面对平台的平行度(1分),换向器压圈对平台的平行度(1分),换向器的高度、等分度(1分),对键中心线对换向片(或云母板)中心(1分),螺钉的紧固度、对地耐压、片间耐压(1分)。

20. 答:检查各部位有无损伤及异常现象(1分),换向器云母下侧两倒角应无毛刺(1分),平衡块紧固牢靠并已刷防锈漆(1分),用白布将电枢轴承位、轴伸、转子表面擦拭干净(1分),并用高压风将通风孔吹扫干净(1分)。

21. 答:核对轴承的型号(1分),然后将轴承内套内加热到一定温度后,取出轴承内套迅速套到轴上旋转顶紧,轴承标记朝外,编号应与外圈一致(3分),如套不进可用铜棒轻轻敲入(1分)。

22. 答:焊接电流(1分);焊接速度(1分);电弧长度(1分);钨极直径与形状(1分);气体的流量(1分)。

23. 答:(1)打开干燥空气总风源(1分);(2)起动制冷机组(1分);(3)储漆罐抽真空到要求值(0.5分);(4)加漆到量(0.5分);(5)储罐破真空,要求取样送检(1分);(6)漆的小循环(0.5分);(7)打开搅拌器,使绝缘漆搅拌均匀(0.5分)。

24. 答:低于母材熔点(1分),对母材有良好的浸润性与流散性以获得牢固、致密的钎焊接头(2分),同时还必须有良好的导电、导热、抗氧化、耐腐蚀性,经得起机械冲击与温度冲击(2分)。

25. 答:其主要作用是除去被焊金属表面的氧化物、硫化物、油污等,净化接触面(2分);同时具有覆盖保护作用,防止加热过程中钎料的氧化,降低熔融焊料的表面张力,使其易流展,浸润金属表面(3分)。

26. 答:指在相应的电压下(1分),绕组与绕组之间(2分)、绕组对地的电阻值(2分)。

27. 答:(1)三相绕组在空间位置上应互差120°电角度(2分);(2)每相绕组的导体数、并联支路数以及导体规格应相同(2分);(3)每相线圈或导体在空间的分布规律应相同(1分)。

28. 答:三相异步电动机的定子绕组通入三相对称电流后,在气隙中便产生了旋转磁场(2分),通过旋转磁场将电动机输入的电能转换为机械能输出(2分)。由于电动机的定子绕组是电机电能和机械能转换的"枢纽"故电机的定子绕组为电枢绕组(1分)。

29. 答:由于电机在使用过程中,潮湿空气(1分)、灰尘油污(1分)、盐雾(1分)、化学腐蚀性气体(1分)等的侵入以及电机保养不当(1分)等,都可能使绕组的绝缘电阻下降。

30. 答:线圈引线要尽量少弯折(1分);焊接要可靠,防止过热产生局部热应力(2分);焊接时用湿石棉布保护线圈以防绝缘损坏(2分)。

31. 答:(1)焊接质量不好,造成虚焊,使接触电阻增大,造成过热引起接头烧损或断线故障(3分);(2)焊接质量不好,机械强度不够,会引起开焊(2分)。

32. 答:直流牵引电动机电枢预绑钢丝是为了使上下线圈和电枢铁芯服贴更紧密(1分),从而降低电枢温升(2分),同时还可以给槽楔留下足够的空间,保证打入槽楔时不损伤线圈绝缘(2分)。

33. 答:转子绑无纬带的参数有:绑扎拉力(1分)、绑扎匝数(1分)、无纬带宽(1分)、绑扎机转速(1分)及绑扎拉力(1分)。

34. 答:如果使用低粘度的漆,虽然漆的渗透能力强,但漆基含量少,当溶剂挥发以后,留下的空隙较多,使绝缘性能受到影响(2.5分)。如果漆的粘度过高,则漆难以渗入到绕组绝缘内部,同样会降低绝缘的性能(2.5分)。

35. 答:在电机中,用绝缘漆填充空隙,并在其表面形成结构致密的漆膜,可使电机具有一定的机械强度(2分)、电气性能(2分)和耐潮性(1分)。

36. 答:如图1所示,电机在烘焙过程中,随着温度的升高,绕组绝缘内部的水分趋向表面,绝缘电阻逐渐下降至最低点(2分)。温度继续升高,水分挥发,绝缘电阻从最低点开始回升(2分)。最后随着时间的增加绝缘电阻达到稳定,说明绕组绝缘内部已经干燥(1分)。

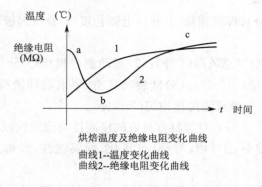

烘焙温度及绝缘电阻变化曲线
曲线1--温度变化曲线
曲线2--绝缘电阻变化曲线

图　1

37. 答:真空的作用是加速水分的汽化,排除绝缘层中的水分和空气,以利于漆的渗透和填充(2.5分)。压力的作用是提高漆的漆透能力,以利于缩短浸渍时间(2.5分)。

38. 答:主要区别是转子结构截然不同(1分)。鼠笼式转子:转子绕组用铸铝或铜条构成(2分)。绕线式转子:转子绕组与定子绕组均为三相对称绕组,且极对数相同,三相转子绕组一般接成星形(2分)。

39. 答:电刷将直流电引入电枢绕组后,电枢电流在磁场中将产生电磁力,形成电磁转矩,使电机旋转(3分)。当电枢线圈从一个磁极下转到相邻异性极下时,但电磁转矩的方向不变,使电动机沿着一个方向旋转(2分)。

40. 答:直流电动机的电枢反应使电动机的前极端磁场增强(1.5分),后极端磁场削弱(1.5分),物理中性面逆电机转向移开几何中性面(2分)。

41. 答:直流电机运行时,旋转着的电枢绕组元件从一条支路经过电刷进入另一条支路,元件中的电流方向改变一次,称为换向(5分)。

42. 答:(1)加装换向极(1.5分);(2)小型电机移动电刷位置(1分);(3)合理选择电刷(1分);(4)加装补偿绕组(1.5分)等。

43. 答:对称三相交流电通入三相定子绕组,形成旋转磁场(2分)。旋转磁场切割转子导体,产生感应电动势和感应电流(2分)。感应电流在旋转磁场中受力,形成电磁转矩,转子便沿着旋转磁场的转向转动起来(1分)。

44. 答:电压表的内阻要求尽量的大,以避免电压表的接入使被测电路发生变化而增大误差(5分)。

45. 答:距离太大,电刷将产生颤动,使火花增大(2.5分);距离太小,有异物时易被卡住,使换向器表面损伤(2.5分)。

46. 答:整机分为定子和转子两部分(1分);定子由定子铁芯、定子线圈、机座和端盖等(2分);转子由轴、端环、导条、风叶和转子铁芯等(2分)。

47. 答:轴承以及各配件的清洁度(1分),轴承质量的检查(1分),轴承安装要正确(0.5分),加油量准确(0.5分),轴承内套加热温度、时间正确(1分),轴承端面标记要朝外(0.5分),且轴承内外套不能互换(0.5分)。

48. 答:(1)易导致电机发生振动,产生噪声(2分);(2)造成换向不良,影响电机的正常工作(2分);(3)加速轴承的磨损,缩短电机寿命(1分)。

49. 答:首先选择合适的电压等级的兆欧表(2分),然后将兆欧表的一端连接在电动机绕组上(1分),一端接在电机的机壳上(1分),以每分钟120转的速度摇动兆欧表测量绝缘电阻(1分)。

50. 答:(1)发电机空载运行(1分);(2)转速加到电机最高转速(1分);(3)加被试机励磁电流(1分),使被试机端电压达到1.3倍的额定电压值(1分),保持3 min(1分)。

51. 答:机车牵引电器的基本特点:(1)电压变化范围大(1分);(2)经受得起温度(1分)和湿度(1分)的剧烈变化;(3)结构紧凑(1分);(4)耐震动(1分)。

52. 答:电空阀由电磁系统和空气阀门两部分组成(1分)。电空阀的控制部分由线圈、铁心、轭铁、衔铁、阀杆等组成(2分)。空气阀门由阀体、上下阀头、顶针、弹簧等组成(1分)。

53. 答:(1)动作值的误差要小(1.5分);(2)接点要可靠(1分);(3)返回时间要短(1.5分);(4)消耗功率要小(1分)。

54. 答:(1)对包装数量的检查(1.5分);(2)电子元器件入厂检查(1.5分);(3)电子元器件的工艺筛选(2分)。

55. 答:完全互换法(2分);分组装配法(1分);修配法(1分);调整法(1分)。

56. 答:差动继电器(2分)、过流继电器(1分)、时间继电器(1分)、中间继电器(1分)。

57. 答:转换开关触头系统不带灭弧装置,故不允许在有负载电流的情况下进行转换(1分),这是由司控器的机械连锁机构(2分)以及电路中的连锁触头(2分)来保证的。

58. 答:组合接触器由电空传动装置(2分)、主触头(1.5分)、辅助触头(1.5分)等组成。

59. 答:接地继电器适用于电路的接地保护中,检测接地故障(5分)。

60. 答:具有互换性的零件应保持几何参数(2.5分)和力学性能(2.5分)的一致。

61. 答:零件加工完毕后,通过测量所得到的尺寸叫实际尺寸(5分)。

62. 答:同一基本尺寸相互结合的孔和轴的公差带之间的关系叫做配合(2分);配合性质有三种:间隙配合、过渡配合和过盈配合(3分)。

63. 答:工件尺检验的原则是:所用验收方法应只接受位于规定尺寸极限之内的工件(5分)。

64. 答:工件尺寸在给定的公差范围内,占有材料最多的状态叫做最大实体状态(2.5分)。在给定的公差带范围内,占有材料最少的叫做最小实体状态(2.5分)。

65. 答:全面质量管理的基本特点是"三全"和"一多样"(1分)。(1)全面的质量管理(1分);(2)全过程的管理(1分);(3)全员参加的管理(1分);(4)质量管理方法多样化(1分)。

66. 答:全面质量管理的思想主要体现在以下几个方面:(1)以用户为中心(1分);(2)预防为主,强调事先控制(1分);(3)采用科学统计的方法(1分);(4)质量持续改进是全面质量管理的精髓(1分);(5)突出人的作用(1分)。

67. 答:朱兰三步曲即质量计划、质量控制和质量改进(5分)。

68. 答:PDCA循环中的四个英文字母分别是P表示plan(计划)(1分)、D表示do(执行)(1分)、C表示check(检查)(1分)、A表示action(处理)(1分)的缩写。它反映了质量改进和完成各项工作必须经过的4个阶段(1分)。

69. 答:对不合格品的控制通常包括标识(1分)、隔离(1分)、评审(1分)、处置(0.5分)、措施(1分)和防止再发生(0.5分)。

70. 答:质量检验的主要职能是:(1)把关职能(1分);(2)预防职能(2分);(3)报告职能(1

分);(4)改进职能(1 分)。

六、综 合 题

1. 答:1∶9 斜度图形如图 2 所示(10 分)。

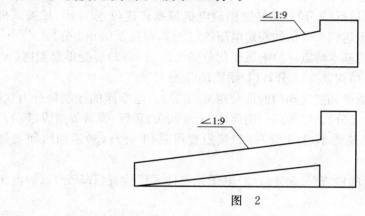

图 2

2. 答:俯视图如图 3 所示(10 分)。

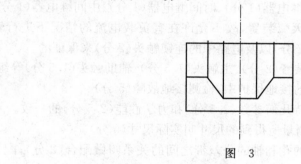

图 3

3. 答:俯、左视图如图 4 所示(各 5 分)。

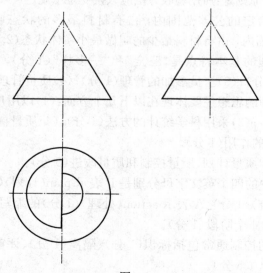

图 4

4. 答:俯视图如图 5 所示(10 分)。

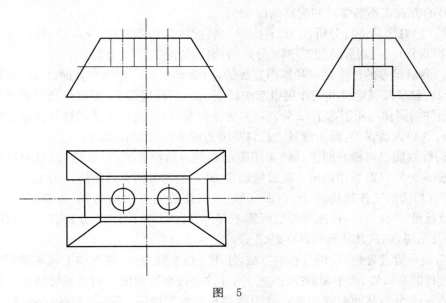

图　5

5. 答:$A = UIt = 220 \times 0.5 \times 3\,600 = 396\,000$ J$= 0.11$ 度(10 分)。

6. 答:设通过 R 上的电流参考方向(3 分)从 A→B,则:

$$U_{AB} = IR + E_1 - E_2 (5 分)$$

即: $-10 = 10I + 3 - 4.5$

     $10I = -8.5$

       $I = -0.85$ A

通过 R 上的电流大小为 0.85 A,方向由 B→A(2 分)。

7. 答:一种理解是"质量"意味着能够满足顾客的需要从而使顾客满意的那些产品特征(3 分)。另一种理解是"质量"意味着免于不良,即没有那些需要返工或将会导致现场失效、顾客不满、顾客投诉的差错(3 分)。第一种质量是顾客满意的源泉(2 分),做好会增加企业受益;第二种质量则是顾客不满的原因,做好会降低成本(2 分)。

8. 答:$I_M = \sqrt{2}\,I = 10 \times \sqrt{2} = 14.14$ A(10 分)。

9. 答:(1)前处理(2 分);(2)清洗(2 分);(3)干燥(2 分);(4)涂敷(2 分);(5)晾干(2 分)。

10. 答:测量前,首先将两根探测针分别插入地中接地极 E,电位探测针 P 和电流探测针 C 成一直线并相距 20 m,P 插于 E 和 C 之间,然后用专用导线分别将 E、P、C 接到仪表的相应接线柱上(3 分)。测量时,先把仪表放到水平位置检查检流计的指针是否指在中心线上,否则可借助零位调整器(2 分),把指针调整到中心线,然后将仪表的"信率标度"置于最大倍数,慢慢转动发电机的摇把,同时旋动"测量标度盘"使检流计指针平衡,当指针接近中心线时,加快发电机摇把的转速,达到每分钟 120 转以上,再调整"测量标度盘"使指针于中心线上(3 分),用"测量标度盘"的读数乘以"倍率标度"的倍数,即为所测量的电阻值(2 分)。

11. 答:在质量管理三步曲中,质量计划明确了质量管理所要达到的目标以及实现这些目标的途径,是质量管理的前提和基础(4 分);质量控制确保组织的活动按照计划的方式进行,是实现质量目标的保障(4分);质量改进则意味着质量水准的飞跃,标志着质量活动是以一种螺旋式上升的方式在不断攀升和提高的(2分)。

12. 答:(1)对产品进行分析(2分);(2)确定装配的组织形式(2分);(3)根据装配单元确定装配顺序(2分);(4)划分装配工序(2分);(5)编制装配工艺(2分)。

13. 答:测量误差的产生是多种原因造成的,归纳起来大体有四个方面(2分):(1)装配误差:即由量具、量仪及其附件共同作用引起的(2分)。(2)环境误差:即测量场所周围自然和人为的环境条件共同作用所引起的(2分)。(3)方法误差:即由测量方法或计算方法不完善所引起的(2分)。(4)人员误差:即由测量人员自身能力或条件造成的(2分)。

14. 答:螺纹防松措施有两类:(1)采用附加摩擦力防松装置:锁紧螺母(双螺母)防松,弹簧垫圈防松(5分)。(2)采用机械方法放松装置:开口销与带槽螺母防松(5分)。

15. 答:(1)清洁工作现场(2分);(2)工装、工具摆放整齐(2分);(3)查看相关图纸、工艺文件及质量标准(2分);(4)按图纸领取所需零部件、材料及紧固件(2分);(5)检查各种设备、工装、仪表及吊绳,确认其状态是否良好(2分)。

16. 答:过程管理是指:应用过程的方法,使用一组实践方法、技术和工具来策划、实施、监控和改进过程的有效性、效率和敏捷性(4分),让这些过程所形成的网络能够协调一致地产出可预测的结果(3分),从而有效和高效地为顾客和相关方增值,落实组织的战略,最终实现组织的使命和愿景(3分)。

17. 答:(1)保证换向片数、云母片数(2分);(2)换向片深、浅槽间隔位置符合要求(2分);(3)云母片按厚度分组、按比例均匀排列(2分);(4)保证内径、外径(1分);(5)形位尺寸等均符合要求(1分);(6)等分度不大于规定值(1分);(7)瓦块间隙均匀、不得挤住(1分)。

18. 答:(1)将磁极铁芯清理干净,套上规定的垫圈和绝缘垫圈,磁极线圈用烘箱加热到120℃左右,热套到磁极铁芯上,两侧和两端对中,两端用绝缘垫块塞紧,然后在线圈和铁芯的两侧间隙和端部间隙中添塞填充泥或无纬带。当线圈冷却后,线圈和铁芯之间就被填充泥或无纬带牢牢的粘为一体(5分)。(2)作用是防止线圈在铁芯上松动,避免发生主附极线圈接地和联线接地、断裂(5分)。

19. 答:(1)机座:a. 用来固定主极、换向极和端盖等部件,并借助于地脚将电机固定在基础上(1分)。b. 作为电机磁路的一部分(1分)。(2)主磁极:产生主磁通(2分)。(3)换向极:产生换向极磁场(2分)。(4)电刷装置:用来引入或引出直流电(2分)。(5)端盖及轴承:用于支承转子并使其灵活旋转(2分)。

20. 答:无纬带和钢丝相比,可以减少绕组端部漏磁,改善电机性能(2分);增加绕组的爬电距离,提高绝缘强度(2分);取消了所垫绝缘和扣片等(2分),且工艺简单,工艺性好(2分)。但无纬带储存的要求较高,其延伸率和弹性模量比钢丝底(2分)。

21. 答:转子绑无纬带拉力偏小,会造成端部线圈服帖不紧密,端部尺寸超出铁芯表面(即超过公差范围),无纬带表面严重沟槽(10分)。

22. 答:$2p = 4$(1分)

$$n_1 = 60f_1/p = 60 \times 50/2 = 1\ 500\ \text{r/min}(3\text{分})$$

$$n_0 = n_1(1 - S) = 1\ 500(1 - 0.003) = 1\ 495\ \text{r/min}(3\text{分})$$

$$S = (n_1 - n_N)/n_N = (1\ 500 - 1\ 440)/1\ 500 = 0.04(3\text{分})$$

23. 答:采用第二气隙,可以减少换向极的漏磁通(2分),使换向极磁路处于低饱和状态(2

分),这样就能保证换向磁势和电枢电流成正比(2分),使换向电势可以有效的抵消电抗电势(2分),同时还可以通过第二气隙的调整使电机获得满意的换向(2分)。

24. 答:(1)串励(2.5分);(2)并励(2.5分);(3)他励(2.5分);(4)复励(2.5分)。

25. 答:加热时间过长,轴承内套变色或退火变软,使轴承减少寿命(5分);加热时间过短或温度未达到工艺要求,轴承内套有可能套不到位、套偏,造成伤轴(5分)。

26. 答:(1)电磁原因:气隙不均和磁场分布不均,形成单边磁拉力(2.5分);磁极绕组、电枢绕组匝间短路等(2.5分);(2)机械原因:转子平衡不良(1分)、轴承有损伤(1分)、轴弯(1分)、电机固定不好(1分)或者地面不平整(1分)。

27. 答:由 $U_1 \approx E_1 = 4.44fN_1K_1\phi m$(3分)可知,在 U、f、N_1 一定时,ϕm 一定(2分)。气隙增大时,磁阻增大,为了维持磁通大小不变,空载电流将增大,这将影响电机的输出功率,使电机出力不足(5分)。

28. 答:系统发生故障时,基本特点是电流突增(2分),电压突降(2分),以及电流与电压间的相位角(2分)发生变化,各种继电保护装置正是抓住了这些特点,在反应这些物理量变化的基础上,利用正常与故障,保护范围内部与外部故障等各种物理量的差别来实现保护的(2分),有反应电流升高而动作的过电流保护(0.5分),有反应电压降低的低电压保护(0.5分),有既反应电流又反应相角改变的过电流方向保护(0.5分),还有反应电压与电流比值的距离保护等(0.5分)。

29. 答:(1)当电网发生足以损坏设备或危及电网安全运行的故障时,使被保护设备快速脱离电网(4分);(2)对电网的非正常运行及某些设备的非正常状态能及时发出警报信号,以便迅速处理,使之恢复正常(4分);(3)实现电力系统自动化和远动化,以及工业生产的自动控制(2分)。

30. 答:感应型电流继电器是反时限过流继电器,它包括感应元件和速断元件(2分),其常用型号为 GL-10 和 GL-20 两种系列,在验收和定期检验时,其检验项目如下:(1)外部检查(1分);(2)内部和机械部分检查(1分);(3)绝缘检验(1分);(4)始动电流检验(1分);(5)动作及返回值检验(1分);(6)速动元件检验(1分);(7)动作时间特性检验(1分);(8)接点工作可靠性检验(1分)。

31. 答:因为:A 的实际尺寸为 60.03 mm

所以:$A+B$ 的尺寸即为 C 的尺寸范围(4分)

即:$C = 60.03$ mm$+20$ mm±0.025 mm

$= 80.03$ mm±0.025 mm

可见 C 尺寸应在 80.055~80.005 mm 范围内(4分),即可判定 B 尺寸合格(2分)。

32. 答:可以分为三种(1分)不同性质的误差:(1)系统误差(3分);(2)随机误差(3分);(3)粗大误差(3分)。

33. 答:第一,必须进行持续改进的策划(2.5分);第二,若有不合格,则要及时采取纠正措施(2.5分);第三,要采取各种预防措施以消除潜在的不合格的原因,以防止不合格的发生(2.5分);第四,实施质量改进,应重视过程的改进(2.5分)。

34. 答:(1)进货检验(1分):所谓进货检验,主要是指企业购进的原材料、外购配套件和外协件入厂时的检验,这是保证生产正常进行和确保产品质量的重要措施(2.5分)。(2)工序检验(1分):进行工序检验的目的是尽早发现不合格的物资,防止成批超差,把好质量关(2.5

分)。(3)完工检验(1分):完工检验又称最后检验,是指在某一加工或装配车间的全部工序结束后的半成品或成品检验(2分)。

35. 答:(1)磁极铁芯——导磁和放置线圈(2分);(2)磁极线圈——用来给磁极铁芯进行励磁(2分);(3)磁轭支架——安放磁极,是磁路的一部分(2分);(4)滑环——滑环与刷架装置联合作用将转动的励磁绕组与外部励磁设备连接起来(2分);(5)风扇叶片——通风散热(2分)。

电器产品检验工(中级工)习题

一、填空题

1. 过盈配合时,孔的公差带完全处于轴的公差带的(　　　)。

2. $25f7$ 表示基本尺寸为 25 mm,基本偏差代号为 f,标准公差为(　　　)级的轴。

3. 将钢加热到一定温度,再保温一定时间,然后缓慢冷却下来的热处理工艺,叫作(　　　)。

4. 已知交流电路中,某元件的阻抗与频率成反比,该元件是(　　　)。

5. 单相桥式整流电路中有一只二极管不慎接反,则电路会出现(　　　)的现象。

6. 投影线相互平行的投影法称为(　　　)投影法。

7. 平面立体中相邻两平面的交线称(　　　)线。

8. 用剖切平面完全地剖开零件所得的剖视图称为(　　　)剖视图。

9. 用剖面局部地剖开零件所得的剖视图称为(　　　)剖视图。

10. 假想用剖切面将零件的某处切断,仅画出(　　　)的图形称为剖面图。

11. 将机件的部分结构,用大于原图形所采用的比例画出的图形,称为(　　　)图。

12. 某一尺寸减其基本尺寸所得的代数差叫(　　　)。

13. 某孔为 $30^{+0.05}_{+0.02}$,则其公差为(　　　)。

14. 配合就是基本尺寸(　　　)的,相互结合的孔和轴的公差带之间的关系。

15. 过盈配合的轴的外径一定(　　　)于孔的内径。

16. 金属材料在断裂前产生永久性变形的能力称为(　　　)。

17. 淬火的目的是提高(　　　),增加耐磨性。

18. 带传动是依靠带与带轮接触处的(　　　)来传递运动和动力的。

19. 三角带的截面形状是(　　　),工作面是带的两侧面。

20. 有一链传动,主动轮齿数为 20,从动轮齿数为 60,则其传动比 $i_{12}=$(　　　)。

21. 外啮合齿轮传动,两轮的转向(　　　)。

22. 锉刀的形状,要根据加工工件的(　　　)进行选择。

23. 全电路欧姆定律的表达式为(　　　)。

24. 所谓电源的外特性是指电源的端电压随(　　　)的变化关系。

25. 如图 1 所示: $\phi_a =$(　　　)V。

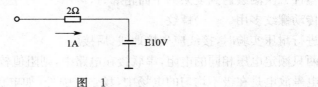

图 1

26. 如图 2 所示:电路中的 U_{AB}＝(　　　)。

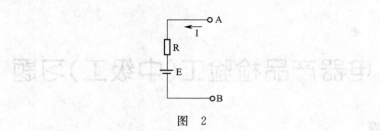

图　2

27. 已知交流电路中,某元件的阻抗与频率成正比,该元件是(　　　)。

28. 一般来说,解决问题应尽量依照(　　　)进行。

29. 楞次定律的主要内容是感生电流产生的磁场总是(　　　)原磁场的变化。

30. 法拉第电磁感应定律为同一线圈中感生电动势的大小与(　　　)的变化率成正比。

31. 磁体两端磁性最强的区域叫(　　　)。

32. 描述磁场中各点磁场强弱和方向的物理量是(　　　)。

33. 磁路欧姆定律的表达式为(　　　)。

34. 磁阻的单位是(　　　)。

35. 二极管加反向电压则处于(　　　)状态。

36. 某晶体三极管的管压降 U_{CE} 保持不变,基极电流 I_B＝30 μA 时,I_C＝1.2 mA 时,则发射极电流 I_E＝(　　　)。

37. 处于放大状态的三极管,I_C 与 I_B 的关系是(　　　)。

38. 整流是利用二极管的(　　　)特性进行的。

39. 单相半波整流电路中,若变压器次级电压 U_2＝100 V,则负载两端的电压为(　　　)V。

40. 单相全波整流电路中,若变压器次级电压为 U_2,则整流输出的电压为(　　　)。

41. 单相桥式整流电路中,若变压器次级电压 U_2＝100 V,则负载两端的电压的平均值为(　　　)。

42. 由两个或两个以上的基本几何体构成的物体称为(　　　)。

43. 一台机器或一个部件是由若干个零件按一定的相互关系和技术要求(　　　)而成的。

44. 表达部件或整台机器的工作原理、装配关系、连接方式及其结构形状的图样,称为(　　　)图。

45. 单一实际要素的形状所允许的变动全量,称为(　　　)公差。

46. 关联实际要素的位置对基准所允许变动全量,称为(　　　)公差。

47. 零件表面具有的较小间距和峰谷所组成的微观几何形状特征,称为(　　　)。

48. 表示若干个零部件装配在一起的图样,叫(　　　)。

49. 零件草图是绘制零件工作图的(　　　)。

50. 零件二次测绘遇到复杂的平面轮廓时,可用(　　　)法将零件的轮廓在纸上印出。

51. 传动螺纹多用(　　　)螺纹。

52. 进行耐压实验时,接线应先接地线,后接(　　　)。

53. 两只额定电压相同的电阻,串联接在电路中,则阻值较大的电阻(　　　)。

54. 电晕放电是在极不均匀的电场中,场强突强处(如电极尖锐处)局部空间空气电离而产生( )的一种放电现象。

55. 单叠绕组的"均压线"是为了消除电机磁场的( ),从而消除各支路电流分配的不平衡。

56. 直流电机电枢绕组中流过的电流是( )。

57. 绕组对地耐压试验的电压为( )。

58. ( )是直流电机正、负电刷之间被电弧短路。

59. 串励电动机的励磁电流与( )相同。

60. 直流电机的电枢反应是指电机负载时,电枢( )对主磁场的影响。

61. 直流电机运行时,旋转着的电枢绕组元件从一条支路经过换向器与电刷进入另一条支路,使元件中的电流方向改变一次,称为( )。

62. 当电机换向不良时,将在换向器和电刷之间( )。

63. 直流电机的火花可分为五级,电机正常运行时,火花不能超过( )。

64. 直流电机的补偿绕组应与电枢绕组( )联。

65. 直流电动机的电磁转矩为( )转矩,电机的转向与电磁转矩方向相同。

66. 直流电机在电动机状态时,E_A( )U,I_A 与 U 同方向。

67. 电动机的( )和转矩 M 之间的关系曲线,称为电动机的机械特性。

68. 直流串励电动机,不允许在额定电压下( )启动,不允许用皮带或链条传动。

69. 串励直流电动机,当转速随转矩发生变化时,( )基本不变。

70. 直流发电机的电磁转矩为( ),电机的转向与电磁转矩的方向相反。

71. 直流电机在发电机状态运行时,E_A( )U,I_A 与 E_a 同方向。

72. 他励发电机的励磁电流与负载电流的大小( )。

73. 一台三相变压器的原绕组为星形接法,副绕组为三角形接法,原副边额定电压之比为 $55\sqrt{3}/2$,则每相原、副绕组的匝数比为( )。

74. 三相异步电动机转子总是紧跟着旋转磁场以( )同步转速的速度而旋转,故称异步电动机。

75. 当三相异步电动机处于( )状态时,S 趋近于零。

76. 向空间互差 120°电角度的三相定子绕组中通入三相对称交流电,则在电动机定子的空气气隙中产生( )。

77. 三相异步电动机定子绕组产生的旋转磁场的转速与电源的( )成正比,与磁极对数成反比。

78. 某台两极三相异步电动机,转差率 $S_N=0.04$,则 $n_N=$( )。

79. 一台 $Y160M_1$-2 三相异步电动机额定功率 $P_N=11$ kW,额定转速 $n_N=2\,930$ r/min,则其额定转矩 $T_N=$( )。

80. 最大转矩的大小与转子电路的电阻大小( ),与电源电压的平方成正比。

81. 三相异步电动机负载不变而电源电压降低时,其定子电流将( )。

82. 绕线式异步电动机通常采用在转子电路中串联( )调速。

83. 三相同步发电机在( )绕组感应交变电势。

84. 三相同步发电机的定子绕组产生的是三相( )电势。

85. 校动平衡就是要在转子高速旋转的情况下找出平衡块( )和重量。

86. 通过阻抗检查可以判断磁极绕组是否有（　　　），同时也能发现极性错误问题。

87. 电机的磁极联线和引出线螺钉松动将会造成（　　　）。

88. 在电机装配图中，装配尺寸链中封闭环所表示的是（　　　）。

89. 将定子铁心压入机座属于（　　　）装配。

90. 将转子铁心压入转轴属于（　　　）装配。

91. 为防止主发电机旋转时励磁线圈受到离心力作用，在线圈之间要装置（　　　）。

92. 同步发电机是将（　　　）能变成电能的旋转电机。

93. 直流牵引电动机的主极气隙偏大时，则电机的速率会（　　　）。

94. 直流牵引电动机的主极的垂直度超差，将影响（　　　）。

95. 直流牵引电动机的主极的等分度超差，直接影响的是（　　　）。

96. 定子装配后检查换向极铁心内径及同心度，是为了保证电机装配后的（　　　）气隙。

97. 牵引电机的超速试验转速规定为最大工作转速的（　　　）倍。

98. 直流电机超速试验时，考核换向器的主要质量指标是换向器（　　　）。

99. 换向器表面精车是为了使换向器表面达到要求的（　　　）。

100. 三相异步电动机的气隙比直流电动机的气隙（　　　）。

101. 三相异步电动机的气隙过大时，电机的空载电流（　　　）。

102. 隐极式同步发电机的气隙不均匀时，每极下的磁感应强度分布（　　　）。

103. 凸极式同步发电机采用不均匀气隙，主要是为了改善（　　　）波形。

104. 匝间绝缘是指同一线圈（　　　）之间的绝缘。

105. 质量改进旨在消除（　　　）问题。

106. 三相异步电动机的绝缘有（　　　）、相间绝缘和匝间绝缘。

107. 绕组在耐压试验前应测量（　　　）。

108. 交流耐压试验是检查绝缘（　　　）最有效和最直接的试验项目。

109. 励磁不变，当电机的转速增加时，直流电机的电枢电势将（　　　）。

110. 当某相绕组发生匝间短路时，三相电流会（　　　）。

111. 高压电机运行时，其绝缘内部和表面都可能产生电晕现象，使绝缘加速老化和（　　　）。

112. 电空阀按其作用原理分为两种结构：闭合式电空阀和（　　　）。

113. 在机车上少数电器和大部分仪表以及几乎全部的（　　　）安装在司机操纵台上，而大部分电器则安装在电器柜内。

114. 电路板小型元器件电路组装遇有跨接印制导线的安装元件，应离面板（　　　）悬空安装并焊好。

115. 电压调整器是能够自动调节机车上发电机励磁磁通的大小，以维持发电机（　　　）的基本稳定。

116. 机车电器在相应机车的垂向、横向、纵向，在 1～50 Hz 的震动频率范围内，应无（　　　）现象。

117. 进行机车用电空接触器灭弧罩的装配中，各（　　　）应符合图纸要求。

118. 机车的传动装置就是实现由电机到轮轴进行功率和（　　　）传递的装置。

119. 按照电器的动作方式可分为非自动切换电器和（　　　）电器。

120. 机车用的主回路电空接触器的主触头的接触形式是（　　　）。

121. 在内燃机车的主电路中,应用电空接触器来接通或断开主发电机和（　　　）之间的主电路。

122. 在质量改进过程中,如果现状分析用的是排列图,确认效果时必须用（　　　）。

123. 在排列图中矩形的高度表示（　　　）。

124. 导致过程或产品问题的原因可能有很多因素,通过对这些因素进行全面系统地观察和分析,可以找出其因果关系的一种简单易行的方法是（　　　）。

125. 排列图是为了对发生频次从（　　　）的项目进行排列而采用的简单图技术。

126. 使用不合格位置调查表得出的数据可以用（　　　）进一步形象、直观地进行描述。

127. 常用的检验方法有两类,一类是计量器具检验,一类是（　　　）检验。

128. 10b6 是指基本尺寸为 10,公差等级为（　　　）级。

129. 20T8 是指,基本偏差为（　　　）的基轴制过盈配合的孔。

130. 三用游标卡尺可用来测量工件的内、外尺寸和（　　　）。

131. 百分表的刻度盘上,沿圆刻有 100 格等分刻度,其刻度值为（　　　）。

132. 杠杆百分表的刻度值为（　　　）,测量范围为 0~0.8 mm 或 0~1 mm。

133. 杠杆千分尺的测量精度比外径千分尺的测量精度（　　　）。

134. 使用深度尺测量工件的深度时,要使卡尺端面与被测工件的顶端平面贴合,同时保持深度尺与该平面（　　　）。

135. 同轴度误差的公差符号是（　　　）。

136. 平行度误差的公差符号是（　　　）。

137. 光滑极限量规按结构分为卡规、环规和（　　　）三种。

138. 直线度公差符号是（　　　）。

139. 线轮廓度符号是（　　　）。

140. 形状公差带的大小一般是指形位公差带的直径和（　　　）。

141. 检验孔用的量规叫（　　　）,检验轴用的量规叫环规卡规。

142. 测量的绝对误差与被测量的真值之比称为（　　　）,通常用百分数表示。

143. 形位误差是（　　　）要素对理想要素的变动量。

144. 高度游标卡尺主要由主尺、尺框和（　　　）三部分组成。

145. 测量过程是一种将所采用的计量单位和被测量的量（　　　）的过程。

146. 测量结果的重复性是在相同测量条件下,对（　　　）进行连续多次测量所得结果之间的一致性。

147. 根据质量要求设定标准,测量结果,判定是否达到了预期要求,对质量问题采取措施进行补救并防止再发生的过程是（　　　）。

148. 组织与供方的关系是（　　　）。

149. 著名质量专家朱兰的三部曲是指（　　　）、质量控制和质量改进。

150. 原先顾客认为质量好的产品因顾客要求的提高而不再受到欢迎,这反映了质量的（　　　）。

151. 符合性的质量概念指的是符合（　　　）的程度。

152. 质量策划的目的是保证最终的结果能满足（　　　）的需要。

153. （　　）是质量管理的一部分,致力于增强满足质量要求的能力。

154. 全面质量管理的思想以（　　）为中心。

155. 以（　　）为关注焦点是质量管理的基本原则,也是现代营销管理的核心。

156. 在质量检验的准备阶段,应熟悉规定要求,选择（　　）,制定检验规范。

157. 实现产品的质量特性是在（　　）过程中形成的。

158. 质量检验具有的功能是鉴别、（　　）、预防和报告。

159. 根据技术标准、产品图样、作业规程或订货合同的规定,采用相应的检测方法观察、试验、测量产品的质量特性,判定产品质量是否符合规定的要求,这是质量检验的（　　）功能。

160. 在质量检验的准备工作中,要熟悉规定要求,选择检验方法,制定（　　）。

161. 只有在（　　）通过后才能进行正式批量生产。

162. （　　）是对生产过程最终加工完成的制成品是否符合规定质量要求所进行的检验,并为产品符合规定要求提供证据。

163. 电子元器件的寿命检验属于（　　）试验。

164. （　　）试验是指检验后被检样品不会受到损坏或者消耗,但对产品质量不发生实质性影响,不影响产品的使用。

165. 贯彻（　　）原则是现代质量管理的一个特点。

166. SPC中的主要工具是（　　）。

167. 控制图是一种用于控制（　　）是否处于控制状态的图。

168. 控制图常用来发现产品质量形成过程中的（　　）。

二、单项选择题

1. 通常孔、轴配合后有相对运动(转动或移动)的要求,应选用（　　）。
(A)过盈配合　　　　　(B)过渡配合　　　　　(C)间隙配合　　　　　(D)过盈或间隙配合

2. ∠倾斜度是用以控制被测要素相对于基准要素的方向成（　　）之间任意角度的要求。
(A)0°　　　　　　　　(B)90°　　　　　　　　(C)0～90°　　　　　　(D)0～45°

3. 在平行投影法中,投影线与投影面垂直的投影称为（　　）。
(A)斜投影　　　　　　(B)平行投影　　　　　(C)中心投影　　　　　(D)正投影

4. 当物体上的平面(或直线)与投影面平行时,其投影反映实形(或实长),这种投影特性称为（　　）性。
(A)积聚　　　　　　　(B)收缩　　　　　　　(C)真实　　　　　　　(D)一般

5. 对三个投影面都倾斜的直线称为投影面（　　）线。
(A)垂直　　　　　　　(B)平行　　　　　　　(C)倾斜　　　　　　　(D)一般

6. 具有互换性的零件应是（　　）。
(A)相同规格的零件　　　　　　　　　　　　　(B)不同规格的零件
(C)相互配合的零件　　　　　　　　　　　　　(D)形状和尺寸完全相同的零件

7. 公差的大小等于（　　）。
(A)实际尺寸减基本尺寸　　　　　　　　　　　(B)上偏差减下偏差
(C)最大极限尺寸减实际尺寸　　　　　　　　　(D)最小极限尺寸减实际尺寸

8. 尺寸的合格条件是（　　）。

(A)实际尺寸等于基本尺寸　　　　　　　　(B)实际偏差在公差范围内

(C)实际偏差在上、下偏差之间　　　　　　(D)实际尺寸在公差范围内

9. 最小极限尺寸减去其基本尺寸所得的代数差为(　　　)。

(A)上偏差　　　　　(B)下偏差　　　　　(C)基本偏差　　　　　(D)实际偏差

10. 当孔的下偏差大于相配合的轴的上偏差时,此配合的性质是(　　　)。

(A)间隙配合　　　　(B)过渡配合　　　　(C)过盈配合　　　　(D)无法确定

11. 金属材料在外力作用下抵抗塑性变形或断裂的能力称为(　　　)。

(A)硬度　　　　　　(B)弹性　　　　　　(C)冲击韧度　　　　(D)强度

12. 45 号钢按含碳量不同分类,属于(　　　)。

(A)中碳钢　　　　　(B)低碳钢　　　　　(C)高碳钢　　　　　(D)共析钢

13. 表面热处理是为了改善零件(　　　)的化学成分和组织。

(A)内部　　　　　　(B)表层　　　　　　(C)整体　　　　　　(D)中心

14. 带传动具有(　　　)的特点。

(A)效率高　　　　　　　　　　　　　　　(B)过载时会产生打滑现象

(C)传动比准确　　　　　　　　　　　　　(D)传动平稳、噪音大

15. 链传动和带传动相比,具有(　　　)的特点。

(A)效率高　　　　　(B)效率低　　　　　(C)传动比不准确　　(D)传动能力小

16. 圆柱齿轮传动常用于两轴(　　　)。

(A)相交　　　　　　(B)垂直相交　　　　(C)平行　　　　　　(D)垂直相错

17. 套丝时,应保持板牙的端面与圆杆轴线成(　　　)。

(A)水平　　　　　　　　　　　　　　　　(B)一定的角度要求

(C)倾斜　　　　　　　　　　　　　　　　(D)垂直

18. 12 V/6 W 的灯炮接在 6 V 电源上,通过灯炮的电流是(　　　)。

(A)2 A　　　　　　(B)0.25 A　　　　　(C)0.5 A　　　　　(D)4 A

19. 电动势是 2 V,内阻是 0.1 Ω 的电源,当外电路断开时,电路中的电流和端电压分别是

(　　　)。

(A)0 A,2 V　　　　(B)20 A,2 V　　　　(C)20 A,0 V　　　　(D)0 A,0 V

20. 如图 3 所示,电路中的 U_{AB}=(　　　)。

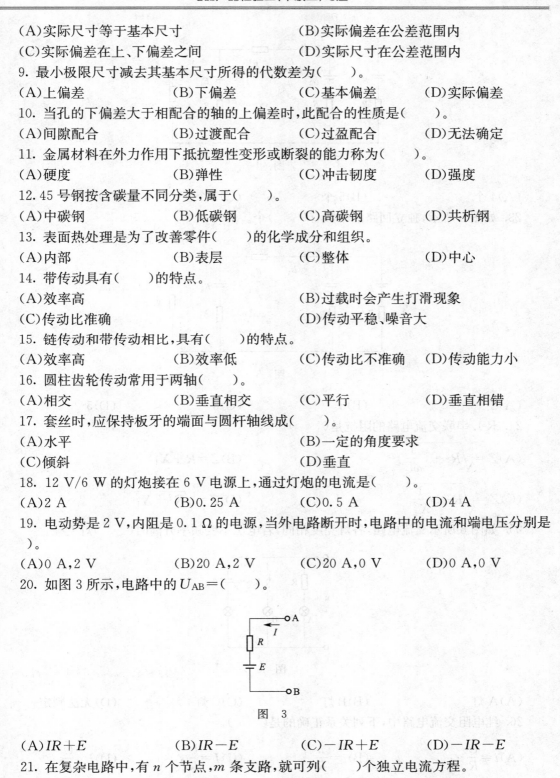

图　3

(A)$IR+E$　　　　　(B)$IR-E$　　　　　(C)$-IR+E$　　　　(D)$-IR-E$

21. 在复杂电路中,有 n 个节点,m 条支路,就可列(　　　)个独立电流方程。

(A)n 个　　　　　(B)m 个　　　　　(C)$(m+n)$ 个　　　(D)$(n-1)$ 个

22. 如图 4 所示,节点数有(　　　)。

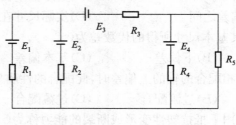

图　4

(A)4 个　　　　　　　(B)5 个　　　　　　　(C)2 个　　　　　　　(D)3 个

23. 如图 5 所示,独立回路的个数有(　　)个。

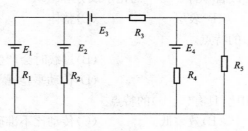

图　5

(A)4　　　　　　　　(B)3　　　　　　　　(C)6　　　　　　　　(D)5

24. R-L 串联交流电路的阻抗是(　　)。

(A)$Z=\sqrt{R^2+(\frac{1}{\omega L})^2}$　　　　　　　　　　(B)$Z=R+X_L$

(C)$Z=\sqrt{R^2+\frac{1}{X_L^2}}$　　　　　　　　　　(D)$Z=\sqrt{R^2+X_L^2}$

25. 如图 6 所示交流电路,各灯亮度相同,若电压不变频率升高时(　　)灯变亮。

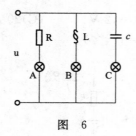

图　6

(A)A 灯　　　　　　　(B)B 灯　　　　　　　(C)C 灯　　　　　　　(D)无法判定

26. 纯电阻交流电路中,下列关系正确的是(　　)。

(A)$i=\frac{U}{R}$　　　　　　　(B)$i=\frac{u}{R}$　　　　　　　(C)$I=\frac{U}{R}$　　　　　　　(D)$i=\frac{\dot{U}}{R}$

27. 交流电路视在功率的单位是(　　)。

(A)瓦　　　　　　　　(B)乏尔　　　　　　　(C)伏安　　　　　　　(D)焦耳

28. 如图 7 所示，单匝线圈上的感应电流方向为（   ）。

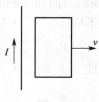

图 7

(A)无法判定   (B)顺时针   (C)逆时针   (D)无感应电流

29. 要使载流导体在磁场中受力方向发生变化可采取（   ）方法。

(A)可增大载流导体中的电流   (B)增加磁感应强度的大小

(C)增长导体在磁场中的强度   (D)改变电流方向或者磁感应强度的方向

30. 如图 8 所示，下列说法正确的是（   ）。

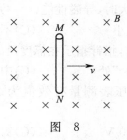

图 8

(A)M 点电位高于 N 点电位   (B)N 点电位高于 M 点电位

(C)M 点、N 点电位相同   (D)无法判定

31. 下列物理量与媒介质磁导率无关的是（   ）。

(A)磁通   (B)磁感应强度   (C)磁场强度   (D)磁阻

32. 二极管两端加正向电压时（   ）。

(A)一定导通   (B)超过死区电压才导通

(C)超过 0.7 V 才导通   (D)超过 0.3 V 才导通

33. 在测量二极管反向电阻时，若用两手把管脚紧握，电阻值会（   ）。

(A)变大   (B)不变   (C)变小   (D)无法确定

34. 在单相全波整流电路中，要想使输出的直流电压极性与原来的极性相反，则应（   ）。

(A)改变变压器次级绕组的首尾端   (B)将负载调换方向

(C)调换整流二极管的方向   (D)改变变压器主极绕组的首尾端

35. 当整流输出电压相同时，二极管承受反向电压最小的是（   ）电路。

(A)单相半波整流   (B)三相全波整流

(C)单相全波整流   (D)单相桥式整流

36. 某单相桥式整流电路，若变压器次级电压为 U_2，则整流输出的电压为（   ）。

(A)$0.45U_2$ (B)$0.9U_2$ (C)$\sqrt{2}U_2$ (D)U_2

37. 相邻两零件的接触面和配合面间只画（   ）条线。

(A)一　　　　　　　　(B)二　　　　　　　　(C)三　　　　　　　　(D)四

38. 同一零件在各剖视图中,剖面线的方向和间隔应( )。

(A)互相相反　　　　(B)角度不同　　　　(C)宽窄不等　　　　(D)保持一致

39. 形位公差符号"▱"的名称是( )。

(A)直线度　　　　　(B)平面度　　　　　(C)圆柱度　　　　　(D)平行度

40. 符号"—═—"的名称是( )。

(A)垂直度　　　　　(B)位置度　　　　　(C)对称度　　　　　(D)平行度

41. "∨"符号表示该表面结构是用( )方法获得。

(A)去除材料的　　　　　　　　　　　(B)其余用去除材料的

(C)其余用不去除材料　　　　　　　　(D)不去除材料的

42. 对于导磁零件,切削应力过大时,铁损耗( )。

(A)增大　　　　　　(B)减小　　　　　　(C)不变　　　　　　(D)无法确定

43. 对于导磁零件,切削应力过大时,导磁性能( )。

(A)增大　　　　　　(B)减小　　　　　　(C)不变　　　　　　(D)无法确定

44. 手摇发电机式兆欧表使用前,指针指示在标度尺的( )。

(A)"0"处　　　　　(B)"∞"处　　　　　(C)中央处　　　　　(D)任意位置

45. 用量限为 500 V 的直流电压表测量有效值为 220 V 的工频电压,指针将指示在( )。

(A)0 V　　　　　　(B)220 V　　　　　(C)310 V　　　　　(D)500 V

46. 为了避免误操作,常在按钮上作出不同标志或涂以不同的颜色,通常以( )。

(A)黄色为起动按钮,绿色或黑色表示停止按钮

(B)红色为停止按钮,绿色或黑色为起动按钮

(C)绿色为起动按钮,红色或黑色为停止按钮

(D)黑色为起动按钮,红色或绿色为停止按钮

47. 交流接触器的铁心,用硅钢片迭压而成是为了减小( )损耗。

(A)涡流　　　　　　(B)铜　　　　　　　(C)磁滞　　　　　　(D)铁

48. 交流接触器常开和常闭触头的动作规律为( )。

(A)常闭触头先断开,常开触头随即闭合　　(B)常开触头先闭合,常闭触头再断开

(C)常闭触头断开,常开触头断开　　　　　(D)常闭触头闭合,常开触头闭合

49. ( )可以在电路中起过载保护作用。

(A)时间继电器　　　(B)速度继电器　　　(C)中间继电器　　　(D)热继电器

50. 下列符号( )是过电流继电器。

(A) 　　　　　　(B)

(C) 　　　　　　(D)

51. 当零件具有对称平面时,在垂直于对称平面的投影面上投影所得图形,可以对称中心

线为界,一半画成剖视图,另一半画成视图,称为( )剖视图。

(A)全　　　　　　(B)单一　　　　(C)局部　　　　(D)半

52. 当机件上具有若干相同结构(齿、槽、孔等),并按一定规律分布时,只需要画出几个完整结构,其余用细实线相连,或表明中心位置,并注明总数,这属于( )画法。

(A)某些结构的示意　　　　　　(B)较小结构的简化

(C)相同结构的简化　　　　　　(D)较大结构的简化

53. 较长的机件(轴、杆、型材等),沿长度方向的形状一致或按一定规律变化时,可断开缩短绘制,但必须按原来实长标注尺寸,这种画法属于( )。

(A)局部放大图　　　　　　　　(B)非对称机件的简化法

(C)对称机件简化法　　　　　　(D)较长机件的折断画法

54. 25F8/h8 是( )。

(A)基孔制间隙配合　　　　　　(B)基轴制间隙配合

(C)基孔制过盈配合　　　　　　(D)基轴制过盈配合

55. 金属材料在无数次交变载荷作用下而不破坏的( ),称为疲劳强度。

(A)最小应力　　(B)最大应力　　(C)最大内力　　(D)平均应力

56. 带传动是依靠( )来传递运动和动力的。

(A)主轴的动力　　　　　　　　(B)主动轮的转矩

(C)带与带轮间的摩擦力　　　　(D)带与带轮间的正压力

57. 链传动多用于( )的场合。

(A)传动平稳性要求不高,中心距较大　　(B)传动平稳性要求不高,中心距较小

(C)传动平稳性要求高,中心距较大　　　(D)传动平稳性要求高,中心距较小

58. 直导线在磁场中作切割磁力线运动所产生的感生电动势的方向用( )来判定。

(A)欧姆定律　　(B)安培定则　　(C)右手定则　　(D)左手定则

59. 在同一图样上,每一表面结构代号只注( )次。

(A)一　　　　　　(B)二　　　　　(C)三　　　　　(D)四

60. 电力机车齿轮传动装置的作用( )。

(A)增大转速,降低转矩　　　　(B)增大转速,增大转矩

(C)降低转速,降低转矩　　　　(D)降低转速,增大转矩

61. 封闭环的公差等于( )。

(A)各组成环公差之和　　　　　(B)各组成环公差之差

(C)减环公差之和　　　　　　　(D)增环公差之和

62. 产生机车牵引力和制动力的是( )电路。

(A)主电器　　　(B)辅助电器　　(C)控制电器　　(D)电子电路

63. 兆欧表的标度尺刻度为( )。

(A)均匀的　　　　　　　　　　(B)不均匀的

(C)随型号不同而刻度不同　　　(D)以 100 Ω 为一格

64. 软磁性材料既容易去磁又容易磁化的原因是( )。

(A)剩磁很大,矫顽力很大　　　(B)剩磁很小,矫顽力很小

(C)剩磁很大,矫顽力很小　　　(D)剩磁很小,矫顽力很大

65. 硬磁材料的特点是经过磁化后(　　)。

(A)具有较高剩磁,较高的矫顽力　　　　(B)具有较高剩磁,较低的矫顽力

(C)具有较低剩磁,较高的矫顽力　　　　(D)具有较低剩磁,较低的矫顽力

66. 移出剖面图的轮廓线用(　　)线绘制。

(A)粗实　　　　(B)细实　　　　(C)局部　　　　(D)虚线

67. 一般电器所标或仪表所指示的交流电压、电流的数值是(　　)。

(A)最大值　　　　(B)有效值　　　　(C)平均值　　　　(D)瞬时值

68. 如果将变压器原边绕组的匝数增加一倍,而所加电压保持不变,那么空载电流变化的情况是(　　)。

(A)也增加一倍　　　　　　　　　　(B)减少一半

(C)增加两倍　　　　　　　　　　(D)减小为原来的1/4

69. 任何磁体,都存在两个磁性最强的区域,该区域被称之为(　　),并分别叫做(　　)和(　　)。磁体的 N 极和 S 极总是成对的出现。磁极之间有作用力,同名端(　　)、异名端(　　)。

(A)磁极、北极 N、南极 S、相吸、相斥　　　　(B)磁性、北极 N、南极 S、相斥、相吸

(C)磁极、北极 N、南极 S、相斥、相吸　　　　(D)磁体、北极 N、南极 S、相斥、相吸

70. 电阻在电路中的连接中,是(　　)。

(A)有极性的　　　　　　　　　　(B)无极性的

(C)有的有,有的没有　　　　　　　　(D)不能肯定

71. 在电机制造中,同样的设计结构和同一批原材料所制成的产品,其质量相差甚大的原因除原材料质量不够稳定的因素外,一个重要的原因是(　　)。

(A)设计不合理

(B)工艺不够完善或未认真按工艺规程加工

(C)检测手段不完善

(D)试验条件不合理

72. 磁极线圈热压的作用是(　　)。

(A)使各匝几何尺寸一致　　　　(B)使拐弯处薄厚一致

(C)使导线和绝缘结合成坚实的整体　　(D)使密封性良好

73. 电枢嵌线时线圈伸出槽口两端的直线长度应(　　)。

(A)相等　　　(B)不相等　　　(C)相差小于 5 cm　　(D)相差大于 5 cm

74. 电枢打槽楔时,要在槽楔下加(　　)。

(A)铜片　　　　(B)垫条　　　　(C)钢板纸　　　　(D)支撑块

75. 牵引电机机座与端盖、轴承盖与端盖等配合件的装配,采用的是(　　),其装配精度完全取决于零件的加工精度。

(A)完全互换法　　(B)选择装配法　　(C)调整法　　(D)不完全互换法

76. 在大批量的轴承选配中,为达到最佳的装配精度,一般应采用(　　)选配。

(A)修配法　　(B)调整法　　(C)分组选配法　　(D)整体选配法

77. 普通浸漆时,工件温度一般(　　)为宜。

(A)10～30 ℃　　(B)30～50 ℃　　(C)50～70 ℃　　(D)70～90 ℃

78. 为了保证绝缘漆长期储存,储漆罐的温度应为( )。
(A)−50~0 ℃　　　(B)0~10 ℃　　　(C)10~20 ℃　　　(D)20~30 ℃

79. 当换向器升高片的槽有深有浅时,深槽中还嵌入( )。
(A)电枢线圈　　　(B)补偿绕组　　　(C)主极线圈　　　(D)均压线

80. 直流电机中,补偿绕组的作用是( )。
(A)实现能量转换　　　　　　　(B)产生换向极磁场
(C)产生主极磁场　　　　　　　(D)改善电机换向

81. 直流电机中,电枢的作用是( )。
(A)将交流电变为直流电　　　　(B)实现电能和机械能的转换
(C)将直流电变为交流电　　　　(D)将直流电变为交流电再变为直流电

82. 并励发电机的电枢电流( )输出电流。
(A)大于　　　　(B)小于　　　　(C)等于　　　　(D)无法确定

83. 电枢反应使直流电动机的物理中性线( )。
(A)顺电枢转向移开几何中性线　(B)没有必然联系
(C)保持原来位置不变　　　　　(D)逆电枢转向移开几何中性线

84. 当电刷下的火花发生在后刷边时,应( )。
(A)增强主极磁场　　　　　　　(B)削弱换向极磁场
(C)削弱主磁场　　　　　　　　(D)增强换向极磁场

85. 直流电动机的转矩平衡方程式为( )。
(A)$M=M_2+M_0$　　　　　　(B)$M_2=M+M_0$
(C)$M_0=M+M_2$　　　　　　(D)$M=M_1+M_0$

86. 直流电动机的机械特性是( )。
(A)$M=f(M)$　　　(B)$n=f(M)$　　　(C)$n=f(I_a)$　　　(D)$M=f(U)$

87. 串励直流电动机具有"软"的机械特性,因此适用于( )的场合。
(A)转速要求基本不变　　　　　(B)转矩要求基本不变
(C)输出功率基本不变　　　　　(D)输出电流基本不变

88. 并励发电机励磁电流的大小,由( )决定。
(A)电枢电流的大小
(B)电阻的大小
(C)励磁回路单独供电的直流电压大小
(D)电枢电压的大小

89. 表示并励发电机原理图的是( )。

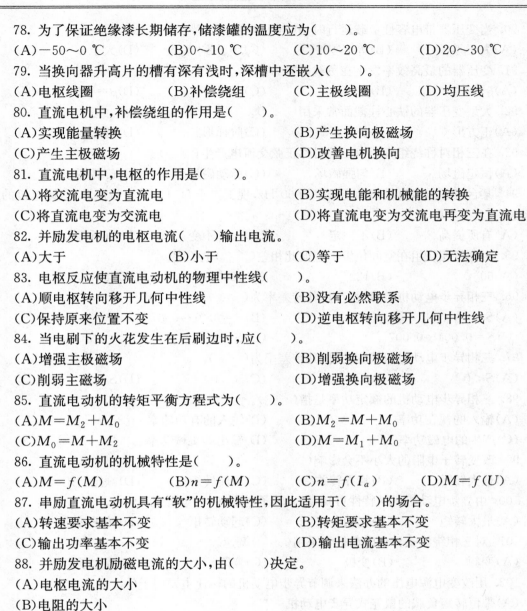

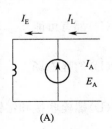
(A)

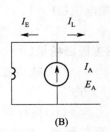
(B)

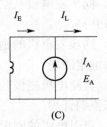
(C)

90. 当变压器带电容性负载运行时,其电压调整率 $\Delta U\%$( )。

(A)大于零　　　　(B)等于零　　　　(C)小于零　　　　(D)大于1

91. 变压器的最高效率发生在负载系数为( )。

(A)$\beta=0.2$　　　(B)$\beta=1$　　　(C)$\beta=1$　　　(D)$\beta=0.6$

92. 大型变压器的铁心柱截面常采用( )。

(A)正方形　　　　(B)长方形　　　　(C)阶梯形　　　　(D)圆形

93. 在三相对称绕组中通入三相对称正弦交流电产生( )。

(A)恒定磁场　　　(B)匀强磁场　　　(C)脉动磁场　　　(D)旋转磁场

94. 某台三相异步电动机额定频率为 60 Hz,现工作于 50 Hz 的交流电源上,则电机的同步转速( )。

(A)有所提高　　　(B)不一定　　　　(C)保持不变　　　(D)有所降低

95. 对称三相绕组在空间位置上应彼此相差( )电角度。

(A)$60°$　　　　　(B)$120°$　　　　(C)$180°$　　　　(D)$360°$

96. 三相异步电动机空载运行时,其转差率为( )。

(A)$S=0$　　　　　　　　　　　　(B)$S=0.01\sim0.07$

(C)$S=0.004\sim0.007$　　　　　　(D)$S=1$

97. 三相异步电动机回馈制动时,其转差率为( )。

(A)$S<0$　　　　　(B)$S=0$　　　　(C)$S=1$　　　　(D)$S<1$

98. 三相异步电动机的额定功率是指( )。

(A)输入的视在功率　　　　　　　　(B)输入的有功功率

(C)产生的电磁功率　　　　　　　　(D)输出的机械功率

99. 改变转子电阻的大小不会影响( )。

(A)最大转矩　　　(B)临界转差率　　(C)堵转转矩　　　(D)额定转矩

100. 由异步电动机机械特性可知,增大转子电阻,( )增大。

(A)最大转矩　　　(B)起动电流　　　(C)起动转矩　　　(D)转子转速

101. 对三相绕线式异步电动机常采用( )调速。

(A)变频　　　　　(B)变极　　　　　(C)变阻　　　　　(D)调定子电压

102. 用改变电源电压的办法来调节异步电动机的转速主要用于( )。

(A)带恒转矩负载的鼠笼式异步电动机

(B)带风机负载的鼠笼式异步电动机

(C)多速的异步电动机

(D)同步电机

103. 同步发电机从空载到满载,其端电压( )。

(A)升高　　　　　(B)降低　　　　　(C)不变　　　　　(D)都有可能

104. 同步发电机的励磁绕组产生的主极磁场是( )。

(A)恒定磁场　　　(B)旋转磁场　　　(C)脉动磁场　　　(D)匀强磁场

105. 直流电机磁极联线一般有( )方式。

(A)银铜钎焊　　　(B)螺栓联接　　　(C)锡钎焊　　　　(D)螺栓联接和银铜钎焊

106. 牵引电机的刷握距离换向器表面的距离一般为( ) mm。

(A)1~2　　　　　(B)6~7　　　　　(C)5~6　　　　　(D)2~5

107. 轴承装配时的加油量过多或过少,都会造成电机( )。

(A)轴承异音　　(B)轴承温升过高　　(C)轴承温升偏低　　(D)轴承内应力增加

108. 在电机装配图里,装配尺寸链中封闭环所表示的是( )。

(A)零件的加工精度　　　　　　　　(B)零件尺寸大小

(C)装配精度　　　　　　　　　　　(D)零件装配顺序

109. 调节( ),可以改善电机换向。

(A)第一气隙　　(B)第一或第二气隙　(C)连线方式　　(D)第二气隙

110. 固体电介质的击穿大致可分电击穿、( )和放电击穿三种形式。

(A)高压击穿　　(B)受潮击穿　　　(C)老化击穿　　　(D)热击穿

111. 圆跳动属于( )公差。

(A)跳动形状　　(B)尺寸公差　　　(C)跳动定位　　　(D)跳动位置

112. 直流电机中一般都采用( )电刷。

(A)石墨电刷　　(B)电化石墨电刷　(C)铜石墨电刷　　(D)铁石墨电刷

113. 三相异步电动机的空载电流一般为额定电流的( )左右。

(A)5%　　　　　(B)10%　　　　　(C)20%　　　　　(D)50%

114. 异步电动机的气隙较大时,电机( )。

(A)空载电流大　(B)功率因数高　　(C)效率高　　　　(D)出力足

115. 同步发电机的气隙偏大时( )。

(A)励磁电流将增大　　　　　　　　(B)励磁电流将减小

(C)空载电流将增大　　　　　　　　(D)空载电流将减小

116. 按照电压的等级来分,有低压电器和( )。

(A)中压电器　　(B)高压电器　　　(C)智能电器　　　(D)电子电器

117. 机车主回路用电空接触器的主触头的接触形式是( )。

(A)点接触　　　(B)线接触　　　　(C)面接触　　　　(D)线或面接触

118. 在机车上对主回路电空接触器的气缸内壁要求应光洁、无( )。

(A)异物　　　　(B)砂眼　　　　　(C)油渍　　　　　(D)漆瘤

119. 电空接触器在最大工作气压,最高周围空气温度和最大控制( )下的热稳定时,在最小电压下应能可靠工作。

(A)电流　　　　(B)电压　　　　　(C)压强　　　　　(D)压力

120. 无刷励磁控制装置在高温电老化试验中,将产品放入高温箱内,使产品保持在工作状态,高温箱温度应在( )±2°范围内,2 h后发电机电压稳定在 400 V。

(A)60°　　　　　(B)70°　　　　　(C)50°　　　　　(D)55°

121. 转换开关触头系统不带( ),故不允许在有负载电流的情况下进行转换,这是由司控器的机械连锁机构以及电路中的连锁触头来保证的。

(A)冷却装置　　(B)保压装置　　　(C)密封装置　　　(D)灭弧装置

122. 电磁接触器的主触头闭合是依靠( )。

(A)空气压力　　(B)电磁力　　　　(C)液体压力　　　(D)弹簧压力

123. 电压调整器是能够自动调节发电机励磁磁通的大小,以维持发电机输出( )的基本稳定。

(A)功率　　　　　(B)电压　　　　　(C)电流　　　　　(D)效率

124. 电空阀在构造上由电磁机构和(　　　)构成。

(A)阀门　　　　　(B)活塞　　　　　(C)风动装置　　　　　(D)驱动装置

125. 电器的试验分为例行试验、(　　　)、装车运行试验、研究性试验。

(A)模拟试验　　　　　(B)温升试验　　　　　(C)型式试验　　　　　(D)联调试验

126. 电器在耐湿热性能试验时,进行高温温度为(　　　)的周期性交变湿热试验后,其绝缘性能应满足要求。

(A)100 ℃　　　　　(B)50 ℃　　　　　(C)40 ℃　　　　　(D)60 ℃

127. 有 4 个数据,分别为 4、5、7、8,则中位数为(　　　)。

(A)12　　　　　(B)6　　　　　(C)5　　　　　(D)7

128. 将 2.050 0 修约至两位有效数字,应为(　　　)。

(A)2.0　　　　　(B)2.1　　　　　(C)2.05　　　　　(D)2

129. 检验准确率与错检率是用来考核(　　　)。

(A)产品质量　　　　　(B)制造质量　　　　　(C)检验质量　　　　　(D)交验质量

130. 通过对相对误差比较,下面(　　　)的测量精度高些。

(A)0.08%　　　　　(B)0.083%　　　　　(C)0.083/1 000　　　　　(D)6.8/10 000

131. 用千分尺测量零件的直径,属于(　　　)测量。

(A)静态　　　　　(B)动态　　　　　(C)暂态　　　　　(D)稳态

132. 在选用公差等级时,一般在满足使用要求的前提下,根据实际情况应尽可能选用(　　　)的公差等级。

(A)最高　　　　　(B)较高　　　　　(C)最低　　　　　(D)较低

133. 位置公差有定向、定位、跳动三种形式,下面属于定向误差的是(　　　)。

(A)∠　　　　　(B)▱　　　　　(C)⌒　　　　　(D)═

134. 轴的实效尺寸为(　　　)。

(A)轴最大实体尺寸

(B)轴最大实体尺寸加上相应的形状或位置公差值

(C)最大实体尺寸减去相应的形状或位置公差值

(D)轴最小实体尺寸

135. 表面愈粗糙,取样长度应选取的(　　　)。

(A)愈长　　　　　(B)愈短　　　　　(C)随意选取　　　　　(D)不变

136. 相同条件下多次测量同一量时,误差时大、时小、时正、时负无明确规律,此类误差属于(　　　)。

(A)系统误差　　　　　(B)随机误差　　　　　(C)粗大误差　　　　　(D)测量误差

137. 基本偏差为一定的轴公差带,与不同基本偏差的孔公差带形成各种配合的一种制度,称为(　　　)。

(A)基孔制　　　　　(B)基准轴　　　　　(C)基准孔　　　　　(D)基轴制

138. 在给定方向上,公差带是距离为公差值 t,且与基准平面成理论正确角度的平行平面之间的区域为(　　　)公差带定义。

(A)平行度　　　　　(B)直线度　　　　　(C)倾斜度　　　　　(D)平面度

139. 表面结构的测量和判定方法有多种,(　　)方法使用简便,判断迅速,费用低,但不精确,适于生产现场应用。

(A)光切法　　　　(B)干涉法　　　　(C)比较法　　　　(D)针描法

140. 在大径相同条件下,粗牙和细牙螺纹比较是(　　)。

(A)细牙螺纹比粗牙螺纹的螺距大

(B)细牙螺纹比粗牙螺纹的螺距小

(C)细牙螺纹与粗牙螺纹的牙数相同

(D)根据牙数而定

141. 极限量规,用以检验零件尺寸,形状和位置误差的专用检验工具,它是一种(　　)。

(A)有刻度的,可以通过测零件尺寸具体数值的大小,来判断零件合格与否

(B)没有刻度,也无法判断零件是否合格

(C)有刻度,但只能判断零件的大致尺寸,无法判断零件是否合格

(D)没有刻度的,只能判断零件是否合格,不能测得零件尺寸具体数值的大小

142. 分度值为 0.02 mm 的量程为 200 mm 的卡尺,精度为(　　)。

(A)0.02　　　　(B)0.05　　　　(C)0.10　　　　(D)0.01

143. 标准条件下的测量力为(　　)。

(A)0 N　　　　(B)10 N　　　　(C)20 N　　　　(D)15 N

144. 若已知一角度为 20°的扇形,则变为弧度为(　　)。

(A)0.349　　　　(B)0.111　　　　(C)62.83　　　　(D)0.02

145. 质量改进步骤的正确排列顺序为(　　)。

①选择课题;②掌握现状;③分析问题原因;④拟定对策并实施;⑤确认效果;⑥防止再发生和标准化;⑦总结。

(A)①②③④⑤⑥⑦　　　　　　　　(B)②③①⑤④⑦⑥

(C)⑦⑥⑤④③②①　　　　　　　　(D)④③②①⑦⑥⑤

146. 某食品加工厂 7 月份生产的罐头产品中有 358 瓶不合格,对其不合格的类型和数量进行了统计,统计结果见表 1。根据排列图原理,属于 A 类因素的有(　　)。

表 1

不合格类型	外形不合格	色泽不合格	固态物量不足	肉质不合格	糖度不足	其他
数量	171	82	56	26	20	10

(A)外形不合格

(B)外形不合格、色泽不合格

(C)外形不合格、色泽不合格、固态物量不足

(D)糖度不合格

147. 某企业根据产品适合顾客需要的程度来判定产品质量是否合格,在这里质量的概念是(　　)。

(A)符合性质量　　(B)适用性质量　　(C)广义质量　　(D)狭义质量

148. 四项管理职能之间的关系从逻辑关系来看,通常是(　　)。

(A)先计划,继而组织,然后领导,最后控制

(B)先组织,继而领导,然后计划,最后控制

(C)先控制,继而组织,然后领导,最后计划

(D)先组织,继而控制,然后计划,最后领导

149. 下列关于质量控制和质量保证的叙述不正确的是( )。

(A)质量控制不是检验

(B)质量保证定义的关键词是"信任"

(C)质量保证是对内部和外部提供"信任"

(D)质量控制适用于对组织任何质量的控制

150. 关于"质量检验"的定义,正确的是( )。

(A)对产品的一个或多个质量特性进行观察、测量、试验,并将结果和规定的质量要求进行比较,以确定每项质量特性合格状况的技术性检查活动

(B)根据产品对原材料、中间产品、成品合格与否给出结论

(C)通过观察和判断,适当时结合测量、试验所进行的符合性评价

(D)通过技术专家对产品使用性能进行评价

151. 根据质量检验基本任务的要求,对检验确认不符合规定质量要求的产品,按其程度可以做出( )处置决定。

(A)返修　　　　(B)采取纠正措施　　(C)接收　　　　(D)复检

152. 质量检验的基本任务是确定所检产品的质量是否符合规定的质量要求,( )被赋予判别产品质量符合性的权限。

(A)质量检验部门负责人　　　　(B)从事质量检验的人员

(C)分管质量工作的高层领导　　(D)管理者代表

153. 下列各项不属于质量检验必要性的表现的是( )。

(A)产品生产者的责任就是向社会、市场提供满足使用要求和符合法律、法规、技术标准等规定的产品,要检验交付(销售、使用)的产品是否满足这些要求就需要质量检验

(B)在产品形成的复杂过程中,由于影响产品质量的各种因素(人、机、料、法、环)变化,必然会造成质量波动,为了使不合格的产品不放行,需要质量检验

(C)在组织的各项生产环节中,由于环境变动的不确定性,需要质量检验消除产品质量波动幅度,有效衔接各个生产环节

(D)因为产品质量对人身健康、安全,对环境污染,对企业生存,消费者利益和社会效益关系十分重大,因此,质量检验对于任何产品都是必要的,而对于关系健康、安全、环境的产品就尤为重要

154. 监督检验的目的是( )。

(A)使用方检验产品质量是否满足采购规定的要求

(B)生产方检验产品质量是否满足预期规定的要求

(C)向仲裁方提供产品质量的技术证据

(D)对投放市场且关系国计民生的商品实施宏观监控

155. 全数检验不适用于( )。

(A)小批量、多品种、重要或价格昂贵的产品

(B)检验费用昂贵的产品、少量不合格不会造成重大经济损失的产品

(C)手工作业比重大、质量不够稳定的作业过程(工序)

(D)过程能力不足的作业过程

156. 检验费用昂贵的产品所适用的检验方法是( )。

(A)抽样检验 (B)感官检验 (C)破坏性试验 (D)特种检验

157. 控制图是对( )进行测定、记录、评估和检查,判断其过程是否处于统计控制状态的一种用统计方法设计的图。

(A)质量体系运行 (B)设备维护保养计划执行情况

(C)过程质量特性值 (D)质量检测系统

158. 常规控制图的实质是( )。

(A)对过程质量特性值进行检测、记录、评估和检查,判断其过程是否处于统计控制状态

(B)判断是否属于小概率事件

(C)区分偶然因素与异常因素的显示图

(D)控制产品质量

159. 控制图的作用是( )。

(A)及时警告 (B)起到贯彻预防作用

(C)处理生产中的问题 (D)消除不合格品

160. 用来区分合格与不合格的是( )。

(A)上控制限 (B)下控制限 (C)公差 (D)规格限

161. 控制机加工产品的控制图是( )。

(A)计点值控制图 (B)计件值控制图 (C)计量值控制图 (D)计数值控制图

162. 过程能力指数反映( )。

(A)单个产品批质量满足技术要求的程度 (B)产品批的合格程度

(C)生产过程的加工能力 (D)过程质量满足技术要求的程度

163. 某过程的过程能力指数为 0.2,说明( )。

(A)过程能力过高 (B)过程能力充足

(C)过程能力不足 (D)过程能力严重不足

164. 下列关于过程能力的说法,不正确的是( )。

(A)过程能力指过程加工质量方面的能力 (B)过程能力是衡量过程加工内在一致性的

(C)过程能力指加工数量方面的能力 (D)过程能力决定于质量因素而与公差无关

165. 当( )时,过程能力严重不足,应采取紧急措施和全面检查,必要时可停工整顿。

(A)$C_P<0.67$ (B)$C_P<0.75$ (C)$C_P<1$ (D)$C_P<1.33$

166. 当( )时,表示过程能力不足,技术管理能力已很差,应采取措施立即改善。

(A)$C_P<0.67$ (B)$0.67\leqslant C_P<1.00$

(C)$1.00\leqslant C_P<1.33$ (D)$1.33\leqslant C_P<1.67$

167. 对过程能力指数 C_P 值 $1.33\leqslant C_P<1.67$ 的评价最适当的是( )。

(A)过程能力较差,表示技术管理能力较勉强,应设法提高一级

(B)过程能力充分,表示技术管理能力已很好,应继续维持

(C)过程能力充足,但技术管理能力较勉强,应设法提高为Ⅱ级

(D)过程能力不足,表示技术管理能力很差,应采取措施立即改善

168. 质量改进和质量控制都是质量管理的一部分,其差别在于(　　　)。

(A)一个强调持续改进,一个没有强调

(B)一个要用控制图,一个不需要

(C)一个是全员参与,一个是部分人参与

(D)一个为了提高质量,一个为了稳定质量

169. GB/T 19000—2008 标准中对质量改进的定义是(　　　)。

(A)质量管理的一部分,它致力于满足质量要求

(B)质量管理的一部分,致力于增强满足质量要求的能力

(C)质量管理的一部分,致力于提供质量要求会得到满足的信任

(D)质量管理的一部分,致力于稳定质量的活动

170. 质量改进的重点是(　　　)。

(A)防止差错或问题的发生　　　　　　(B)充分发挥现有的能力

(C)提高质量保证能力　　　　　　　　(D)满足需求

171. 质量改进中"防止再发生和标准化"的主要工作是(　　　)。

(A)找出遗留问题

(B)比较改进前后的效果

(C)评价工作对策方案

(D)再次确认 5W1H,并将其标准化,制定成工作标准,进行培训和宣传

172. PDCA 循环的内容分为四个阶段,下列选项中属于 C 阶段的任务的是(　　　)。

(A)根据顾客的要求和组织的方针,为提供结果建立必要的目标和过程

(B)按策划阶段所制定的计划去执行

(C)根据方针、目标和产品要求,对过程和产品进行建设和测量,并报告成果

(D)把成功的经验加以肯定,形成标准;对于失败的教训,也要认真的总结

173. 关于 PDCA 循环的内容和特点,下列说法不正确的是(　　　)。

(A)ISO9000 标准将 PDCA 循环的内容分为四阶段,七步骤

(B)PDCA 循环是完整的循环

(C)PDCA 循环是逐步下降的循环

(D)PDCA 循环是大环套小环

三、多项选择题

1. 不属于微螺旋量具的是(　　　)。

(A)游标高度尺　　　　　　　　　　　(B)游标量角器

(C)内径千分尺　　　　　　　　　　　(D)扭簧比较仪

2. 使用内径千分尺时应注意(　　　)。

(A)使用强力　　　　　　　　　　　　(B)内径千分尺与工件严格等温

(C)垫平放置　　　　　　　　　　　　(D)读数时视线与尺成 45°角

3. 轴类零件的主要技术要求有(　　　)。

(A)直径精度　　　(B)相互位置精度　　　(C)表面结构　　　(D)几何形状精度

4. 套筒类零件的主要技术要求有(　　　)。

(A)内孔直径及形状精度 　　　　　　(B)外圆直径及形状精度

(C)内外圆之间的同轴度 　　　　　　(D)孔轴线与端面的垂直度

5. 螺纹按所起的作用不同,可分为(　　　)。

(A)联结螺纹 　　(B)传动螺纹 　　(C)承载螺纹 　　(D)紧固螺纹

6. 按剖面图在视图中的配置位置不同,分为(　　　)。

(A)平行剖面 　　(B)重合剖面 　　(C)垂直剖面 　　(D)移出剖面

7. 普能锉刀按断面形状可分为(　　　)。

(A)平锉 　　(B)方锉 　　(C)圆锉 　　(D)半圆锉

8. 直流电机电刷装置由(　　)等组成,它是直流电机中电流的引入或引出装置。

(A)电刷 　　(B)刷握 　　(C)刷杆 　　(D)刷杆座

9. 直流电机按励磁方式可分为(　　　)。

(A)他励 　　(B)并励 　　(C)串励 　　(D)复励

10. 直流电机电刷下产生火花的原因有(　　　)。

(A)质量原因 　　(B)机械原因 　　(C)工作环境原因 　　(D)电磁原因

11. 改善直流电机换向的主要方法(　　　)。

(A)加装换向极 　　　　　　(B)移动电刷位置

(C)正确选择电刷牌号 　　　　　　(D)加装补偿绕组

12. 变压器短路试验的目的是为了测定(　　　)。

(A)其铜损耗 　　(B)阻抗电压 　　(C)短路阻抗 　　(D)介质损耗

13. 电力变压器绕组的结构形式一般有(　　　)。

(A)交叠式 　　(B)同心式 　　(C)平行式 　　(D)垂直式

14. 流动检验的优点是(　　　)。

(A)不需任何检验工具 　　　　　　(B)能及时发现过程(工序)出现的质量问题

(C)不需专职检验人员 　　　　　　(D)减少中间产品搬运和取送工作

15. 机车原理图中主要有(　　　)等回路。

(A)主回路 　　(B)辅助回路 　　(C)控制回路 　　(D)励磁回路

16. 电器工艺的制定应包括的内容为(　　　)。

(A)适用范围 　　(B)设备 　　(C)工艺准备 　　(D)工艺过程

17. 机车牵引电器的基本特点是(　　　)。

(A)耐震动 　　　　　　(B)电压变化范围大

(C)结构紧凑 　　　　　　(D)经受得起温度和湿度的剧烈变化

18. 机车用的主回路电空接触器行程不够时,应检查(　　　)等。

(A)是否是各部件组装不良 　　　　　　(B)是否是各部件动作不灵活

(C)是否是气缸漏风 　　　　　　(D)是否电压不足

19. 当电器进行短时耐受电流能力试验时,电器不得产生(　　　)。

(A)触头断开 　　(B)机械部件 　　(C)触头熔焊 　　(D)触头一直闭合

20. 一个正弦量瞬时值的大小决定于(　　　)。

(A)有效值 　　(B)频率 　　(C)初相角 　　(D)最大值

21. 在直流电动机的能量转换过程中,下列正确的关系式为(　　　)。

(A)$P_A=UI_A$　　　　　　　　　　(B)$P_M=P_A-\Delta P_{CuA}$

(C)$P_M=P_2+\Delta P_0$　　　　　　(D)$P_1=P_M-\Delta P_{CuA}$

22. 直流电动机的空载损耗由(　　)构成。

(A)铁损耗　　　(B)机械损耗　　　(C)电磁功率　　　(D)输出功率

23. 在直流发电机的能量转换过程中,下列正确的是(　　)。

(A)$P_M=E_AI_A$　　(B)$P_M=P_1-\Delta P_0$　　(C)$P_M=P_2+\Delta P_{Cu}$　　(D)$P_1=P_M+\Delta P_{Cu}$

24. 直流发电机的空载损耗由(　　)构成。

(A)铁损耗　　　(B)机械损耗　　　(C)电磁功率　　　(D)输出功率

25. 按照电器的控制对象,可归纳为(　　)。

(A)自动控制系统　　　　　　　(B)电器控制系统

(C)电力拖动控制系统　　　　　(D)电力网配电系统

26. 具有储能功能的电子元件有(　　)。

(A)电阻　　　(B)电感　　　(C)三极管　　　(D)电容

27. 在 R、L、C 串联电路中,下列情况正确的是(　　)。

(A)$\omega L>\omega C$,电路呈感性　　　(B)$\omega L=\omega C$,电路呈阻性

(C)$\omega L>\omega C$,电路呈容性　　　(D)$\omega C>\omega L$,电路呈容性

28. 功率因数与(　　)有关。

(A)有功功率　　(B)视在功率　　(C)电源的频率　　(D)电压

29. 当线圈中磁通增大时,感应电流的磁通方向与下列哪些情况无关(　　)。

(A)与原磁通方向相反　　　　(B)与原磁通方向相同

(C)与原磁通方向无关　　　　(D)与线圈尺寸大小有关

30. 通电绕组在磁场中的受力不能用(　　)判断。

(A)安培定则　　(B)右手螺旋定则　　(C)右手定则　　(D)左手定则

31. 互感系数与(　　)无关。

(A)电流大小　　　　　　　　(B)电压大小

(C)电流变化率　　　　　　　(D)两互感绕组相对位置及其结构尺寸

32. 全电路欧姆定律中回路电流 I 的大小与(　　)有关。

(A)回路中的电动势 E　　　　(B)回路中的电阻 R

(C)回路中电动势 E 的内电阻 r_0　　(D)回路中电功率

33. 多个电阻串联时,以下特性正确的是(　　)。

(A)总电阻为各分电阻之和　　　(B)总电压为各分电压之和

(C)总电流为各分电流之和　　　(D)总消耗功率为各分电阻的消耗功率之和

34. 多个电阻并联时,以下特性正确的是(　　)。

(A)总电阻为各分电阻的倒数之和　　(B)总电压与各分电压相等

(C)总电流为各分支电流之和　　　　(D)总消耗功率为各分电阻的消耗功率之和

35. 电桥平衡时,下列说法正确的有(　　)。

(A)检流计的指示值为零

(B)相邻桥臂电阻成比例,电桥才平衡

(C)对边桥臂电阻的乘积相等,电桥也平衡

(D)四个桥臂电阻值必须一样大小,电桥才平衡

36. 三相电源联连接三相负载,三相负载的连接方法分为(　　)。

(A)星形连接　　　　(B)串联连接　　　　(C)并联连接　　　　(D)三角形连接

37. 磁力线具有(　　)基本特性。

(A)磁力线是一个封闭的曲线

(B)对永磁体,在外部,磁力线由 N 极出发回到 S 极

(C)磁力线可以相交的

(D)对永磁体,在内部,磁力线由 S 极出发回到 N 极

38. 负载的功率因数低,会引起(　　)问题。

(A)电源设备的容量过分利用　　　　(B)电源设备的容量不能充分利用

(C)送、配电线路的电能损耗增加　　　　(D)送、配电线路的电压损失增加

39. R、L、C 并联电路谐振时,其特点有(　　)。

(A)电路的阻抗为一纯电阻,阻抗最大

(B)当电压一定时,谐振的电流为最小值

(C)谐振时的电感电流和电容电流近似相等,相位相反

(D)并联谐振又称电流谐振

40. 三相正弦交流电路中,对称三相正弦量具有(　　)。

(A)三个频率相同　　　　(B)三个幅值相等

(C)三个相位互差 120°　　　　(D)它们的瞬时值或相量之和等于零

41. 三相正弦交流电路中,对称三相电路的结构形式有下列(　　)种。

(A)Y-△　　　　(B)Y-Y　　　　(C)△-△　　　　(D)△-Y

42. 电器的试验分为(　　)。

(A)型式试验　　　　(B)例行试验　　　　(C)装车运行试验　　　　(D)研究性试验

43. 机车原理图中主要有(　　)。

(A)主回路　　　　(B)励磁回路　　　　(C)控制回路　　　　(D)照明回路

44. 转换开关组装主要有(　　)。

(A)鼓轴组装　　　　(B)灭弧罩组装　　　　(C)主触头组装　　　　(D)辅助触头组装

45. 内燃机车主回路电器主要有(　　)。

(A)电空接触器　　　　(B)转换开关　　　　(C)司机控制器　　　　(D)接地继电器

46. 物质按其磁导率的大小可分哪几类(　　)。

(A)顺磁物质　　　　(B)反磁物质　　　　(C)强磁性物质　　　　(D)绝缘材料

47. 焊接点表面不应是(　　)。

(A)无规则　　　　(B)有规则　　　　(C)有气孔　　　　(D)有沙砾

48. 压接工具在受控期,出现(　　)得重新校准。

(A)经过修理后重新使用时　　　　(B)经过新种类的压接操作后

(C)每次放回库房又重新领用时　　　　(D)每当异常情况发生时

49. 光缆线束在线槽内应(　　)。

(A)理顺、理直　　　　(B)用套管防护

(C)不得交叉、对折、挤压缠绕　　　　(D)无明显的松散、多余弯曲

50. 电缆绝缘层剥除后，(　　)。

(A)线芯不应有划痕、损伤、断股　　　(B)无残余绝缘层

(C)电缆线芯清洁整齐、无纠结　　　(D)绝缘层切口光滑整齐

51. 端子表面不得有(　　)等外观缺陷。

(A)毛刺　　　　(B)锐边　　　　(C)裂纹　　　　(D)扭曲明显变形

52. 热缩套管在轨道交通装备上的用途有(　　)。

(A)用于标识　　(B)用于电气保护　(C)用于机械保护　(D)绝缘保护

53. 装配前所有零部件，操作者首先进行外观检查。确保完好、无(　　)等缺陷。

(A)破损　　　　(B)划伤　　　　(C)变色　　　　(D)灰尘

54. 螺纹按其截面形状(牙型)分为(　　)。

(A)三角形螺纹　(B)矩形螺纹　　(C)梯形螺纹　　(D)锯齿形螺纹

55. 螺纹的结构要素有(　　)。

(A)牙型　　　　(B)直径　　　　(C)线数　　　　(D)螺距

56. 危险化学品包括(　　)、自燃物品和遇湿易燃物品、氧化剂和有机过氧化物、有毒品和腐蚀品等。

(A)爆炸品　　　　　　　　　　(B)压缩气体和液化气体

(C)易燃液体　　　　　　　　　(D)易燃固体

57. 危险源是指可能导致人身伤害和健康损害的(　　)或其组合。

(A)根源　　　　(B)状态　　　　(C)行为　　　　(D)过程

58. 万用表的结构主要由(　　)、面板和表壳等组成。

(A)表头(测量机构)(B)测量线路　(C)转换开关　　(D)电池

59. 兆欧表的结构主要由(　　)两个部分组成。

(A)电池　　　　　　　　　　　(B)面板

(C)手摇直流发电机　　　　　　(D)磁电式流比计测量机构

60. 运行中的变压器应巡视检查(　　)。

(A)负荷电流、运行电压是否正常

(B)温度和温升是否过高，冷却装置是否正常，散热管温度是否均匀，散热管有无堵塞迹象

(C)油温、油色是否正常，有无渗油、漏油现象

(D)接线端子连接是否牢固、接触是否良好，有无过热现象

61. 运行中的变压器温度过高的原因有(　　)。

(A)变压器绕组匝间短路或层间短路使油温上升导致变压器温度过高

(B)变压器分接开关接触不良，接触电阻过大而发热或局部放电导致变压器温度过高

(C)变压器铁芯片间绝缘损坏或压缩螺杆绝缘损坏造成铁芯短路，涡流损失增加使变压器温度过高

(D)变压器负荷电流过大且延续时间过长或三相负荷严重不平衡、或电流电压偏高、或电源缺相，可能造成运行中变压器温度过高

62. 变压器并列运行的条件是(　　)。

(A)并列变压器的连接组别必须相同

(B)并列变压器的额定变压比应当相等,满足 $U_{A2}=U_{B2}$ 的条件

(C)并列变压器的阻抗电压最好相等,阻抗电压不宜超过 10%

(D)并列电压器的容量之比一般不应超过 $3:1$

63. 电力变压器按作用分为(　　)。

(A)升压变压器 　　　　　　　　　(B)降压变压器

(C)配电变压器 　　　　　　　　　(D)联络变压器

64. 电力变压器按结构分为(　　)。

(A)双绕组变压器 　　　　　　　　(B)三绕组变压器

(C)多绕组变压器 　　　　　　　　(D)自耦变压器

65. 电力变压器按冷却方式分为(　　)等。

(A)油浸自冷变压器 　　　　　　　(B)干式空气自冷变压器

(C)干式浇注绝缘变压器 　　　　　(D)油浸风冷变压器

66. 按照铁心冲片形状的不同,铁心冲片分为(　　)。

(A)圆形冲片 　　(B)扇形冲片 　　(C)换向极冲片 　　(D)磁极冲片

67. 用冷轧电工钢带(全工艺型的)制造铁心冲片的工艺过程通常是(　　)。

(A)剪料 　　　　(B)冲制 　　　　(C)去毛刺 　　　(D)绝缘

68. 按照长短不同,磁极铁心的紧固方式有(　　)。

(A)铆接 　　　　(B)螺杆紧固 　　(C)焊接 　　　　(D)包扎带包扎

69. (　　)可能导致铁心重量不足。

(A)冲片的毛刺太大 　　　　　　　(B)冲片锈蚀

(C)叠压力不足 　　　　　　　　　(D)励磁电流过大

70. 按照笼型绕组制造工艺的不同,笼型转子分为(　　)。

(A)铸铜笼型转子 　　　　　　　　(B)合金笼型转子

(C)铸铝笼型转子 　　　　　　　　(D)焊接笼型转子

71. 焊接笼型转子的制造过程质量取决于焊接质量,其良好的焊接质量包括(　　)。

(A)焊料少 　　　　　　　　　　　(B)有足够的机械强度

(C)焊缝电阻小 　　　　　　　　　(D)外表美观

72. 变压器的基本组成是(　　)。

(A)铁心 　　　　(B)绕组 　　　　(C)附件 　　　　(D)磁极

73. 异步电动机的调速方法有(　　)。

(A)变极调速 　　(B)变频调速 　　(C)改变转差率调速 (D)改变定子电压

74. 转子不平衡的原因是(　　)。

(A)加工制造 　　(B)装配 　　　　(C)操作错误 　　(D)测量方法错误

75. 为了保证电机装配后的主极气隙,定子装配后需检查(　　)。

(A)主极铁心内径 　　　　　　　　(B)主极铁心同心度

(C)径向跳动量 　　　　　　　　　(D)轴向跳动量

76. 刷架装配螺钉松动会造成(　　)。

(A)刷架圈松动 　　　　　　　　　(B)中性位发生变动

(C)造成换向不良 　　　　　　　　(D)发生环火故障

77. 机车主回路电空接触器的电空传动装置的气缸采用（　　）结构，在气缸中装有复原弹簧。

(A)竖放　　　　　　(B)横放　　　　　　(C)活塞皮碗式　　(D)螺旋式

78. 带传动是依靠（　　）的摩擦力来传递动力。

(A)带与带轮接触处　　　　　　　　(B)带与被传动物

(C)物与物之间　　　　　　　　　　(D)物与带轮之间

79. 为了避免误操作，常在按钮上作出不同标志或涂以不同的颜色，通常以（　　）。

(A)黄色为启动按钮　　　　　　　　(B)红色为停止按钮

(C)绿色或黑色为启动按钮　　　　　(D)绿色为启动按钮

80. 低温环境应选择（　　）的润滑油。

(A)黏度小　　　　　(B)凝点低　　　　　(C)黏度大　　　　　(D)凝点高

81. 改变转子电阻的大小会影响（　　）。

(A)最大转矩　　　　(B)临界转差率　　　(C)堵转转矩　　　　(D)额定转矩

82. 直流电机磁极联线一般有（　　）方式。

(A)云母带包扎　　　(B)螺栓联接　　　　(C)焊接　　　　　　(D)压接

83. 按测量方法分，测量可分为（　　）测量法。

(A)直接　　　　　　(B)间接　　　　　　(C)组合　　　　　　(D)等效

84. 局部放大图可画成（　　），它与被放大部位的表达方法有关。

(A)视图　　　　　　(B)剖视　　　　　　(C)剖面　　　　　　(D)曲面

85. 产品验收技术条件是（　　）。

(A)产品质量标准　　　　　　　　　(B)产品验收依据

(C)编制装配工艺规程的主要依据　　(D)产品制造的根本

86. 牵引电机绝缘处理的过程包括（　　）。

(A)浸渍　　　　　　(B)干燥　　　　　　(C)螺栓连接　　　　(D)试验

87. 电机浸渍的质量决定于（　　）。

(A)浸渍工件的温度　　　　　　　　(B)漆的黏度

(C)浸渍次数　　　　　　　　　　　(D)浸渍时间

88. 电机的磁极联线和引出线螺钉松动将会造成（　　）。

(A)接头烧损　　　　(B)断线故障　　　　(C)绕组击穿　　　　(D)电机绝缘电阻降低

89. 在交流调速系统中，下列各项中能够起到调速的目的的是（　　）。

(A)降低电压　　　　(B)改变极对数　　　(C)改变频率　　　　(D)回馈

90. 牵引电机换向器换向片不常用含（　　）冷拉梯形铜排。

(A)银　　　　　　　(B)铬　　　　　　　(C)镉　　　　　　　(D)铜

91. 直线换向时，换向元件中关系式错误的是（　　）。

(A)$e_r + e_k = 0$　　(B)$e_k > e_r$　　(C)$e_A + e_1 + e_M = 0$　(D)$e_k < e_r$

92. 直流电动机，电势平衡方程式错误的是（　　）。

(A)$E_A = C_{en}$　　　　　　　　　(B)$U = I_A R_A + I_L R_L$

(C)$E_A = U - I_A R_A$　　　　　　　(D)$E_A = U + I_A R_A$

93. 检验的主要任务之一是按照（　　）进行检验。

(A)产品图样　　　　　　　　　　　　(B)工艺

(C)技术标准所规定的质量特性　　　　(D)运行情况

94. 检验准确率与错检率不是用来考核(　　)。

(A)产品质量　　　(B)制造质量　　　(C)检验质量　　　(D)人员资质

95. 位置公差有定向、定位、跳动三种形式,下面不属于定向误差的是(　　)。

(A)∠　　　　　　(B)▱　　　　　　(C)⌒　　　　　　(D)═

96. 形状误差主要是由加工机床的(　　)因素产生。

(A)几何误差　　　　　　　　　　　　(B)工件的安装误差

(C)加工应力的变形　　　　　　　　　(D)人员操作

97. 表面结构的测量和判定方法中比较法的优点为(　　)。

(A)操作要求高　　　(B)判断迅速　　　(C)费用低　　　(D)使用简便

98. 属于化学热处理范畴的是(　　)。

(A)渗氮　　　　　　(B)调质　　　　　(C)渗碳　　　　(D)渗硼

99. 根据产品的结构和功能要求,垂直度可分为(　　)垂直度。

(A)面对面　　　　　(B)面对线　　　　(C)线对面　　　(D)线对线

100. 位置度分为(　　)。

(A)体位置度　　　　(B)线位置度　　　(C)面位置度　　　(D)点位置度

101. 圆柱度为圆柱面的(　　)综合指标。

(A)圆度　　　　　　(B)素线直线度　　　(C)素线平行度　　(D)素线垂直度

102. 磁性材料按其磁特性和应用,可以概括分为(　　)。

(A)硬磁材料　　　　(B)软磁材料　　　(C)特殊材料　　　(D)普通

103. 对换向器的电气检查一般分为(　　)。

(A)对地耐压检查　　　　　　　　　　(B)片间检查

(C)绝缘电阻检查　　　　　　　　　　(D)轴向跳动量检查

104. 对于异步电动机的定子铁心和转子铁心压装质量差,净铁心长度不足将导致(　　)。

(A)空载电流增大　　　　　　　　　　(B)铁耗增大

(C)功率因数降低　　　　　　　　　　(D)效率降低

105. 焊接笼型转子的尺寸检查包括(　　)。

(A)铁心的直径　　　　　　　　　　　(B)铁心的长度

(C)导条伸出铁心的长度　　　　　　　(D)内端环与外端环的距离

106. 线圈直线与端伸的长度(　　)。

(A)过短会导致绝缘损伤　　　　　　　(B)过短会造成嵌装困难

(C)过长会影响绝缘距离　　　　　　　(D)过长会影响电磁参数

107. 多匝成型线圈采用绝缘扁线绕制成(　　)线圈。

(A)棱形　　　　　　(B)圆形　　　　　(C)梯形　　　　　(D)梭形

108. 绕制后导线变硬和刚性增大,线匝在不正确的位置上,必须对线圈进行无氧退火,以(　　)。

(A)增大线圈间隙　　　　　　　　　　(B)减小刚性

(C)增大绝缘电阻　　　　　　　　　　　　(D)消除内应力

109. 影响产品加工工序质量波动的因素,主要有(　　)、环、测。

(A)人　　　　　　(B)机　　　　　　(C)料　　　　　　(D)法

110. 检验误差来源主要有(　　)。

(A)器具误差　　　(B)方法误差　　　(C)环境条件　　　(D)人员误差

111. 检验精度分为(　　)。

(A)检验精密度　　　(B)检验准确度　　　(C)检验精确度　　　(D)操作精确度

112. 转子绑扎无纬带的主要工艺参数有(　　)。

(A)转子烘白胚的温度和时间　　　　　　(B)绑扎拉力

(C)绑扎匝数　　　　　　　　　　　　　(D)无纬带宽

113. 对电刷材质的要求是(　　)。

(A)换向性能好　　　(B)润滑性能好　　　(C)机械强度高　　　(D)磨损小

114. 如图9所示:下列不正确的是(　　)。

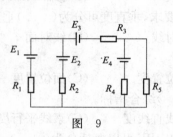

图　9

(A)节点数3个,支路数5条　　　　　　(B)节点数4个,支路数4条

(C)节点数3个,支路数4条　　　　　　(D)节点数4个,支路数5条

115. 三相负载星形联接时,下列关系不正确的是(　　)。

(A)$I_{Y线}=I_{Y相}$　　　$U_{Y线}=U_{Y相}$　　　(B)$I_{Y线}=I_{Y相}$　　　$U_{Y线}=\sqrt{3}U_{Y相}$

(C)$I_{Y线}=\sqrt{3}I_{Y相}$　　　$U_{Y线}=U_{Y相}$　　　(D)$I_{Y线}=\sqrt{3}I_{Y相}$　　　$U_{Y线}=U_{Y相}$

116. 对称三相负载三角形联接时,下列关系不正确的是(　　)。

(A)$U_{\triangle线}=\sqrt{3}U_{\triangle相}$　　　$I_{\triangle线}=I_{\triangle相}$　　　(B)$U_{\triangle线}=\sqrt{3}U_{\triangle相}$　　　$I_{\triangle线}=\sqrt{3}U_{\triangle相}$

(C)$U_{\triangle线}=U_{\triangle相}$　　　$I_{\triangle线}=\sqrt{3}I_{\triangle相}$　　　(D)$U_{\triangle线}=U_{\triangle相}$　　　$I_{\triangle线}=I_{\triangle相}$

117. 硬磁材料的特点是经磁化后(　　),当将外磁场去掉后,在较长的时间内仍能保持强而稳定的磁性。

(A)具有较高剩磁　　　　　　　　　　(B)具有较高的矫顽力

(C)具有较低剩磁　　　　　　　　　　(D)具有较低的矫顽力

118. 影响铜、铝导电性能的主要因素有(　　)。

(A)杂质　　　(B)冷作硬化　　　(C)温度　　　(D)环境影响

119. 可影响绝缘材料介电系数的因素是(　　)。

(A)频率　　　(B)湿度　　　(C)温度　　　(D)材料截面积

120. 冲模的类型与结构直接影响铁心冲片的生产率和质量,按照冲模上刃口分布情况的不同,可将冲模分为(　　)。

(A)转子冲模　　　(B)复冲模　　　(C)极进冲模　　　(D)单冲模

121. 绕组嵌装的技术要求有(　　)。

(A)绕组的节距必须正确　　　　　　(B)绕组的连接方式必须正确

(C)绕组的线圈匝数必须正确　　　　(D)换向器的相对位置正确

122. 常用的嵌线工具有(　　)。

(A)压线板　　　(B)理线板　　　(C)打槽楔工具　　　(D)弯形扳手

123. 为保证浸漆质量,浸漆后的绝缘检查一般有(　　)。

(A)匝间检查　　　　　　　　　　(B)对地检查

(C)介质损耗角正切值检查　　　　　(D)绝缘电阻

124. 下刻与倒角能改善换向器表面的工作状态,与电刷保持良好的滑动接触,目的是(　　)。

(A)减小绝缘电阻　　　　　　　　(B)防止片间闪络

(C)增大电机转速　　　　　　　　(D)减小电刷磨损

125. 引起换向器片间短路的原因有(　　)。

(A)V形绝缘环损伤或云母片损伤　　(B)换向器片车V形槽后,毛刺清除不彻底

(C)粘有金属屑或其他导电杂质　　　(D)下刻倒角后,云母槽中的铜屑未清除干净

126. 抽样检验适用的范围包括(　　)。

(A)小批量、多品种、重要或价格昂贵的产品

(B)过程能力不足的作业过程

(C)破坏性检验

(D)生产批量大、自动化程度高的产品

127. 进行最终检验的前提条件是(　　)。

(A)所有过程检验都已完成　　　　　(B)所有进货检验都已完成

(C)所有检验结果都得到顾客认定　　(D)之前的检验结果均满足规定要求

128. 下列关于"质量控制"的陈述正确的是(　　)。

(A)质量控制致力于满足质量要求

(B)质量控制是对质量问题采取措施和防止再发生的过程

(C)质量控制致力于提供质量要求会得到满足和信任

(D)质量控制是保证生产出来的产品满足要求的过程

129. 下列关于质量的说法正确的有(　　)。

(A)质量是一组固有特性满足要求的程度

(B)质量有固有的特性也有赋予的特性,两者之间是不可转化的

(C)质量具有经济性、广义性、时效性和相对性

(D)组织在确定产品的要求时只要满足顾客的要求就可以了

130. 下列关于质量特性的陈述正确的是(　　)。

(A)质量特性是指产品、过程或体系与要求有关的固有特性

(B)质量特性是定量的

(C)产品质量特性是内在的、外在、经济和商业特性,不是固有特性

(D)质量的适用性建立在质量特性基础上

131. 质量控制是一个确保生产出来的产品满足要求的过程。例如,为了控制采购过程的质量,采购的控制措施可以有( )。
(A)确定采购文件
(B)通过评定选择合格的供货单位
(C)规定对进货质量的验证方法
(D)作好相关质量记录的保管

132. 关于全面质量管理,下列说法正确的有( )。
(A)全面质量管理是对一个组织进行管理的途径
(B)全面质量管理是实现组织管理高效化的惟一途径
(C)全面质量管理讲的是对组织的管理,因此,将"质量"概念扩充为全部管理目标,即"全面质量"
(D)全面质量管理追求的是组织的持久成功,即使本组织所有者获得长期的高回报的经济效益

133. 质量检验的基本任务是( )。
(A)确认产品质量是否符合技术标准等规定要求
(B)根据检验结果确定产品合格价格
(C)对确认合格的产品,出具证明合格的证件
(D)对确认不合格的产品实施有效的隔离

134. 能够体现质量检验的预防功能的活动有( )。
(A)配备能力强的检验人员
(B)分析质量特性变异规律
(C)进行首次检验
(D)报废不合格品

135. 产品质量特性是在产品实现过程中形成的,因此( )。
(A)要对过程的作业人员进行技术培训
(B)不需要对环境进行监控
(C)要对环境进行监控
(D)不需要对过程的作业人员进行技术培训

136. 质量检验的鉴别功能指的是( )。
(A)判别检验人员是否符合规定要求
(B)判别产品的质量特性
(C)判别产品质量是否符合规定要求
(D)判别检验文件是否符合规定要求

137. QC小组活动成果效果的评价应侧重于( )。
(A)实际取得了多少效果
(B)取得了多少经济效益
(C)参与
(D)持续改进

138. QC小组的宗旨是( )。
(A)密切干群关系
(B)提高员工素质,激发职工的积极性和创造性
(C)改进质量,降低消耗
(D)提高生产产品数量

139. 分层法的应用步骤有( )。
(A)确定数据收集方法
(B)收集数据

(C)根据不同目的,选择分层标志　　　　　(D)分层,按层归类

140. 使用直方图主要为了了解产品质量特性的(　　)。

(A)主要影响因素　　　　　　　　　　(B)分别范围

(C)异常的随时间变化的规律　　　　　(D)分布形状

141. 下列关于排列图的描述正确的有(　　)。

(A)排列图是建立在帕累托原理上的

(B)排列图一般用于计数型/离散型数据

(C)除其他项外,排列图上各分类项对应的矩形从高到低排列

(D)排列图可帮助我们寻找主要的不合格类型或主要的不合格原因

142. 持续质量改进必须做好的工作有(　　)。

(A)使质量改进制度化　　　　　　　　(B)检查

(C)表彰　　　　　　　　　　　　　　(D)报酬

143. 关于 PDCA 的内容,下列说法正确的有(　　)。

(A)第一阶段进行规划、申请、提交项目等

(B)第二阶段按计划实地去做,去落实具体对策

(C)第三阶段对策实施标准化,以后就按标准进行

(D)第四阶段总结成功的经验,实施标准化以后就按标准进行

144. 以下关于质量改进与质量控制的说法,正确的有(　　)。

(A)质量控制是使产品质量保持在规定的水平

(B)质量改进是增强满足质量要求的能力

(C)没有稳定的质量控制,质量改进的效果难以保证

(D)质量控制是消除偶发性问题,质量改进是消除系统性问题

145. 直流电机主磁极的同心度偏差过大时,将使(　　)。

(A)电机气隙不均匀　　　　　　　　　(B)主磁场不对称

(C)电流不平衡　　　　　　　　　　　(D)换向恶化

146. 关于质量改进的检查工作,下列说法正确的有(　　)。

(A)上层管理者按计划定期对质量改进的成果进行检查是持续进行年度质量改进的一个重要内容

(B)检查的目的之一是对成绩进行评定,这种评定只针对项目,而不包括个人

(C)质量改进不是一个短期行为,质量改进是组织质量管理的一项新职能,对原有的文化模式造成了冲击,对公司保持其竞争力至关重要

(D)几点检查的大部分数据来自质量改进团队的报告

147. 生产过程处于统计控制状态的好处是(　　)。

(A)对过程质量可以实时监控　　　　　(B)过程仅有偶因而无异因的变异

(C)过程不存在变异　　　　　　　　　(D)过程的变异最大

148. 质量因素引起的波动分为偶然波动和异常波动,下述说法中正确的有(　　)。

(A)偶然波动可以避免　　　　　　　　(B)偶然波动不可以避免

(C)采取措施不可以消除异常波动　　　(D)采取措施可以消除异常波动

149. 统计过程控制能(　　)。

(A)应用统计技术对过程进行评估和监控

(B)减少过程的波动

(C)保持过程处于可接受的和稳定的质量水平

(D)消除过程的波动

150. 流动检验的优点有(　　　)。

(A)检验的工作范围广,尤其是检验工具复杂的作业

(B)节省作业者在检验站排队等候检验的时间

(C)可以节省中间产品(零件)搬运和取送的工作,防止磕碰、划伤缺陷的产生

(D)容易及时发现过程(工序)出现的质量问题,使作业(操作)人员及时调整过程参数和纠正不合格,从而可预防发生成批废品的出现

151. 下列关于全数检验和抽样检验的说法,正确的有(　　　)。

(A)全数检验又称为百分之百检验

(B)全数检验目的在于判定一批产品或一个过程是否符合要求

(C)抽样检验大大节约检验工作量和检验费用

(D)抽样检验能提供产品完整的检验数据和较为充分、可靠的质量信息

152. 下列关于质量检验的说法正确的有(　　　)。

(A)进货检验也称进货验收,是产品的生产者对采购的原材料、产品组成部分等物资进行入库前质量特性的符合性检查,证实其是否符合采购规定的质量要求的活动

(B)进货检验是采购产品的一种验证手段,进货检验主要的对象是原材料及其他对产品形成和最终产品质量有重大影响的采购物品和物资

(C)最终检验是对产品形成过程最终作业(工艺)完成的产品是否符合规定质量要求所进行的检验,并为产品符合规定的质量特性要求提供证据

(D)根据产品结构和性能的不同,最终检验和试验的内容、方法也不相同

153. 过程检验中根据过程的各阶段有(　　　)之分。

(A)首检检验　　　　(B)巡回检验　　　　(C)中间检验　　　　(D)过程(工序)完成检验

四、判 断 题

1. 静平衡方法的实质在于确定旋转件上平衡量的大小和位置。(　　　)

2. 百分表属于两点式量具,测量时,只有测头的测量面与被测件接触。(　　　)

3. "过""止"量规要成对使用,且通规和止规同时使用,只使用其中一种就下结论是错误而且非常危险的。(　　　)

4. 使用极限量规时,判定被检验尺寸是否合格的原则是"通规"能通过,"止规"也能通过,则被检验尺寸合格。(　　　)

5. 直线度是表示零件被测的面要素直不直的程度。(　　　)

6. 量块可以单块使用,也可以多块研合成量块组使用。(　　　)

7. 为了减少误差,在满足所需尺寸的前提下,使用量块的块数应越多越好。(　　　)

8. 钢直尺用于测量尺寸精度不高的物件,有 0.5 mm 刻线的,可准确读出 0.5 mm 的测量值;没有 0.5 mm 刻线的,只能准确读出 1 mm,小数只能估读。(　　　)

9. 内径千分尺测量面的球面半径应大于其测量下限的1/2。(　　　)

10. 正投影能真实地反映物体的形状和大小。(　　)

11. 一般位置平面的三个投影均为缩小的类似形。(　　)

12. 当剖视图按投影关系配置,中间没有其它图形隔开时,可以不标箭头。(　　)

13. 局部放大图可画成视图、剖视、剖面,它与被放大部位的表达方法无关。(　　)

14. 具有互换性的零件,其实际尺寸一定相同。(　　)

15. 零件的互换性程度越高越好。(　　)

16. 零件的公差可以是正值,也可以是负值,或等于零。(　　)

17. 实际偏差为零的尺寸一定合格。(　　)

18. 在一对配合中,相互结合的孔、轴的基本尺寸相同。(　　)

19. 配合公差永远大于相配合的孔或轴的尺寸公差。(　　)

20. 钢的正火比钢的淬火冷却速度快。(　　)

21. 在相同条件下,三角带的传动能力比平型带的传动能力大。(　　)

22. 带传动能在过载时起安全保护作用。(　　)

23. 与带传动相比,链传动能保证准确的平均传动比,传动功率较大。(　　)

24. 相互啮合的一对齿轮,大齿轮转速高,小齿轮转速低。(　　)

25. 套螺纹时,材料受到板牙切削刃挤压而变形,所以套螺纹前圆杆直径应稍小于螺纹大径的尺寸。(　　)

26. 在电路闭合状态下,负载电阻增大,电源电压就下降。(　　)

27. 由公式 $R=\dfrac{U}{I}$ 可知,导体的电阻与加在它两端的电压成正比,与通过它的电流成反比。(　　)

28. 电路中两点的电位都很高,这两点间的电压一定很大。(　　)

29. 在电路中电源输出功率时,电源内部电流从正极流向负极。(　　)

30. 交流电路的阻抗跟频率成正比。(　　)

31. 在 R-L 串联正弦交流电路中,已知电阻 $R=6\ \Omega$,感抗 $X_L=8\ \Omega$,则电路的阻抗为 14 Ω。(　　)

32. 纯电阻正弦交流电路中,电压与电流同相位。(　　)

33. 纯电感正弦交流电路中,电压滞后电流90°。(　　)

34. 有磁通变化必有感生电流产生。(　　)

35. 磁力线始于 N 极,止于 S 极。(　　)

36. 二极管只要加上正向电压就导通。(　　)

37. 把电动势是 1.5 V 的干电池以正向接法直接接到一个硅二极管两端,则该二极管一定被烧坏。(　　)

38. 三极管放大作用的实质是三极管可以用较小的电流控制较大的电流。(　　)

39. 单相半波整流电路中,流过二极管的电流一定等于负载电流。(　　)

40. 单相全波整流电路流过每只二极的平均电流只有负载电流的一半。(　　)

41. 在输入电压相同的条件下,单相桥式整流电路输出的直流电压平均值是半波整流电路输出的直流电压平均值的 2 倍。(　　)

42. 在装配图中,相同的零件或标准件,不管数量多少,只编一个序号,其数量在明细栏内

注明。（　　）

43. 如果零件的全部表面结构相同，可在图样的左下角统一标注。（　　）

44. 用梯形样板检查梯形铜排时，梯形铜排两侧面应紧贴在样板的两边，其允许间隙不应插入规定的塞尺，大头端面应在样板两刻线之间。（　　）

45. 测绘零件时，零件表面有时会有各种缺陷，不应画在图上。（　　）

46. 万用表可用来测量设备的绝缘电阻。（　　）

47. 自动空气开关额定电压和额定电流应不小于电路的正常工作电压和工作电流。（　　）

48. 位置开关与按钮开关他们的作用是相同的。（　　）

49. 绝缘材料是绝对不导电的材料。（　　）

50. 圆锥既不是平面立体也不是曲面立体。（　　）

51. 当剖视图按投影关系配置，中间没有其它图形隔开时，可以不标箭头。（　　）

52. 局部剖视图用波浪线分界。（　　）

53. 一对相互啮合的斜齿圆柱齿轮，它们的螺旋方向是相反的。（　　）

54. 选择锉刀尺寸规格的大小仅仅取决于加工余量的大小。（　　）

55. 感生电流的方向总是与原变化的电流方向相反。（　　）

56. 当两形体的表面相切时，在相切处不应画线。（　　）

57. 在剖视和剖面图中，金属材料和非金属材料的刻面符号之间是相同的。（　　）

58. 根据气缸零件图的技术要求，气缸各风孔道应用高压风吹净铁屑等杂物。（　　）

59. 进行耐压实验时，接线应先接地线，后接电源线；拆线时，待停电后，先拆地线，后拆电源线。（　　）

60. 两只额定电压相同的电阻，串联接在电路中，则阻值较大的电阻发热量较小。（　　）

61. 产品验收技术条件是产品质量标准和验收依据，也是编制装配工艺规程的主要依据。（　　）

62. 同一电源的正极电位永远高于其负极电位。（　　）

63. 电枢铁心压装时，若压力过大，将使铁损耗减小。（　　）

64. 电枢铁芯与换向器的相对位置不必要对中。（　　）

65. 电枢嵌线时线圈两端出槽口直线长必须保持一致。（　　）

66. 换向器加工 V 形槽时，以换向器内孔和端面校正，一般控制跳动量不大于 0.3 mm。（　　）

67. 牵引电机绝缘处理的过程包括浸渍、干燥。（　　）

68. 绝缘漆长期存贮的条件是温度 0～10 ℃、真空度≤3 kPa。（　　）

69. 刷握间距等分度，对直刷盒电机一般为 0.5 mm，对斜刷盒电机为≤1.6 mm。（　　）

70. 在同一台电机上必须使用同牌号的电刷和同厂家的电刷。（　　）

71. 三相对称负载的有功功率可采用一表法进行测量。（　　）

72. 交流接触器的触头一般采用双断点桥头。（　　）

73. 直流接触器的铁芯可用整块铸钢或铸铁制成。（　　）

74. 在进行无纬带绑扎前，电枢首先要进行预热。（　　）

75. 转子绑无纬带匝数不足对电机没有任何影响。( )

76. 绕组嵌线后一般发生接地和匝短两种电气故障。( )

77. 磁极线圈在铁心上的松动易造成磁极线圈接地。( )

78. 电枢线圈焊接时要注意各种参数,线头和升高片的清洁度不重要。( )

79. 氩弧焊时焊接电流的大小直接影响着焊点的大小和深度。( )

80. 电机绕组在绝缘处理过程中常用的绝缘漆是浸渍漆和覆盖漆。( )

81. 普通浸漆时,适宜的工件温度有利于绝缘漆的渗透。( )

82. 电机浸渍的质量决定于浸渍工件的温度、漆的黏度、浸渍次数和时间。( )

83. 热带电机的绝缘防护措施主要从材料的选用和绝缘工艺两方面考虑。( )

84. 湿热带电机如需采用不耐霉材料时,则不需要采取防霉措施。( )

85. 换向极的磁路应工作在不饱和或弱饱和状态。( )

86. 串励电动机的励磁绕组与电枢绕组串联。( )

87. 直流电机气隙中的磁通是由主磁极产生的。( )

88. 换向器表面有规律的灼痕,主要是由电磁原因引起的。( )

89. 换向器表面无规律的灼痕,主要是由电磁方面的原因引起的。( )

90. 直流电机在电动状态运行时,电磁转矩小于负载转矩。( )

91. 电机的总损耗由空载损耗与铜损耗构成。( )

92. 直流电机的电磁功率在电动状态为机械功率的性质。( )

93. 反接并励电动机的两根电源线,可使电动机的转向改变。( )

94. 串励直流电动机具有较硬的机械特性。( )

95. 机车牵引电动机采用串励电动机。( )

96. 由于电枢电阻及电枢反应的存在,并励发电机的负载电压较空载电压高。( )

97. 当变压器二次侧电流增大时,一次侧电流也相应增大。( )

98. 变压器带负载的功率因数越低,从空载到满载二次电压下降得越多。( )

99. 调节变压器的分接开关,使其原绕组匝数减少时,副边电压将要降低。( )

100. 储油柜通过管道与变压器的油箱接通,其作用是使油箱内部和外界空气隔绝,避免潮气侵入。( )

101. 三相异步电动机的转子转速不可能大于其同步转速。( )

102. 转子转速与旋转磁场的转速不等是异步电动机能够产生电磁场转矩的必要条件。( )

103. 旋转磁场的转速越高,则异步电动机的转速越低。( )

104. 旋转磁场的转向取决于通入三相定子绕组中的三相交流电的相序。( )

105. 转差率是分析异步电动机运行性能的一个重要参数,当电动机转速越高时,则对应的转差率也越大。( )

106. 异步电动机比直流电动机的启动性能好。( )

107. 可以改变磁极对数的异步电动机称多速异步电动机。( )

108. 绕线式电动机由于其启动及调速性能比鼠笼式电动机好,因此在实际应用中也比鼠笼式电动机广泛得多。( )

109. 在同步发电机的定子绕组中产生的是三相对称电势。( )

110. 转子动平衡是保证电机平稳运行的前提。（　　）

111. 通过阻抗检查可以发现极性错误问题。（　　）

112. 为了保证定子电机装配后的主极气隙，装配完后要对内径及同心度进行检查。（　　）

113. 电机的磁极联线和引出线螺钉松动将会造成接头烧损或断线故障。（　　）

114. 刷架装置一般由刷架圈、电刷组成。（　　）

115. 牵引电机的刷握距离换向器表面的距离一般为 2～5 mm。（　　）

116. 脉流电动机的补偿绕组与电枢绕组并联。（　　）

117. 异步电机装端盖时，一般先装轴伸端。（　　）

118. 在读电空接触器装配图时应重点了解触头组件、灭弧罩组成、气缸组成三部分。（　　）

119. 在机车操纵台组装前，应仔细读操纵台装配图时，将图中明细栏所列电器配件准备齐。（　　）

120. 机车用无级调速驱动器组装前应对全部连线金属化孔进行穿线或过锡焊接，以达到金属化孔焊接标准。（　　）

121. 电压调整器在组装好后应将其在试验站整定，整定电压为 110 V，并进行电压精度测量。（　　）

122. 内燃机车用电空接触器的行程是在电器通以最大风压时，进行检测的。（　　）

123. 电空接触器灭弧装置采用磁吹窄缝灭弧，灭弧线圈用紫铜扁线绕成，混联在主电路中。（　　）

124. 电空传动装置主要由压缩空气传动装置和电空阀组成。（　　）

125. 内燃机车上电器柜骨架在绑线前要用白布带将其缠绕。（　　）

126. 在机车电器柜布线时，导线始端与终端的长度按布线板尺寸，再预留 5 mm 剪断以备顺线。（　　）

127. 电器柜中每一电器应有的导线根数应与工装布线板上数量相同。（　　）

128. 电空接触器在最大工作气压，最高周围空气温度和最大控制电压下的热稳定时，在最大电压下应能可靠工作。（　　）

129. 电子元器件进厂，筛选工作共分三部分：对包装、数量的检查、电子元器件入厂检查和电子元器件的工艺筛选。（　　）

130. 电路板小型元器件电路组装遇有跨接印制导线的安装元件，应离面板 2～5 mm 悬空安装并焊好。（　　）

131. 电磁接触器的主触头闭合是依靠空气压力。（　　）

132. 电空阀是在电空驱动装置中用来控制风动装置的风路。（　　）

133. 转换开关的动作依靠气缸传动系统，通过电空阀控制二位置气缸传动实现转换。（　　）

134. 组合接触器辅助触头的工作电压为直流 8 V，额定电流为直流 400 A。（　　）

135. 电器的试验分为：例行试验、模拟试验、装车运行试验和研究性试验。（　　）

136. 当电器进行短时耐受电流能力时，电器不得产生触头断开、触头粘合、机械部件和绝缘部件的变形、位移、损伤不超过标准。（　　）

137. 反向器及转换开关在额定气压 500 kPa,电空阀通以额定电压 110 V DC 下操作,其分断能力次数不小于 20 万次。(　　)

138. 电器在耐湿热性能试验时,进行高温温度为 40 ℃的六周期交变湿热试验后,其绝缘性能应满足要求。(　　)

139. 机车电器在相应机车的垂向、横向、纵向,在 50 Hz 的震动频率范围内,应无共振现象。(　　)

140. 高速客运电力机车的传动比较一般货运电力机车的传动比大。(　　)

141. 测微计量器具也是机械制造中常用的精密计量器具,它通常称为百分表。(　　)

142. 使用百分表测量时,百分表只有测头一点与被测表面接触,所以百分表属于一点式计量器具。(　　)

143. 刚上班或换班后加工出来的前三件产品都应进行首件检验。(　　)

144. 首件检验不合格,可以继续进行成批加工。(　　)

145. 改变工艺参数或操作方法加工的第一件产品应进行首件检验。(　　)

146. 在公差与配合中,分子与分母都有 H 或 h 的可以认为是基孔制,也可以认为基轴制或可以认为是基准件配合。(　　)

147. 在公差与配合中,若分子或分母都没有 H 或 h 的配合称基准配合。(　　)

148. 粗牙普通螺纹用"M"加公称直径×螺距表示。(　　)

149. 表面结构属于机械零件表面的微观几何位置误差。(　　)

150. 工序中和成品的不合格品应立即隔离,等待处理,任何个人、小组和车间不得贮存不合格品。(　　)

151. 在任何位置上的实际尺寸不允许超过最小实体尺寸,即对于孔,其实际尺寸不大于最大极限尺寸;对于轴,应不小于最小极限尺寸。(　　)

152. PDCA 循环可跳过任一阶段而进行有效循环。(　　)

153. 平均值远离左(右)直方图的中间值,频数自左至右减少(增加),直方图不对称。这种直方图是双峰型直方图。(　　)

154. 在问题发生的根本原因尚未找到之前,为消除该问题而采取的临时措施是指应急对策。(　　)

155. 作业层次的标准化是表示作业顺序的一种方法。(　　)

156. 质量改进团队是一个临时组织。(　　)

157. 将帕累托原理引用到质量管理中,可以这样认为大多数质量问题是由相对少数的原因造成的。(　　)

158. 工序分布调查时在运用数据的同时进行数据处理。(　　)

159. 根据产生数据的特征,将数据划分若干组的方法是聚类法。(　　)

160. QC 小组活动有很多特点,其中,小组组长可以轮流担当,起到锻炼大家的作用,这体现了该活动的科学性。(　　)

161. 质量保证是对内部和外部提供"信任"。(　　)

162. 以顾客为关注焦点是质量管理的基本原则,也是现代营销管理的核心。(　　)

163. 用于检验的试样,要经验证符合要求之后才能用于检验或实验。(　　)

164. 质量检验记录是计算作业人员工资的证据。(　　)

165. 例行试验是对批量制作完成的每件产品进行的负荷试验。（　　）

166. 电子元器件的寿命检验属于全数检验。（　　）

167. 非破坏性试验是指检验后被检样品不会受到损坏或者消耗，但对产品质量不发生实质性影响，不影响产品的使用。（　　）

168. 贯彻预防原则是现代质量管理的一个特点。（　　）

169. 用来区分合格与不合格的是规格限。（　　）

170. 过程能力指数反映生产过程的加工能力。（　　）

171. 质量改进是通过日常的检验、试验来增强企业的质量管理水平。（　　）

五、简答题

1. 什么是互换性？实现互换性的基本条件是什么？

2. 什么是配合？根据相互结合的孔轴之间间隙或过盈的状况，配合可分为哪三类？

3. 有一孔的基本尺寸 $L=\phi40$ mm，最大极限尺寸 $L_{max}=\phi40.025$ mm，最小极限尺寸 $L_{min}=\phi40.010$ mm，试求其上、下偏差和公差。

4. 带传动的基本特点有哪些？

5. 齿轮传动有哪些特点？

6. 铰孔时铰刀为何不能反转？

7. 为什么使用半导体管要注意远离热源或注意通风降温？

8. 工业上对浸渍漆有何基本要求？

9. 转子绑无纬带的工艺参数有哪些？

10. 直流电机转子氩弧焊的主要参数有哪些？

11. 什么是匝间绝缘？其作用是什么？

12. 绕组绝缘处理的目的是什么？

13. 对继电器有哪些要求？

14. 真空压力浸漆设备中，真空机组的作用是什么？

15. 真空压力浸漆工艺过程是什么？

16. 湿热带电机应如何进行浸漆处理？

17. 电枢反应对直流电动机有何影响？

18. 什么是直流电机的换向？

19. 如何判断电气火花和机械火花？

20. 换向器表面无规律灼痕，是由哪些原因引起的？

21. 改善直流电机换向的方法有哪些？

22. 并励直流电动机在空载运行时，励磁绕组突然断路，电机的转速如何变化？

23. 如何使串励直流电动机的旋转方向改变？牵引电动机采用哪种方法来改变电动机的转向？

24. 机车牵引电机为什么用串励电动机而不用并励电动机的原因是什么？

25. 三相电动机的转子是如何转动起来的？

26. 三相异步鼠笼电动机在启动时启动电流很大，但启动转矩并不大的原因是什么？

27. 三相鼠笼式异步电动机的调速方法有哪几种，说明其优缺点？

28. 电机磁极联线的引线接头有漆膜对电机有何影响?

29. 简述轴承装配要点。

30. 异步电动机在装配时,若定转子铁芯没有对齐,对电机性能有何影响?

31. 若将桥式整流电路中四只二极管的极性全部接反,对输出有何影响? 若其中一只二极管断开、短路时对输出有何影响?

32. 位置转换开关在机车上的用途有哪些?

33. 机车用的电空接触器行程不够时应进行哪些原因分析?

34. 电空接触器在机车中的作用有哪些?

35. 电子元器件进厂,筛选工作分为哪三部分?

36. 简述内燃机车主回路电空接触器的电空传动装置的结构。

37. 简述机车主回路电空接触器中灭弧装置的组成。

38. 简述电器防氧化保护剂涂敷的工艺过程。

39. 简述检验的基本职能。

40. 请列举出四种以上影响测微计量器具测量准确性的因素。

41. 在大批量生产过程中,为了提高检测效率,多采用专用量具,而极限量规是一种没有刻度值的专用量具。请说出极限量规按检测对象分类,可分为几类? 而按用途分类,又可分为几类?

42. 说出四种以上形状公差项目及其符号。

43. 说出四种以上位置公差项目及其符号。

44. 全面质量管理的基本特点是什么?

45. 全面质量管理的思想主要体现在哪些方面?

46. 如何实施不合格控制?

47. 质量检验的职能是什么?

48. 质量特性的含义是什么?

49. 5S 活动的含义是什么?

50. 看装配图的一般要求是什么?

51. 改善换向的措施有哪些?

52. 什么是金属材料的机械性能? 它一般包括哪些内容?

53. 直流电机电枢嵌线起头不正确会带来什么后果?

54. 直流电动机有哪些特点?

55. 什么是直流电机的电枢反应?

56. 什么是直流电机的环火?

57. 简述直流电机定子制造的工艺流程。

58. 直流电机的刷架一般由哪些零件组成?

59. 简述同步主发电机转子主要部件的作用。

60. 简述直流电机定子主磁极垂直度对电机的影响。

61. 简述直流电机定子主磁极等分度对电机的影响。

62. 简述换向极第二气隙的作用。

63. 电刷装置的作用是什么?

64. 电刷接触面大小对电机有何影响?

65. 系统误差的定义是什么?

66. 基孔制的定义是什么?

67. 什么是最大实体原则?

68. 三检制的定义是什么?

69. 工序检验的定义是什么?

70. 间接测量的定义是什么?

六、综 合 题

1. 如图 10 所示,将主视图画成全剖视图。

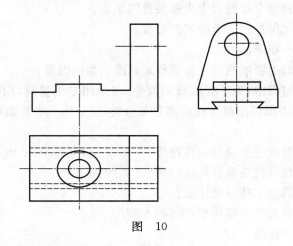

图　10

2. 如图 11 所示,在指定位置作出移出剖面图。

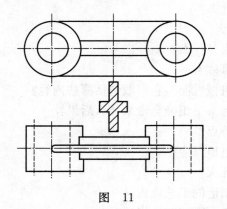

图　11

3. 基本尺寸为 $\phi 80$ mm 的基孔制配合,已知配合公差 $T_f = 0.049$ mm,配合的最大间隙 $X_{max} = +0.019$ mm,轴的下偏差 $e_i = +0.011$ mm。试确定另一极限间隙或极限过盈和孔、轴的极限偏差。

4. 有一孔的基本尺寸 $L = \phi 40$ mm,最大极限尺寸 $L_{max} = \phi 40.025$ mm,最小极限尺寸 $L_{min} = \phi 40.010$ mm,试求其上、下偏差和公差。

5. 电路如图 12 所示，已知：$E_1=3$ V，$E_2=4.5$ V，$R=10$ Ω，$U_{AB}=-10$ V，求流过电阻 R 的电流的大小和方向。

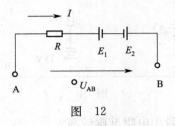

图 12

6. 求图 13 中的电流 I_4，I_5 和电源电动势 E。

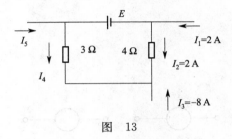

图 13

7. 如图 14 所示，$E_1=7$ V，$E_2=6.2$ V，$R_1=0.2$ Ω，$R_2=0.2$ Ω，$R_3=3.2$ Ω。试用支路电流法列出求解各支路电流的方程组，并求解。

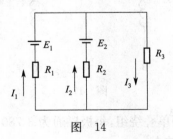

图 14

8. 如图 15 所示，$E_1=7$ V，$E_2=6.2$ V，$R_1=0.2$ Ω，$R_2=0.2$ Ω，$R_3=3.2$ Ω。试用回路电流法图示电路中各支路的电流。

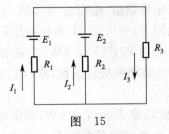

图 15

9. 如图 16 所示，试计算 U_{AB}（其中 V_1 为理想二极管）。

10. 在单相桥式整流电容滤波电路中，变压器次级电压的有效值为 20 V，试求：

(1)最高输出电压；(2)当电路满载时的输出电压。

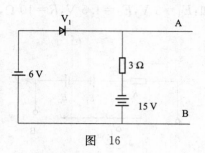

图　16

11. 为什么采用双臂电桥测量小电阻准确较高?

12. 将图 17 中 A、B、C、D 分别画成他励、并励、串励和复励电机。

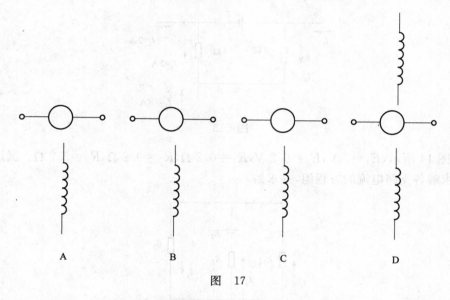

图　17

13. 一台 4 极直流电机,采用单叠绕组,每极磁通为 3 780 000 Wb,电枢总导体数为 152,电枢转速为 1 200 r/min,求电枢电势。

14. 一台 4 极直流电机,采用单叠绕组,每极磁通为 3 780 000 Wb,电枢总导体数为 152,电枢电流为 50 A,求电磁转矩。

15. 一台直流电动机,$2p=4$,单叠绕组,电枢总导体数 $N=216$,$n=1\ 460$ r/min,每极磁通 $\phi=2\ 000\ 000$ MX,电枢回路电阻 $R_A=0.02$ Ω,电枢电压 $U=110$ V,求电磁功率 P_M。

16. 一台并励直流电动机输出功率 $P_N=7$ kW,空载损耗为 0.49 kW,电枢回路电阻 $R_A=0.2$ Ω,电枢电流 $I_A=40$ A,忽略励磁绕组铜耗,求:(1)电磁功率 P_M;(2)电枢回路输入功率。

17. 一台并励直流电动机,额定功率 $P_N=7.5$ kW,额定电压 $U_N=110$ V,额定电流 $I_N=84$ A,额定转速 $n_N=1\ 500$ r/min,电枢回路总电阻 $R_A=0.12$ Ω,励磁回路总电阻 $R_E=110$ Ω(忽略电枢反应),求:(1)额定运行时的效率 η_N;(2)额定转矩 M_N;(3)电枢电流 I_A。

18. 画出串励电动机的机械特性,说明它适应拖动什么性质的负载?

19. 一台串励直流电动机的额定功率 $P_N=2$ kW,输入功率 $P_N=2$ kW,$P_1=2.4$ kW,电

枢路总电阻 $R_A=0.1\ \Omega$,电枢电流 $I_A=11\ A$,求:(1)效率 η_N;(2)电磁功率 P_M。

20. 一台 4 极直流电机,采用单波绕组,每极磁通 $\phi=0.037\ 8\ Wb$,电枢总导体数 $N=152$,电枢转速为 $n=600\ r/min$,求电枢电势。

21. 一台 4 极直流电机,采用单波绕组,每极磁通 $\phi=0.037\ 8\ Wb$,电枢总导体数 $N=152$,电枢电流 $I_A=50\ A$,求电磁转矩。

22. 一台他励直流发电机,负载端电压 $U=22\ V$,负载电阻 $R_L=5\ \Omega$,电枢回路总电阻 $R_A=0.1\ \Omega$,求:电枢电势 E_A。

23. 三相笼型异步电动机,已知 $P_N=5\ kW$,$U_N=380\ V$,$n_N=2\ 910\ r/min$,$\eta_N=0.8$,$\cos\phi_N=0.86$,$\lambda=2$,求 S_N,I_N,T_N,T_M。

24. 分析异步电动机气隙大小及均匀度对电机的影响。

25. 常用继电器有哪几种类型?

26. 继电保护装置的快速动作有哪些好处?

27. 为什么磁电系仪表只能测量直流电,但不能测量交流电?

28. 影响机车轮轨间黏着系数的主要因素是什么?

29. 继电保护装置的基本原理是什么?

30. 继电保护的用途是什么?

31. 感应型电流继电器的检验项目有哪些?

32. 质量检验有哪些常用方法?

33. C_P 和 C_{PK} 的关系如何?

34. 过程能力不足时,如何改进?

35. 简述量具使用的一般通则是什么。

已知电压 $P_o=0.7\Omega$,电源电动势为 $E=1$ V,内阻为 $r=0.1\Omega$ 时,则端电流 P_o、
20.0 V,则此电压,求最大负载电阻时,该电路输出 $P_o=0.85$ A、W),当此电流与负载
192,电路获得,$P_b=$ 400 v/min,此此 R 时为。

7. 1 V,最大输出电阻,求其输出电动势时,求最大输出电阻 $P_o=0.918$ Wb,则此该电阻则
为电阻,最大,$P_c=22$ A,内阻时,最大负载电阻电压则,最大功率电阻则
$R=0.5^\circ$ B、X 电阻为 P_o。

电器产品检验工(中级工)答案

一、填 空 题

1. 下方	2. 7	3. 退火	4. 纯电容
5. 烧坏变压器	6. 平行	7. 棱	8. 全
9. 局部	10. 断面	11. 局部放大	12. 偏差
13. 0.03	14. 相同	15. 大	16. 塑性
17. 硬度	18. 摩擦力	19. 梯形	20. 3
21. 相反	22. 形状	23. $I=\dfrac{E}{r+R}$	24. 负载电流
25. -8 V	26. $IR+E$	27. 纯电感	28. 系统性
29. 阻碍	30. 磁通量	31. 磁极	
32. 磁感应强度(或者磁通密度)		33. 磁通=磁势/磁阻(或 $\phi_m=F_m/R_m$)	
34. $\dfrac{1}{H}$	35. 截止	36. 1.23 mA	37. $I_C=\beta I_B$
38. 单向导电性	39. 45	40. $0.9\ U_2$	41. 90 V
42. 组合体	43. 装配	44. 装配	45. 形状
46. 位置	47. 表面结构	48. 装配图	49. 依据
50. 拓印	51. 梯形	52. 电源线	53. 发热量较大
54. 蓝色晕光	55. 不对称	56. 交流电	57. 工频交流电
58. 环火	59. 电枢电流	60. 磁场	61. 换向
62. 产生火花	63. $1\dfrac{1}{2}$ 级	64. 串	65. 拖动
66. 小于	67. 转速 n	68. 轻载或空载	69. 输出功率
70. 制动转矩	71. 大于	72. 无关	73. 55:2
74. 略小于	75. 空载	76. 旋转磁场	77. 频率
78. 2 880 r/min	79. 35.85 N·m (说明,$T_N\approx 9\,550\dfrac{P_N}{n_N}$)		80. 无关
81. 增大	82. 变阻器	83. 定子	84. 对称
85. 配重位置	86. 匝间短路	87. 接头烧损或断线故障	
88. 装配精度	89. 定子	90. 转子	91. 极间撑块
92. 机械	93. 偏高	94. 电机换向	95. 换向
96. 换向极	97. 1.2	98. 外圆径向跳动量	99. 表面结构
100. 小	101. 偏大	102. 不均匀	103. 电势

104. 各个线匝	105. 系统性	106. 对地绝缘	107. 绝缘电阻
108. 介电强度	109. 增大	110. 不平衡	111. 腐蚀
112. 开放式电空阀	113. 控制按钮开关	114. 2～5 mm	115. 输出电压
116. 共振	117. 配件	118. 转矩	119. 自动切换
120. 线接触	121. 牵引电动机	122. 排列图	123. 频率(频数)
124. 因果图	125. 最高到最低	126. 排列图	127. 感官
128. 6	129. T	130. 深度	131. 0.01 mm
132. 0.01 mm	133. 高	134. 垂直	135. ∠
136. //	137. 塞规	138. —	139. ⌒
140. 宽度	141. 塞规	142. 相对误差	143. 被测实际
144. 底座	145. 比较	146. 同一被测量物	147. 质量控制
148. 相互依存	149. 质量策划	150. 时效性	151. 现行标准
152. 顾客	153. 质量改进	154. 质量	155. 顾客
156. 检验方法	157. 产品实现	158. 把关	159. 把关
160. 检验规程	161. 首件检验	162. 最终检验	163. 破坏性
164. 非破坏性	165. 预防	166. 控制图	167. 过程质量
168. 异常波动			

二、单项选择题

1. C	2. C	3. D	4. C	5. C	6. A	7. B	8. C	9. B
10. A	11. D	12. A	13. B	14. B	15. A	16. C	17. D	18. B
19. A	20. A	21. D	22. D	23. B	24. C	25. C	26. C	27. C
28. B	29. D	30. A	31. C	32. B	33. C	34. C	35. D	36. B
37. A	38. D	39. B	40. C	41. D	42. A	43. B	44. D	45. A
46. B	47. D	48. A	49. D	50. B	51. D	52. A	53. D	54. B
55. C	56. C	57. C	58. D	59. A	60. A	61. A	62. C	63. B
64. B	65. A	66. A	67. B	68. C	69. C	70. B	71. B	72. C
73. A	74. B	75. A	76. B	77. C	78. B	79. B	80. D	81. B
82. B	83. D	84. D	85. A	86. B	87. C	88. D	89. B	90. C
91. D	92. C	93. D	94. D	95. B	96. C	97. D	98. D	99. A
100. C	101. C	102. B	103. D	104. A	105. D	106. D	107. D	108. C
109. D	110. D	111. D	112. B	113. D	114. A	115. A	116. B	117. C
118. C	119. A	120. B	121. D	122. D	123. A	124. B	125. D	126. C
127. B	128. A	129. C	130. C	131. A	132. D	133. A	134. B	135. A
136. B	137. D	138. C	139. C	140. B	141. D	142. A	143. A	144. A
145. A	146. B	147. B	148. A	149. C	150. A	151. A	152. B	153. C
154. D	155. B	156. A	157. C	158. C	159. A	160. D	161. C	162. D
163. D	164. C	165. A	166. B	167. C	168. D	169. B	170. C	171. D
172. C	173. C							

三、多项选择题

1. ABD	2. BC	3. ABCD	4. ABCD	5. ABCD	6. BD	7. ABCD
8. ABCD	9. ABCD	10. BCD	11. ABCD	12. ABC	13. AB	14. ABCD
15. ABCD	16. ABCD	17. ABCD	18. ABC	19. ABC	20. ABC	21. ABC
22. AB	23. ABC	24. AB	25. AB	26. BD	27. ABD	28. AB
29. BCD	30. ABC	31. ABC	32. ABC	33. ABD	34. BCD	35. ABC
36. AD	37. ABD	38. BCD	39. ABCD	40. ABCD	41. ABCD	42. ABCD
43. ABCD	44. ACD	45. ABD	46. ABC	47. ACD	48. ABCD	49. ACD
50. ABCD	51. ABCD	52. ABC	53. ABC	54. ABCD	55. ABCD	56. ABCD
57. ABC	58. ABCD	59. CD	60. ABCD	61. ABCD	62. ABCD	63. ABCD
64. ABCD	65. ABCD	66. ABD	67. ABC	68. ABC	69. ABC	70. CD
71. BC	72. ABC	73. ABC	74. AB	75. AB	76. ABCD	77. AC
78. AC	79. BC	80. AB	81. ABD	82. BC	83. ABC	84. ABC
85. ABC	86. AB	87. ABC	88. AB	89. BCD	90. BCD	91. BCD
92. ABC	93. ABC	94. AB	95. BCD	96. ABC	97. BCD	98. ACD
99. ABCD	100. BCD	101. ABC	102. ABC	103. AB	104. ABCD	105. ABCD
106. BCD	107. ACD	108. BD	109. ABCD	110. ABCD	111. ABC	112. ABCD
113. ABCD	114. BCD	115. ACD	116. ABD	117. AB	118. ABCD	119. ABC
120. BCD	121. ABCD	122. ABCD	123. ABCD	124. BD	125. ABCD	126. CD
127. ABD	128. ABD	129. AC	130. AD	131. ABCD	132. AC	133. ACD
134. BC	135. AC	136. BC	137. CD	138. BCD	139. BCD	140. BD
141. BCD	142. ABCD	143. BD	144. ABCD	145. ABCD	146. ACD	147. AB
148. BD	149. ABC	150. BCD	151. AC	152. ABCD	153. ABD	

四、判　断　题

1. ×	2. ×	3. √	4. ×	5. ×	6. √	7. ×	8. √	9. ×
10. √	11. √	12. √	13. √	14. ×	15. ×	16. ×	17. ×	18. √
19. √	20. ×	21. √	22. √	23. √	24. ×	25. √	26. ×	27. ×
28. ×	29. ×	30. ×	31. ×	32. √	33. ×	34. ×	35. ×	36. ×
37. ×	38. √	39. √	40. √	41. √	42. √	43. ×	44. √	45. √
46. ×	47. √	48. ×	49. ×	50. √	51. √	52. √	53. √	54. ×
55. ×	56. √	57. √	58. √	59. √	60. ×	61. ×	62. √	63. ×
64. ×	65. √	66. √	67. ×	68. √	69. √	70. √	71. √	72. √
73. √	74. √	75. ×	76. √	77. √	78. ×	79. √	80. √	81. ×
82. √	83. √	84. ×	85. √	86. √	87. √	88. √	89. ×	90. ×
91. √	92. √	93. ×	94. ×	95. √	96. ×	97. √	98. ×	99. ×
100. √	101. ×	102. √	103. ×	104. √	105. ×	106. ×	107. ×	108. ×

109. √ 110. √ 111. √ 112. √ 113. √ 114. × 115. √ 116. × 117. ×
118. √ 119. √ 120. √ 121. √ 122. × 123. √ 124. × 125. √ 126. √
127. × 128. × 129. √ 130. √ 131. √ 132. √ 133. √ 134. √ 135. ×
136. × 137. √ 138. × 139. √ 140. √ 141. × 142. √ 143. √ 144. ×
145. √ 146. √ 147. × 148. √ 149. √ 150. √ 151. √ 152. √ 153. √
154. √ 155. √ 156. √ 157. √ 158. √ 159. √ 160. × 161. √ 162. √
163. √ 164. × 165. × 166. × 167. √ 168. √ 169. √ 170. √ 171. ×

五、简 答 题

1. 答:所谓互换性是指同一规格的零件,不需要任何挑选、调整、修配,就能装到机器上去并完全符合规定的技术性能要求(3分)。实现互换性的基本条件是对同一规格的零件按统一的精度标准制造(2分)。

2. 答:配合就是基本尺寸相同的,孔和轴的公差带之间的关系(2分)。根据相互结合的孔轴之间间隙或过盈的状况,配合可分为间隙配合(1分)、过渡配合(1分)和过盈配合(1分)三类。

3. 答:孔的上偏差 $E_s = L_{max} - L = 40.025 - 40 = +0.025$ mm(2分);

孔的上偏差 $E_I = L_{min} - L = 40.010 - 40 = +0.010$ mm(2分);

孔的公差 $T_h = L_{max} - L_{min} = E_s - E_I = +0.025 - (+0.010) = 0.015$ mm(1分)。

4. 答:带传动的基本特点有:(1)传动平稳、无噪声(2分);(2)具有过载保护的作用(1分);(3)不能保持精确的传动比(1分);(4)传动效率较低(1分)。

5. 答:齿轮传动的特点有:(1)传动能力范围宽,其传递功率和速度范围较大(2分);(2)传动比恒定不变,传动平稳、准确、可靠(1分);(3)传动效率高,寿命长(1分);(4)传动种类多,可以满足各种传动形式的需要(1分)。

6. 答:铰孔时铰刀不能反转,因为反转会使切屑卡在孔壁和刀齿的后刀面之间,而将孔壁刮毛(3分),而且铰刀也容易磨损,甚至崩刀(2分)。

7. 答:因为半导体管是由半导体材料制作的(2分),半导体材料有热敏特性,受热后,半导体的导电特性要发生变化,即半导体管的特性要有所变化(3分),所以半导体管要远离热源或注意通风降温。

8. 答:(1)黏度低、流动性能好,固体含量高(1.5分);(2)固化快,干燥性能好,黏结力强,有热弹性(1.5分);(3)具有优异的电气性能和化学稳定性,耐潮、耐热、耐油;导体和其他材料具有良好的相容性(2分)。

9. 答:转子绑无纬带的参数有:绑扎拉力(1分)、绑扎匝数(1分)、无纬带宽(1分)、绑扎机转速(1分)及绑扎拉力(1分)。

10. 答:转子氩弧焊的主要参数有:氩气流量(1分)、焊接电流(1分)、焊接速度(1分)、电弧长度(1分)、钨极直径与形状(1分)。

11. 答:匝间绝缘是指同一线圈的各个线匝之间的绝缘(2分),其作用是将电机绕组电位不同的导体互相隔开,以免发生匝间短路(3分)。

12. 答:绕组绝缘处理的目的是把带电部件和外壳、铁芯等不带电的部件隔开(2分),使电流能按一定方向流通(1分)。在不同的电工产品中,根据产品技术的需要,绕组的绝缘处理还起着其他一些作用,如散热冷却、机械支承和固定(2分)。

13. 答:(1)动作值的误差要小(2分);(2)接点要可靠(1分);(3)返回时间要短(1分);(4)消耗功率要小(1分)。

14. 答:真空机组的作用是排除浸渍罐以及工件绕组内的水份及挥发物(2分),以便于绝缘漆充分渗透到工件绕组内部(3分)。

15. 答:(1)预烘;(2)吹冷;(3)入罐(1分);(4)抽真空;(5)真空干燥(1分);(6)输漆(1分);(7)加压(1分);(8)保持压力;(9)泄压(1分);(10)回输;(11)罐内滴漆;(12)开盖排风;(13)吊出工件。

16. 答:浸漆处理的次数:电机绕组须浸渍有溶剂漆2～3次,无溶剂漆1～2次(2分),尽量采用防潮效果较好的真空压力浸渍、滴漆工艺和整体浸漆工艺(2分)。在烘焙过程中,必须保证漆基完全固化(1分)。

17. 答:电枢反应使电动机前极端的磁场削弱,后极端磁场增强(2分),物理中性线逆电机转向移开几何中性线(2分),将对电机的换向造成影响(1分)。

18. 答:直流电机运行时,旋转着的电枢绕组元件从一条支路经过电刷和换向器进入另一条支路(2分),绕组元件中的电流方向改变一次(2分),称之为换向(1分)。

19. 答:当火花是红色或黄色,断续,不稳定且较粗,在电刷下沿切线方向飞出的属机械火花(2分);当火花呈白色或兰色,连续、稳定而细小,基本上都在后刷边燃烧的属电气火花(3分)。

20. 答:换向器表面无规律灼痕是由机械方面的原因引起的(1分),主要是:换向器偏心或变形(1分);个别换向片凸起(1分);电枢动平衡不良(1分);刷架或机体刚度不足等(1分)。

21. 答:加装换向极(2分);合理地选择电刷(1分);小型电机可采用移动电刷的位置(1分);加装补偿绕组(1分)。

22. 答:并励电动机空载运行时,负载转矩为零,励磁绕组突然断路时,主磁极仅为剩磁通(2分),将使电机转速急剧增加,可能造成"飞车"(3分)。

23. 答:由 $M = C_M \phi I_a$ 可知,改变励磁电流的方向或改变电枢电流的方向,均可使电动机的转向改变(3分)。牵引电动机采用改变励磁电流的方向来改变电动机的转向(2分)。

24. 答:(1)电枢电流相同时,串励电动机的起动转矩大于并励电动机(2分);(2)串励电动机的机械特性较软,负载增大时,转速下降,可保持恒功率输出(2分);(3)串励电动机的过载能力强(1分)。

25. 答:对称三相正弦交流电通入对称三相定子绕组,便形成旋转磁场(1分)。旋转磁场切割转子导体,便产生感应电动势和感应电流(2分)。感应电流受到旋转磁场的作用,便形成电磁转矩,转子便沿着旋转磁场的转向转动起来(2分)。

26. 答:在启动时,转差率 $S = 1$,启动电流达到最大值,此时转子功率因数很低(1分),由 $T = C_M \phi I_2 \cos \phi_2$,可知启动转矩与启动电流成正比(1分),与功率因数成正比(2分)。由于启动时功率因数很小,造成启动转矩不大(1分)。

27. 答:变极调速的优点是所需设备简单;缺点是调速级数少(1分)。电源电压调速的优点是调速范围宽;缺点是不宜在低速长时间运转(1分)。变频调速的优点是转速能平滑的调节,调速范围广效率高;缺点是调速系统较复杂,成本较高(3分)。

28. 答:电机磁极联线的引线接头有漆膜将会使引线头接触不良(2分)、接触电阻增大(1分),造成过热引起接头烧损或断线故障(2分)。

29. 答:轴承以及各配件的清洁度(0.5分)、轴承质量的检查(0.5分)、轴承安装正确(0.5分)、加油量准确(0.5分)、轴承内套加热温度(0.5分)、时间正确(0.5分),轴承端面标记要朝外(1分),且轴承内外套不能互换(1分)。

30. 答:定转子铁芯没有对齐,相当于铁芯有效截面积减小(1分),励磁电流增大(1分),功率因数降低(1分),铜损耗增加(1分),温升升高,效率降低(1分)。

31. 答:若将桥式整流电路中四只二极管的极性全部接反,则输出电压的极性相反(2分);若其中一只二极管断开,则由全波整流变为半波整流(2分);若其中一只二极管短路,则会烧坏变压器(1分)。

32. 答:位置转换开关的用途是改变电动机车励磁绕组的连接,以改变励磁绕组内电流的方向,来达到改变机车运行方向的目的(3分),用来实现机车主电路牵引工况与制动工况的转换(2分)。

33. 答:机车用的电空接触器行程不够分析时,应检查是否是各部件组装不良(2分),是否是部件动作不灵活(2分),是否是气缸漏风(1分)。

34. 答:在电传动机车中,广泛采用电空接触器来接通和断开主发电机与牵引电动机(牵引工况时)(2分),或者牵引电动机(发电机运行)与制动电阻之间(电阻制动工况时)的主电路(3分)。

35. 答:电子元器件进厂,筛选工作分为对包装数量的检查(1分);电子元器件入厂检查(2分);电子元器件的工艺筛选(2分)。

36. 答:内燃机车主回路电空接触器电空传动装置的气缸竖放(2分),采用活塞皮碗式结构(2分),在气缸中装有复原弹簧(1分)。

37. 答:电空接触器灭弧装置位于电器上部(2分),主要由灭弧线圈(1分)、灭弧角(1分)和灭弧罩(1分)等组成。

38. 答:电器防氧化保护剂涂敷的工艺过程为前处理(1分)、清洗(1分)、干燥(1分)、涂敷(1分)、晾干(1分)。

39. 答:(1)根据产品的图样,技术标准工艺规程或订货合同的有关规定对产品进行检验的职能(3分);(2)把关的职能(1分);(3)报告的职能(1分)。

40. 答:(1)结构原理误差的影响(1分);(2)测量力引起尺架变形的影响(1分);(3)测量表面接触变形的影响(1分);(4)温度偏差的影响(1分);(5)视差的影响(1分)。

41. 答:极限量规按检测对象分类可分为五类:(1)检测圆柱形零件的量规(1分);(2)锥度量规(0.5分);(3)花键量规(0.5分);(4)深度量规(1分);(5)高度量规(0.5分)。按用途分类可分为三类:(1)工作量规(0.5分);(2)验收量规(0.5分);(3)校对量规(0.5分)。

42. 答:(1)直线度——;(2)平面度□;(3)圆度○;(4)圆柱度╱○;(5)线轮廓度⌒;(6)面轮廓度◠(5分,给出任意五个即可)。

43. 答:(1)平行度∥;(2)垂直度⊥;(3)倾斜度∠;(4)同轴度◎;(5)对称度═;(6)位置

度 $\bigoplus$;(7)跳动 $\nearrow$ (5 分,给出任意五个即可)。

44. 答:全面质量管理的基本特点是"三全"和"一多样"(1 分)。(1)全面的质量管理(1 分);(2)全过程的管理(1 分);(3)全员参加的管理(1 分);(4)质量管理方法多样化(1 分)。

45. 答:全面质量管理的思想主要体现在以下几个方面:以用户为中心(1 分);预防为主,强调事先控制(1 分);采用科学统计的方法(1 分);质量持续改进是全面质量管理的精髓(1 分);突出人的作用(1 分)。

46. 答:对不合格品的控制通常包括标识(1 分)、隔离(1 分)、评审(1 分)、处置(1 分)、措施和防止再发生(1 分)。

47. 答:质量检验的主要职能是:(1)把关职能(2 分);(2)预防职能(1 分);(3)报告职能(1 分);改进职能(1 分)。

48. 答:质量特性为与要求有关的产品(2 分)、过程(1 分)或体系(1 分)的固有特性(2 分)。

49. 答:5S 由 5 个日语词汇组成,即整理(SEIRI)(1 分)、整顿(SEITON)(1 分)、清扫(SEI-SO)(1 分)、清洁(SEIKEISU)(1 分)、素养(SHITSUKE)(1 分)。

50. 答:(1)了解部件的性能、作用、工作原理(2 分);(2)了解各零件的相互位置和装配关系(2 分);(3)了解主要零件的形状结构(1 分)。

51. 答:(1)加装换向极(2 分);(2)小型电机移动电刷位置(1 分);(3)合理选择电刷(1 分);(4)加装补偿绕组等(1 分)。

52. 答:金属材料在承受外力作用时所表现出来的性能,称为金属材料的机械性能(2 分),它一般包括强度、塑性、硬度、韧性和疲劳强度等(3 分)。

53. 答:直流电机电枢嵌线起头不正确会使嵌线难(2 分),正反转速率超差大(3 分)。

54. 答:与交流电动机比较,其特点为结构复杂(1 分),故障率高(1 分),消耗有色金属较多(1 分),维修工作量大,起动转矩大(1 分),调速性能好(1 分)。

55. 答:直流电机负载运行时,电枢绕组中有电流流过,将产生电枢磁场(3 分),我们把电枢磁场对主磁场的影响称为电枢反应(2 分)。

56. 答:由于电磁或机械方面的原因,引起电刷下原始电弧(1 分),当换向器片间电压过高,使导电碎片击穿而引起片间电弧(1 分)。当上述两种电弧得以发展,就会使正、负电刷通过空气中的电弧而短路,形成环火(3 分)。

57. 答:焊接蚂蝗钉及支撑件(1 分)—用清洗机清洗机座—线圈加热及主附极铁芯清理—套极(1 分)—定装把极、校正(1 分)—对地耐压、测极性、阻抗检测(1 分)—自检、互检和检查员专检合格后交出(1 分)—做好记录。

58. 答:刷架圈(1 分)、刷杆(1 分)、刷盒(1 分)、刷架联线(1 分)、电刷、刷座(1 分)。

59. 答:(1)磁极铁芯:导磁和放置线圈(1 分);(2)磁极线圈:用来给磁极铁芯进行励磁(1 分);(3)磁轭支架:安放磁极,是磁路的一部分(1 分);(4)滑环:滑环与刷架装置联合作用将转动的励磁绕组与外部励磁设备(2 分)。

60. 答:主磁极的垂直度偏差过大,则使电机的中性区变窄,(2 分)电机的换向恶化(3 分)。

61. 答:主磁极等分度不均使磁路不对称(2 分),电机中性区宽度发生变化(1 分),使换向极补偿性能变差(1 分),火花增大(1 分)。

62. 答:采用第二气隙,可以减少换向极的漏磁通(1分),使换向极磁路处于低饱和状态(1分),就使换向电势可以有效的抵消电抗电势(1分),同时还可以通过第二气隙的调整使电机获得满意的换向(2分)。

63. 答:刷架装配的作用是通过电刷与换向器表面的滑动接触(2分),将转动的电枢绕组与外电路连接起来(3分)。

64. 答:电刷与换向片接触面积大,接触电阻就减小(1分),换向回路电流增加(1分),容易产生换向火花对电机换向不利(1分)。电刷与换向片接触面积小,接触电阻增加(1分),换向回路电流减小(1分),有利于电机换向。

65. 答:在一定条件下,对同一被测的量具进行多次重复测量时,误差的大小和符号均保持不变(2分),或按一定规律变化的误差称为系统误差(3分)。

66. 答:基孔制是基本偏差为一定的孔公差带(2分),与不同基本偏差的轴公差带形成各种配合的一种制度(3分)。

67. 答:最大实体原则是使被测要素相应的实际轮廓要素处不得超越由其实效尺寸确定的理想形状的包容面(3分),使其实际轮廓要素的局部实际尺寸在最大实体尺寸与最小实体尺寸之内的一种公差原则(2分)。

68. 答:就是操作者自检(1分)、互检(1分)和专职检验员专检(1分)相结合的检验制度(2分)。

69. 答:工序检验是指在本工序加工完毕时的检验(3分),其目的是预防产生大批的不合格品(1分),并防止不合格品流入下道工序(1分)。

70. 答:间接测量是指通过直接测量与欲知量有函数关系的其他量(2分),然后通过函数关系的计算求得欲知量的测量方法(3分)。

六、综 合 题

1. 解:全剖视图如图1所示。(10分)
2. 解:移出剖面图如图2所示。(10分)

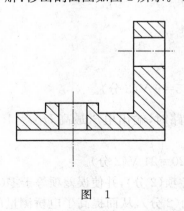

图 1

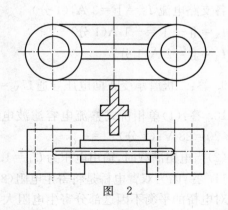

图 2

3. 答:由基孔制配合可知孔的下偏差 $E_I=0$,由公式 $X_{max}=E_S-E_I$ 得:孔的上偏差 $E_S=X_{max}+E_I=+0.019+0.011=+0.03$ mm(2分);

孔的公差 $T_h=E_S-E_I=+0.03-0=0.03$ mm(2分);

由公式 $T_f=T_h+T_s$ 得:轴的公差 $T_s=T_f-T_h=0.049-0.03=0.019$ mm(2分);

由公式 $T_s = E_S - E_I$ 得：$E_S = T_s + E_I = 0.019 + 0.011 = +0.03$ mm（2分）；

由孔、轴的极限偏差可知此配合为过渡配合，其最大过盈为：$Y_{max} = E_I - E_S = +0 - 0.011 = -0.011$ mm（2分）。

4. 答：孔的上偏差 $E_S = L_{max} - L = \phi 40.025 - \phi 40 = +0.025$ mm（3分）；

孔的上偏差 $E_I = L_{min} - L = \phi 40.010 - \phi 40 = +0.010$ mm（3分）；

孔的公差 $T_h = L_{max} - L_{min} = E_S - E_I = +0.025 - (+0.010) = 0.015$ mm（4分）。

5. 答：设通过 R 上的电流参考方向从 A→B，则 $U_{AB} = IR + E_1 - E_2$ 即 $-10 = 10I + 3 - 4.5$（3分），$10I = -8.5$（2分），$I = -0.85$ A（2分），通过 R 上的电流大小为 0.85 A，方向由 B→A（3分）。

6. 答：由基尔霍夫第一定律得：$I_4 + I_3 + I_2 = 0$（2分）

因此 $I_4 = -(I_3 + I_2) = (-8 + 2) = 6$ A（2分），$I_5 = I_4 = 6$ A（2分）

据基尔霍夫第二定律得：$4I_2 - 3I_4 = -E$（2分），因此 $E = -(4 \times 2 - 3 \times 6) = 10$ V（2分）。

7. 答：$I_1 + I_2 = I_3$（2分）；$I_1 R_1 - I_2 R_2 = E_1 - E_2$（2分）；$I_2 R_2 + I_3 R_3 = E_2$（2分）

代入数值联立求解得：$I_1 = 3$ A，$I_2 = -1$ A，$I_3 = 2$ A（4分）。

8. 答：假设回路电流如图3，

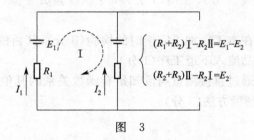

图　3

代入数值联立求解　得：Ⅰ$= 3$ A（2分）

Ⅱ$= 2$ A（2分）

各支路电流 $I_1 = $ Ⅰ$= 3$ A，（1分）

$I_2 = $ Ⅱ$-$ Ⅰ$= -1$ A（1分）

$I_3 = $ Ⅱ$= 2$ A（1分）

9. 答：二极管承受正向电压导通 $U_{AB} = \dfrac{15 - 6}{3} \times 3 - 15 = 9$ V（3分）。

10. 答：（1）单相桥式整流电容滤波电路，当负载开路时，输出电压最高 $U_{LM} = 1.4 U_2 = 1.4 \times 20 = 28$ V；（3分）

（2）当电路满载时，输出电压为 $U_L = 1.2 U_2 = 1.2 \times 20 = 24$ V（2分）。

11. 答：因为双臂电桥是将寄生电阻（2分），并入误差项（2分），并使误差项等于零（2分），因而对电桥的平衡不因这部分寄生电阻大小而受到影响（2分），从而提高了电桥测量的准确性（2分）。

12. 解：答案如图4所示：（10分）

13. 答：$E_a = \dfrac{PN}{60a} \phi n = \dfrac{2 \times 152}{60 \times 2} \times 3\,780\,000 \times 10^{-8} \times 1\,200 = 115$ V（10分）。

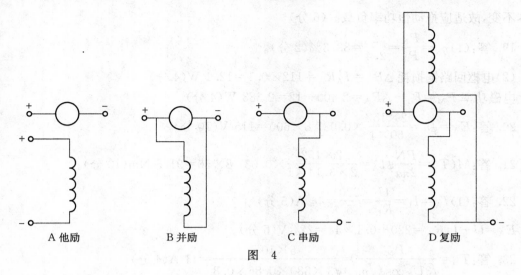

A 他励 B 并励 C 串励 D 复励

图 4

14. 答：$M(T) = \dfrac{pN}{2\pi a}\phi I_A = \dfrac{2 \times 152}{2 \times 3.14 \times 2} \times 3\,780\,000 \times 10^{-8} \times 50 = 45.7\ \text{N} \cdot \text{m}(10\ 分)$。

15. 答：$E_A = \dfrac{pN}{60a}\phi n = \dfrac{2 \times 216}{60 \times 2} \times 0.020 \times 1\,460 = 105\ \text{V}(4\ 分)$。

$I_A = \dfrac{U - E_A}{R_A} = \dfrac{110 - 101}{0.02} = \dfrac{9}{0.02} = 250\ \text{A}(3\ 分)$

$P_M = E_A \times I_A = 105 \times 250 = 26\,250\ \text{W} \approx 26.3\ \text{kW}(3\ 分)$

16. 答：$(1)\,P_M = P_2 + \Delta P_0 = 7\,000 + 490 = 7\,490\ \text{W}(5\ 分)$

$(2)\,P_A = P_M + I_A^2 R_A = 7\,490 + 402 \times 0.2 = 7\,810\ \text{W}(5\ 分)$

17. 答：(1) 输入功率 $P_1 = U_N \times I_N = 110 \times 84 = 9\,240\ \text{W}(2\ 分)$

$\eta_N\ \dfrac{P_N}{P_1} = \dfrac{7\,500}{9\,240} = 81\%(2\ 分)$。

$(2)\,M_N = 9\,550\ \dfrac{P_N}{n_N} = 9\,550 \times \dfrac{7.5}{1\,500} = 47.8\ \text{N} \cdot \text{m}(2\ 分)$。

(3) 励磁电流 $I_E = \dfrac{U}{R_E} = \dfrac{110}{110} = 1\ \text{A}(2\ 分)$

$I_a = I_N - I_E = 84 - 1 = 83\ \text{A}(2\ 分)$。

18. 答：机械特性如图 5 所示，当负载转矩由 M' 变到 M'' 时，转速由 n' 变到 n''，但输出功率

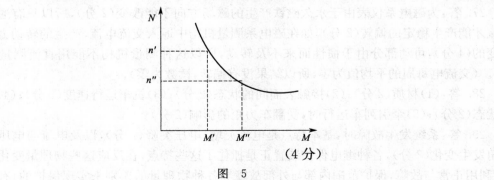

(4 分)

图 5

基本不变,故适应拖动恒功率负载。(6分)

19. 答:(1)$\eta_N = \dfrac{P_N}{P_1} = \dfrac{2}{2.4} = 83.3\%$(2分)。

(2)电枢回路铜损耗 $\Delta P_A = I_A^2 R_A = 112 \times 0.1 = 12.1$ W(4分)

电磁功率 $P_M = P_1 - \Delta P_A = 2\,400 - 12 = 2\,388$ W(4分)。

20. 答:$E_A = \phi n = \dfrac{2 \times 152}{60 \times 1} \times 0.037\,8 \times 600 = 115$ V(10分)。

21. 答:$M(T) = \dfrac{PN}{2\pi a} \phi I_A = \dfrac{2 \times 152}{2 \times 3.14 \times 1} \times 0.037\,8 \times 50 = 91.5$ Nm(10分)。

22. 答:(1)$I_A = I_L = \dfrac{U}{R_L} = \dfrac{220}{5} = 44$ A(5分)

$E_A = U + I_A R_A = 220 + 0.1 \times 44 = 224$ V(5分)。

23. 答:$T_N = \dfrac{P_N}{\sqrt{3} U_N \cos\phi_N \eta_N} = \dfrac{5 \times 10^3}{\sqrt{3} \times 380 \times 0.86 \times 0.8} = 11$ A(4分)

$S_N = \dfrac{n_1 - n_N}{n_1} = \dfrac{3\,000 - 2\,910}{3\,000} = 0.03$(2分)

$I_N = 9.55 \dfrac{P_N}{n_N} = 9.55 \dfrac{5 \times 10^3}{2\,910} = 16.4$ N•m(2分)

$T_M = \lambda T_N = 2 \times 16.4 = 32.8$ N•m(2分)。

24. 答:电动机的气隙偏大时,电动机的空载电流增大(2分),电机功率因数下降(2分),电机出力不足(2分)。气隙不均匀时,可能出现电机"扫膛"(2分),严重时会损坏定子绝缘(2分)。

25. 答:受元件反应的物理量的不同,继电器可分为电量的和非电量的两种(4分),属于非电量的有瓦斯继电器(1分)、速度继电器(1分)、温度继电器(1分)等。

　　属于电量的种类较多一般分为:(1)按动作原理分为:电磁型、感应型、整流型、晶体管型(1分);(2)按反应电量的性质有:电流继电器和电压继电器(1分);(3)按作用可分为:电间继电器、时间继电器、信号继电器等(1分)。

26. 答:(1)迅速动作,即迅速地切除故障,可以减小用户在降低电压的工作时间,加速恢复正常运行的过程(4分);

(2)迅速切除故障,可以减轻电气设备受故障影响的损坏程度(3分);

(3)迅速切除故障,能防止故障的扩展(3分)。

27. 答:为磁电系仪表由于永久磁铁产生的磁场方向不能改变(2分),所以只有通入直流电流才能产生稳定的偏转(2分),如在磁电系测量机构中通入交流电流,产生的转动力矩也是交变的(4分),可动部分由于惯性而来不及转动,所以这种测量机构不能用直流测量交流(2分)。(交流电每周的平均值为零,所以结果没有偏转,读数为零)。

28. 答:(1)材质(2分);(2)接触表面间的状态(2分);(3)机车运行速度(2分);(4)机车运行状态(2分);(5)牵引列车运行时,受翻车力矩的影响(2分)。

29. 答:系统发生故障时,基本特点是电流突增,电压突降(2分),以及电流与电压间的相位角发生变化(2分),各种继电保护装置正是抓住了这些特点,在反应这些物理量变化的基础上,利用正常与故障,保护范围内部与外部故障等各种物理量的差别来实现保护的,有反应电流升高而动作的过电流保护(2分),有反应电压降低的低电压保护,有既反应电流又反应相角改变的过电流方向保护(2分),还有反应电压与电流比值的距离保护等等(2分)。

30. 答:(1)当电网发生足以损坏设备或危及电网安全运行的故障时,使被保护设备快速脱离电网;(4分)(2)对电网的非正常运行及某些设备的非正常状态能及时发出警报信号,以便迅速处理,使之恢复正常(3分);(3)实现电力系统自动化和远动化,以及工业生产的自动控制(3分)。

31. 答:感应型电流继电器是反时限过流继电器,它包括感应元件和速断元件(2分),其常用型号为 GL-10 和 GL-20 两种系列,在验收和定期检验时,其检验项目如下:(1)外部检查;(1分);(2)内部和机械部分检查(1分);(3)绝缘检验(1分);(4)始动电流检验(1分);(5)动作及返回值检验(1分);(6)速动元件检验(1分);(7)动作时间特性检验(1分);(8)接点工作可靠性检验(1分)。

32. 答:(1)全数检验和抽样检验(2分);(2)计数检验和计量检验(2分);(3)理化检验与器官检验(2分);(4)破坏性检验与无损检验(2分);(5)验收性质的检验和监控性质的检验(2分)。

33. 答:过程能力指数表示过程能力满足技术标准(产品规格、公差)的程度,一般记为 PIC 或 C_P(6分)。当过程特性值的均值 μ 与公差中心 $M=(T_U-T_L)/2$ 不重合(即有偏差)时,需要加以修正,则有偏移的公差能力指数为 $C_{PK}=(1-K)C_P$(4分)。

34. 答:当知道 C_P 和 C_{PK} 后,可以按照以下思路调整(4分):(1)根据公式 $C_P=T/6S$,可知 C_P 的大小反映的是数据分布的离散程度,当 C_P 不足时,应在加工时保证制造时质量特性不要分散太大,尽量集中(3分)。(2)根据公式 $C_{PK}=(1-K)C_P$,K 是偏离度,当 C_P 满足要求后,尽量在制造过程中保证质量特性的平均值靠近公差带的中值(3分)。

35. 答:主要通则是对于新的量具或修理后和使用中的量具,必须鉴定合格后允许使用(1分);某些量具合格证书上标注的修正值,使用时,应根据测量精度在测量结果中加以修正(1分);使用量具前,应看量具是否经过周期检查,并对量具做外观和相互作用检查,不应有影响使用准确度的外观缺陷(1分);活动件应移动平稳,紧固装置应灵活可靠(1分);使用自制的内外卡钳,必须保证转轴松紧适度,卡爪不得有变形、扭曲和其他缺陷,以保证锻造中瞬间热测量的精度(1分);某些量具(如卡尺),使用前应校对零值,零值不正确应及时调整和修理(1分);测量前,应擦净量具的测量面和被测表面,防止铁屑、毛刺、油污等带来的测量误差(1分);冷测卡钳和钢板尺、卡尺等,绝不可用于测量热锻件,以防造成各类热损伤,影响以后测量精度(1分);量具使用中,不得乱丢、乱放和磕碰,特别是较精密的量具,用后随时放在专用的盒子里(1分);各种量具使用完后,都要擦拭干净,妥善放置(1分)。

电器产品检验工(高级工)习题

一、填 空 题

1. 大多数机器零件都可以看作由若干个( )体组成。

2. 常用的轴测图有正等测图和( )测图两种。

3. 由两个或两个以上的基本几何体构成的物体称为( )体。

4. 用剖切面完全地剖开零件所得的剖视图称为( )图。

5. 当直流电机各刷杆之间的距离不均匀时,电机将出现( )。

6. 焊接是采用( )加热,填充熔化金属或用加压等方法,将两块金属件联结在一起的一种方法。

7. 焊接是一种( )连接。

8. 实现互换性的基本条件是对同一规格的零件按( )制造。

9. 某一尺寸减其基本尺寸所得的代数差叫( )。

10. 允许尺寸的变动量叫( )。

11. 形状公差的垂直度用符号( )表示。

12. 位置公差是指( )对理想位置所允许的变动量。

13. 如图 1 所示:$U=$( )。

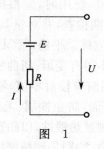

图 1

14. 如图 2 所示:$U_{AC}=$( ) V。

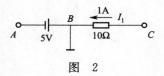

图 2

15. 写出磁路欧姆定律的表达式( )。

16. 磁阻的单位是( )。

17. 电容器在充放电过程中,电路中的电流、电压都是按( )规律变化。

18. 在 R-L 串联正弦交流电路中,有功功率总是( )视在功率。

19. 在 R-C 串联正弦交流电路中,测得 $U_R=4\ V$,$U_C=3\ V$,则电路的总电压为( )。

20. 在 R-C 串联正弦交流电路中,$R=4\ \Omega$,$X_C=4\ \Omega$,则 $\phi_{UI}=$( )。

21. 在 R-L-C 串联正弦交流电路中,若电源电压 220 V,而电路中的电流为 5 A,则电路中的总阻抗 $Z=$( )Ω。

22. 单相全波整流电路中,若变压器次级电压为 U_2,则整流输出的电压为( )。

23. 纯电感交流电路欧姆定律符号法表示形式为( )。

24. 纯电容交流电路欧姆定律符号法表示形式为( )。

25. 已知某对称三相电动势 U、V、W,其中 $e_v=220\sqrt{2}\sin(\omega t-30°)$,则 $e_U=$( )。

26. 对称三相电路总的有功功率 $p=\sqrt{3}UI\cos\phi$ 其中 U、I 均指( )电流。

27. 在输出电压平均值相等的情况下,三相半波整流电路中二极管承受的最高反向电压是三相桥式整流电路的( )倍。

28. 联锁控制就是指利用两只控制电器(接触器或按钮等)的常闭触头,分别串接在相应的接触器所控制的电路中,当其中一条支路工作时,保证另一条支路( )。

29. 位置开关是一种主电路实现转换,控制电路实现( ),以控制运动部件的位置或行程的控制电器。

30. 正投影的每一个视图,只能表达物体( )个方面的形状,缺乏立体感。

31. 用剖切面完全地剖开零件所得的剖视图称为( )图。

32. 装配图中,对于螺栓等紧固件及实心件,若按纵向剖切,且剖切平面通过其对称平面或轴线时,则这些零件均按( )绘制。

33. 间隙配合时,孔的公差带完全处于轴的公差带的( )。

34. 评定表面结构的基本参数是与( )有关的参数。

35. 按耐热性,绝缘材料可分为( )个级别。

36. 三相整流电路中,在某工作时间内,只有正极电位( )的二极管才导通。

37. 在输出电压平均值相等的情况下,三相半波整流电路中二极管承受的最高反向电压是三相桥式整流电路的( )倍。

38. 测量线路能把被测量转换为过渡量,并保持一定的( )关系及相位关系。

39. 电桥电路接通后,如果检流计的指针向"+"方向偏转,则需( )比较臂电阻。

40. ( )是用在焊接区造成保护气体使焊接缝金属不与空气接触的一种气电联合电弧焊。

41. 氩弧焊中氩气的纯度不应小于( )。

42. 三相交流电机的定子绕组习惯上又称为( )。

43. 根据三相交流电机的原理,要求三相绕组是( )。

44. 电机的故障可分为机械故障和( )两大类。

45. 直流电机不论采用单叠绕组还是单波绕组,其元件数都等于( )数,也等于虚槽数。

46. 一台 4 极直流电机采用单叠绕组,若一个元件断线,则电枢电势( )。

47. 直流电机采用单叠绕组,若一个元件断线,则输出电流将减少( )。

48. 将单叠绕组中理论上电位相等的"等位点"用导线连接起来,这样的连线称为( )

均压线。

49. 单叠绕组的均压线主要是为了消除或削弱（　　）的不平衡。

50. 采用改变定子绕组极数的方法调速的电动机称为（　　）异步电动机。

51. 型式试验时,绕组电阻需测量 3 次,取其三次的算术平均值作为测量结果,但任一次测量值之差不得超过算术平均值的（　　）。

52. 电机中带电部分与机壳、铁心等部件的绝缘被破坏叫做（　　）。

53. 当直流电机的中性位偏离时,电刷下将（　　）。

54. 直流电机转向的改变是通过改变励磁电流方向或改变（　　）电流方向来实现的。

55. 超速试验是电机在（　　）,以规定的超速转速运转两分钟。

56. 超速试验后,检查电机各转动部分,应无任何（　　）和影响正常运转的情况发生。

57. 匝间绝缘是指同一线圈的各个（　　）之间的绝缘。

58. 层间绝缘指线圈（　　）之间的绝缘。

59. 多速异步电动机的转子一般为（　　）结构。

60. 在绕线式异步电动机的转子绕组中,应用最广泛的绕组型式是（　　）绕组。

61. 磁性槽楔一般用于开口槽电机,以改善电机的（　　）。

62. 直流电机,电枢绕组在槽中的位置及引线头在换向片中的（　　）必须正确。

63. 真空压力浸漆设备中贮漆罐上应装有搅拌器,其作用主要是使绝缘漆的（　　）及黏度比较均匀。

64.（　　）处理的作用,就是把绝缘中所含潮气驱除,用漆或胶填满内层所有空隙和覆盖表面。

65. 绕组绝缘中的微孔和薄层间隙容易吸潮,使绝缘电阻（　　）。

66. 浸漆处理用的绝缘漆按用途可分为（　　）和覆盖漆。

67. 浸渍漆可分为（　　）漆和无溶剂漆两大类。

68. 真空压力浸漆过程中真空的作用是排除绝缘层中的（　　）和空气。

69. 真空压力浸渍过程中压力的作用是提高绝缘漆的（　　）。

70. 聚酰亚胺薄膜耐溶剂性能好,耐（　　）差。

71. 直流电机的电枢反应使发电机（　　）极端磁场削弱,后极端磁场增强。

72. 直流电机中换向极的作用是削弱电枢反应的（　　）轴磁势。

73. 直流电机采用对称绕组,电刷应安放在主磁极的（　　）上。

74. 当换向器偏心时,电刷与换向器的（　　）减小,引起换向不良。

75. 补偿绕组是避免（　　）有效的方法。

76. 直流电动机的电磁功率（　　）机械功率。

77. 电动机的机械特性表达式是（　　）。

78. 串励电动机的速率特性表达式是（　　）。

79. 所谓调速,就是在电动机的（　　）不变的条件下,改变电动机的转速。

80. 当（　　）的方向和电枢电流的方向同时改变时,直流电动机的旋转方向不变。

81. 在电动机切断电源后,采取一定的措施,使电动机迅速停车,称为（　　）。

82. 直流电动机气隙的大小将直接影响电机的（　　）。

83. 换向极铁心与电枢之间气隙称为（　　）。

84. 换向极铁心与机座之间的气隙称为(　　　)。

85. 直流牵引电动机的换向极气隙过大,则换向极补偿(　　　)。

86. 电刷与刷盒的间隙必须(　　　)。

87. 直流电机的换向器云母片或换向片凸出易造成(　　　)。

88. 三相异步电动机的铁损耗主要是指(　　　)。

89. 三相异步电动机的变极调速多用于(　　　)电动机。

90. 感应子励磁发电机的磁路应工作在(　　　)或弱饱和状态。

91. 感应子励磁发电机的电枢绕组和(　　　)都在定子铁心上。

92. 电动机的过载是指电动机定子绕组中的(　　　)超过额定值。

93. 星形接法的三相异步电动机,发生单相运行时(　　　)绕组烧坏。

94. 换向器表面出现有规律的灼痕时,多半是由(　　　)方面原因引起的。

95. 在电机耐压试验中,半成品的试验电压比成品的(　　　)。

96. 电机绕组的(　　　)对电机的绝缘有破坏作用,因此,只有在外观检查合格的半成品及绝缘电阻测定合格的成品才能进行耐压试验。

97. 随着电子技术的发展,交流调速中的(　　　)调速已引起人们的普遍关注。

98. 异步电动机的转矩公式为(　　　)。

99. 电枢绕组从槽中甩出,出现"扫膛",是由于(　　　)被甩出或绑扎带断裂引起的。

100. 直流电机主磁极的内径偏大时,电机转速将(　　　)。

101. 主磁极接头处搪锡质量较差时,将会使主极绕组的(　　　)。

102. 均压线排列不圆整造成引线错位绝缘损伤时,电枢绕组将产生(　　　)。

103. 测量电机绝缘电阻可用(　　　)进行。

104. 当绝缘漆的粘度较大时,其渗透能力(　　　),影响浸漆质量。

105. 正常压力情况下,F级绝缘的预烘温度为(　　　)。

106. 直流电动机额定功率是指轴上输出的(　　　)功率。

107. 型式试验的温升测定,通常在电机(　　　)下进行,测量各部件的持续温升。

108. 小时温升试验,电机通常按(　　　)运行,试验自冷态开始。

109. 电阻法测量温升是依据绕组的(　　　)随温度增加来确定绕组的温升的。

110. 绕组对地绝缘电阻是绕组对(　　　)的绝缘电阻。

111. 直流电动机正反转速率超差时,电刷应顺(　　　)的方向调整。

112. 直流电机换向器的升高片与引线头焊接不良,严重时将造成(　　　)。

113. 最大极限尺寸减去其基本尺寸所得的代数差为(　　　)。

114. 位置公差符号"//"表示(　　　)。

115. 电机磁路较饱和时,电枢反应将使合成磁场的磁通较空载时(　　　)。

116. 调质处理的工艺安排,一般应安排在(　　　)之后。

117. 测量1Ω以下的电阻,如果要求精度高,应选用(　　　)。

118. 最常用的接近开关为(　　　)。

119. 机车的控制是靠(　　　)实现的。

120. 位置开关是一种将(　　　)信号转换为电气信号以控制运动部件的位置或行程的控制电器。

121. 使用气动工具时要检查连接口的（　　）。

122. 电力机车的蓄电池组工作时是将（　　）转变为电能释放出来。

123. 直流电磁铁线圈励磁电流的大小与衔铁的运动过程无关，而仅取决于线圈的电阻和加在线圈上的（　　）。

124. 电弧是气体放电的一种形式，也就是气体绝缘状态变成了导电状态；触头虽然是分开的，电流却（　　），电路并没有真正断开。

125. 逆变器的作用是把（　　）电压变成固定的或可调的交流电压。

126. 如果电器中的金属材料和绝缘材料温度过高，超过一定范围后，绝缘材料会迅速老化，甚至引起绝缘击穿，造成（　　）事故。

127. 裸铝线用作接地线时，严禁（　　）。

128. 照明线路绝缘电阻降低的因素主要是（　　）引起的。

129. 理想电压源不能短路，否则电流会变为无限大；理想电流源不能开路，否则电压会变为（　　）。

130. 整流器的作用是把（　　）电压变为固定的或可调的直流电压。

131. 电空类电器在风管接头处通常采用（　　）进行密封。

132. 我国的安全电压等级中绝对安全电压是（　　）。

133. 在机车电器耐压试验中，被试品应（　　）与其他设备的连线，并保持足够的安全距离，距离不够时应考虑加设绝缘挡板或采取其他防护措施。

134. 在机车运行中的电压互感器二次侧严禁（　　）。

135. 电子线路中，放大器的输入电阻越（　　），就越能从前级信号源获得较大的电信号。

136. 在多台电动机控制电路中，要求一台电动机启动后另一台电动机才能起动的控制方式称为电动机的（　　）。

137. 焊缝表面凹陷用辅助符号（　　）表示。

138. B 级绝缘材料最高允许温升为（　　）。

139. 节点电压法就是以节点电压为未知量，求出节点电压，再根据（　　）定律分别求出各支路电流。

140. 在 R-C 串联交流电路中，电路中的总阻抗随电源的频率增大而（　　）。

141. 牵引电机换向器压圈的材质是（　　）。

142. 注射工序所用的是热塑性塑料，在注射前，要进行（　　）和干燥。

143. 电器的试验分为：例行试验、型式试验、装车运行试验、（　　）。

144. 公制长度以（　　）为基本计量单位。

145. 极限尺寸是允许（　　）变化的两个界限值。

146. 三爪内径千分尺是一种具有活动量爪而能直接测量内孔的精密量具，其读数精度为（　　）。

147. 算术平均值也是随机变量，它是总体平均值的估计值，当测量次数较多时，它就等于总体平均值，即（　　）值。

148. 真值减去测量值是修正值，修正值的大小等于（　　），但符号相反。

149. 相对误差等于（　　）除以真值。

150. 测量结果的重复性是在（　　）下，对同一被测量物进行连续多次测量所得结果之间的一致性。

151. 专检是由（　　）检验员对产品质量进行检验。

152. 内径千分尺应尽可能选用（　　）数量的延长杆来组成所要求的尺寸,以减少累积误差。

153. 通用量具使用前要先（　　）。

154. 对产品、原材料等的检验通常有两种方法:全数检验和（　　）。

155. 形状公差带的大小一般是指形位公差带的直径和（　　）。

156. 当电机换向不良时,将在换向器和电刷之间（　　）。

157. 电动机电气制动的方法有能耗制动、反接制动和（　　）制动。

158. 串励直流电动机,当转速随转矩发生变化时,（　　）基本不变。

159. 把相同速率特性的直流电动机装在同一台机车上,是为使每台电机的（　　）相同。

160. 直流电机校正中性位的目的是为了保证电机获得最佳（　　）效果。

161. 检查试验所需仪表的精度等级均不得低于（　　）级。

162. 进行无火花换向区域试验的目的是判断（　　）的补偿情况。

163.（　　）是质量管理的一部分,致力于增强满足质量要求的能力。

164. 全面质量管理的思想以（　　）为中心。

165. 标志着质量管理从单纯事后检验进入检验预防阶段的是（　　）。

166.（　　）是质量管理的基本原则,也是现代营销管理的核心。

167. 有效决策建立在（　　）的基础上。

168. 一个组织产品生产流水线的下道工序操作者是（　　）。

169. 实现产品的质量特性是在（　　）中形成的。

170. 质量检验具有的功能是鉴别、（　　）、预防和报告。

171. 根据技术标准、产品图样、作业规程或订货合同的规定,采用相应的检测方法观察、试验、测量产品的质量特性,判定产品质量是否符合规定的要求,这是质量检验的（　　）功能。

172. 在质量检验的准备工作中,要熟悉规定要求,选择检验方法,制定（　　）。

173. 检验的工作范围有局限性,一般检验工具比较简便,精度要求不很高,这类检验属于（　　）。

174. 电子元器件的寿命检验属于（　　）。

175.（　　）是指检验后被检样品不会受到损坏或者消耗,但对产品质量不发生实质性影响,不影响产品的使用。

176. 若过程处于统计控制状态,工序能力指数为 $C_{PK}=1$,则控制图中的点子不能超出上、下控制限的概率是（　　）。

177. 贯彻（　　）原则是现代质量管理的一个特点。

178. 统计过程控制中可以用来识别异常因素的是（　　）。

179. 控制图是对（　　）进行测定、记录、评估和监察过程是否处于统计控制状态的一种用统计方法设计的图。

180. 控制图的作用是（　　）。

181. 用来区分合格与不合格的是（　　）。

182. 控制机加工产品的控制图是(　　　)。

183. 设某一过程的 $C_P = C_{PK} = 1$，则它代表的合格品率为(　　　)。

184. 控制图常用来发现产品质量形成过程中的(　　　)。

185. 质量改进的重点是(　　　)。

186. 在质量改进过程中，如果现状分析用的是排列图，确认效果是必须用(　　　)。

187. 在排列图中矩形的高度表示(　　　)。

188. 数据的基本信息，例如分别的形状、中心位置、散布大小等，可以使用(　　　)来显示。

189. 导致过程或产品问题的原因可能有很多因素，通过对这些因素进行全面系统地观察和分析，可以找出其因果关系的一种简单易行的方法是(　　　)。

190. 排列图是为了对发生频次从(　　　)的项目进行排列而采用的简单图技术。

191. 在质量改进活动中，常常要分析研究两个相应变量是否存在相关关系时用(　　　)。

192. 在质量改进中，控制图常用来发现过程的(　　　)，起"报警"作用。

二、单项选择题

1. 形位公差中的圆度公差带是(　　　)。
(A)圆　　　　　　　　　　　　(B)圆柱体
(C)两同心圆之间的区域　　　　(D)圆柱面

2. 产品能否达到预定的标准，能否长期稳定，取决于(　　　)。
(A)辅助生产过程　　　　　　　(B)设计研究过程
(C)质量检验过程　　　　　　　(D)生产过程的质量管理

3. 圆柱是(　　　)立体。
(A)平面　　　　　　　　　　　(B)曲面
(C)平面与曲面混合　　　　　　(D)平面与曲线混合

4. 如果仍然在平行投影的条件下，适当改变物体与投影面的相对位置或者另外选择倾斜的投影方向，就能在一个投影面中同时反映物体的长、宽、高，三个方向的尺寸和形状，从而得到有立体感的图形，这种图形称为(　　　)。
(A)主视图　　　(B)斜测图　　　(C)剖面图　　　(D)轴测图

5. 正等测的轴间角是(　　　)。
(A)90°　　　(B)120°　　　(C)180°　　　(D)45°

6. 由几个基本几何体叠加而成的组合体，它的组合形式为(　　　)形。
(A)切割　　　(B)叠加　　　(C)综合　　　(D)剖割

7. 当两形体的表面相切时，在相切处(　　　)画直线。
(A)应该　　　(B)不应该　　　(C)画不画均可　　　(D)无法判断

8. 用剖切面局部地剖开零件所得的剖视图称为(　　　)剖视图。
(A)全　　　(B)半　　　(C)局部　　　(D)1/4

9. 移出剖面图的轮廓线用(　　　)线绘制。
(A)粗实　　　(B)细实　　　(C)局部　　　(D)虚线

10. 草图上的竖线(　　　)连续画出。
(A)自下而上　　　(B)自上而下　　　(C)随便方向　　　(D)自左向右

11. 装配图中假想画法指的是当需要表示某些零件运动范围和极限位置时,可用(　　)线画出该零件的极限位置图。

(A)粗实　(B)细实　(C)虚　(D)双点划

12. 相邻两零件的接触面和配合面间只画(　　)条直线。

(A)4　(B)2　(C)3　(D)1

13. 焊缝符号“◡”表示(　　)焊接。

(A)工形　(B)封底　(C)角　(D)半圆

14. 三角形负载连接的电路中,线电压(　　)相电压,线电流(　　)相电流。

(A)等于,等于　(B)等于,等于$\sqrt{3}$倍

(C)等于$\sqrt{3}$倍,等于　(D)等于$\sqrt{3}$倍,等于$\sqrt{3}$倍

15. 具有互换性的零件应是(　　)。

(A)形状和尺寸完全相同的零件　(B)不同规格的零件

(C)相互配合的零件　(D)相同规格的零件

16. 公差的大小等于(　　)。

(A)实际尺寸减基本尺寸　(B)上偏差减下偏差

(C)最大极限尺寸减实际尺寸　(D)最小极限尺寸减实际尺寸

17. 尺寸的合格条件是(　　)。

(A)实际尺寸等于基本尺寸　(B)实际偏差在公差范围内

(C)实际偏差在上、下偏差之间　(D)实际尺寸在公差范围内

18. 兆欧表的标度尺刻度为(　　)。

(A)均匀的　(B)不均匀的

(C)随型号不同而刻度不同　(D)以 100 Ω 为一格

19. 当轴的下偏差大于相配合的孔的上偏差时,此配合的性质是(　　)。

(A)间隙配合　(B)过渡配合　(C)过盈配合　(D)无法确定

20. “$\overset{3.2}{\bigtriangledown}$”表示的是(　　)$\mu$m。

(A)R_a 大于 3.2　(B)R_z 不大于 3.2　(C)R_y 不大于 3.2　(D)R_a 不大于 3.2

21. 表面结构的评定参数有 R_a、R_y、R_z,优先选用(　　)。

(A)R_a 和 R_y　(B)R_y　(C)R_z　(D)R_a

22. 形状公差符号“○”表示(　　)。

(A)圆跳动　(B)同轴度　(C)圆柱度　(D)圆度

23. 测量绝缘电阻时,必须将被试品对地或两极间(　　),以保证人身、仪器安全和提高测量准确度。

(A)充满电　(B)部分放电　(C)部分充电　(D)充分放电

24. 我们常说的 E 级绝缘材料,最高允许工作温度为(　　)。

(A)90 ℃　(B)130 ℃　(C)120 ℃　(D)180 ℃

25. 在下列整流电路中,输出直流电压波动最小的是(　　)。

(A)单相桥式整流　(B)三相半波整流　(C)单相半波式　(D)三相桥式整流

26. 如图 3 所示:I_1=3 A,I_2=2 A,I_4=4 A,则 I_3=(　　)。

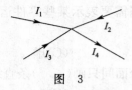

图 3

(A)1 A　　　　　(B)−1 A　　　　　(C)9 A　　　　　(D)−9 A

27. 如图 4 所示：AB 两点间的电压为(　　)。

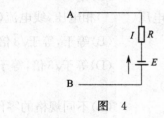

图 4

(A)$U_{AB}=IR+E$　(B)$U_{AB}=IR-E$　(C)$U_{AB}=-IR-E$　(D)$U_{AB}=-IR+E$

28. 如图 5 所示：就 AB 两点的电位，下列说法正确的是(　　)。

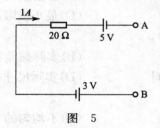

图 5

(A)$\phi A>\phi B$　　　(B)$\phi A=\phi B$　　　(C)$\phi A<\phi B$　　　(D)无法确定

29. 电源的端电压 U 与输出电流 I 之间的关系为(　　)。

(A)$U=E-Ir$　　(B)$U=E+Ir$　　(C)$U=-E-Ir$　　(D)$U=-E+Ir$

30. 用万用表进行高电压测试时，两表笔使用应(　　)。

(A)同时接触被测端

(B)先将黑表笔接低电位，再用红表笔接高电位

(C)先将红表笔接高电位、再用黑表笔接低电位

(D)以上表述均不正确

31. 如图 6，已知：$E_1=40$ V，$E_2=5$ V，$E_3=25$ V，$R_1=5$ Ω，$R_2=R_3=10$ Ω，则节点电压 $U=($　　$)$。

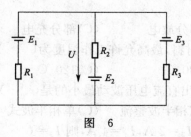

图 6

(A)12.5 V　　　　　(B)15 V　　　　　(C)27.5 V　　　　　(D)−15 V

32. 如图7,已知:二端网络的开路电压U_{AB}=(　　　)。

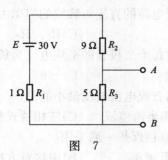

图　7

(A)20 V　　　　　(B)15 V　　　　　(C)30 V　　　　　(D)10 V

33. 电路如图8所示,在 A、B 间接入(　　　)电阻,它可以从电源中获取最大功率。

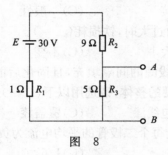

图　8

(A)10 Ω　　　　　(B)15 Ω　　　　　(C)5 Ω　　　　　(D)$\dfrac{10}{3}$ Ω

34. 在 R-L 串联正弦交流电路中,电路中的总阻抗随电源的频率增大而(　　　)。
(A)无法确定　　　(B)减小　　　(C)不变　　　(D)增大

35. 在 R-C 串联正弦交流电路中,电路中的总阻抗随电源的频率增大而(　　　)。
(A)增大　　　　　(B)减小　　　(C)不变　　　(D)无法确定

36. 在复杂电路中,有 n 个节点,m 条支路,就可列(　　　)个独立电压方程。
(A)n 个　　　(B)m 个　　　(C)$(m+n)$个　　　(D)$m-(n-1)$个

37. R-L-C 串联交流电路中的功率因数等于(　　　)。
(A)$\dfrac{U_R}{U}$　　　(B)$\dfrac{U}{U_R+U_L+U_C}$　　　(C)$\dfrac{U}{U_L}$　　　(D)$\dfrac{U_L-U_C}{U}$

38. 在 R-L-C 串联交流电路中,端电压与电流的矢量图如图9所示,这个电路是(　　　)。

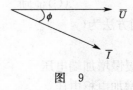

图　9

(A)电阻性电路　　　(B)容性电路　　　(C)纯电感电路　　　(D)感性电路

39. 同一三相对称负载接在同一电源上,三角形联接有功功率等于星形联接时有功功率的（　　　）。

(A)2 倍　　　　　(B)$\sqrt{3}$ 倍　　　　　(C)3 倍　　　　　(D)1/3 倍

40. 在电子电路中,固定偏置电路的直流负载线的斜率由（　　　）决定。

(A)R_B　　　　　(B)R_C　　　　　(C)$R_L//R_C$　　　　　(D)R_L

41. 三相桥式整流电路,流过每个二极管的平均电流为负载电流的（　　　）倍。

(A)1/2　　　　　(B)1/3　　　　　(C)1/6　　　　　(D)1

42. 在下列整流电路中,输出直流电压波动最小的是（　　　）。

(A)单相桥式整流　　(B)三相半流整流　　(C)三相桥式整流　　(D)单相半波整流

43. 两个接触器控制电路的联锁保护一般采用（　　　）。

(A)串接对方控制电器的常开触头　　　　　(B)串接对方控制电器的常闭触头

(C)串接自己的常开触头　　　　　(D)串接自己的常闭触头

44. 用直流单臂电桥测电阻,属于（　　　）测量。

(A)直接　　　　　(B)间接　　　　　(C)一般性　　　　　(D)比较

45. 对于导磁零件,切削应力过大时,铁损耗（　　　）。

(A)减小　　　　　(B)增大　　　　　(C)不变　　　　　(D)无法确定

46. 某种漆能将电机电器的线圈的间隔填充,且固化后能在被浸漆物的表面形成连续平整的漆膜,并使之黏化成一个坚硬的整体,请选用以下（　　　）。

(A)硅钢片漆　　　　(B)漆包线漆　　　　(C)覆盖漆　　　　(D)浸渍漆

47. 三相桥式整流电路,流过每个二极管的平均电流为负载电流的（　　　）。

(A)1/2　　　　　(B)1/3　　　　　(C)1/6　　　　　(D)1/5

48. 基本放大电路 RC 减小时,放大器的输出电压将（　　　）。

(A)增大　　　　　(B)无法判断　　　　　(C)不变　　　　　(D)减小

49. 异步电动机电磁转矩的公式（　　　）。

(A)与直流电动机转矩公式相似　　　　　(B)与直流电动机转矩公式不相似

(C)与直流电动机转矩公式根本不同　　　(D)与直流电动机转矩公式相同

50. 真空情况下,我们常说的 F 级绝缘的预烘温度为（　　　）。

(A)30～140 ℃　　(B)150～165 ℃　　(C)170～175 ℃　　(D)80～110 ℃

51. 下面属于直流电机出厂试验项目的是（　　　）。

(A)长时温升　　　　(B)效率　　　　(C)超速和换向　　　　(D)短时升温

52. 电机的效率总是（　　　）。

(A)大于 1　　　　　(B)小于 1　　　　　(C)等于 1　　　　　(D)无法判断

53. 牵引电动机一般采用（　　　）电动机。

(A)串励　　　　　(B)并励　　　　　(C)他励　　　　　(D)复励

54. 直流电动机空载启动的正确方法为（　　　）。

(A)直接加额定电压

(B)串接好串励绕组,然后从零缓慢增加端电压

(C)先加励磁电流,再从零缓慢增加电枢电压

(D)先加电枢电压

55. 由伏安法测量绕组电阻时,测量电流不能大于（　　　）。

(A)10 A   (B)5％额定电流

(C)5％额定最大电流   (D)10％额定电流

56. 他励直流电动机在启动时,不得把(　　)直接加到电枢上去。

(A)励磁电流   (B)电枢电压

(C)电动机额定电压   (D)电枢电流

57. 为了获得较大的起动转矩,通常规定直流电动机启动时电流不得大于其额定电流的(　　)。

(A)1～2 倍   (B)1.5～2.5 倍   (C)2～3 倍   (D)3～5 倍

58. 直流电机的电枢绕组电阻一般很小,若直接启动,将产生较大的(　　)。

(A)启动转矩   (B)励磁电流   (C)电磁转矩   (D)启动电流

59. 并励直流电动机在启动时,励磁绕组两端电压必须保证为(　　)电压。

(A)额定   (B)最大   (C)最小   (D)稳定

60. 在要求有大的启动转矩且能恒功率的场合,如起重机、吊车、电传动机车等宜采用(　　)电动机。

(A)他励   (B)并励   C 串励   (D)复励

61. 串励电动机相对于他励和并励电动机,有较大的(　　),启动性能较好。

(A)启动电流   (B)启动电压   (C)启动转矩   (D)启动功率

62. 额定电压为 380 V 的三相电动机的电动机及各种低压电动机,冷态时其绝缘电阻至少(　　)。

(A)5 MΩ   (B)2 MΩ   (C)1 MΩ   (D)0.5 MΩ

63. 牵引电机换向片的含银量是(　　)。

(A)0.01％～0.07％   (B)0.08％～0.15％

(C)0.15％～0.23％   (D)0.23％～0.3％

64. 直流电机磨刷后,电刷与换向器的接触面积应达到(　　)以上。

(A)1/4   (B)1/3   (C)1/2   (D)2/3

65. 当使用两个吊环吊运工件时,两吊环间夹角不得大于(　　)。

(A)50°   (B)60°   (C)70°   (D)80°

66. 气动扳手气动前在进气口注入少量润滑油(　　)运转几秒钟。

(A)起动一次   (B)不起动   (C)断续起动   (D)频繁起动

67. 气动工具连续使用时每 2～3 h 加(　　)一次。

(A)10# 机油   (B)钙基润滑油   (C)0# 柴油   (D)煤油

68. 低压开关一般为(　　)。

(A)非自动切换电器   (B)自动切换电器

(C)半自动切换电器   (D)手动切换器

69. 直流牵引电动机采用的电刷为(　　)。

(A)石墨电刷   (B)电化石墨电刷   (C)金属石墨电刷   (D)磁粉石墨

70. 交流接触器铁心中短路环的作用是(　　)。

(A)消除铁心振动   (B)增大铁心磁通

(C)减缓铁心冲击   (D)减小触头磨损

71. 直流接触器中常垫以非磁性垫片,其目的是(　　)。
(A)减少剩磁影响　　　　　　　　　(B)减小吸合时电流
(C)增大剩磁影响　　　　　　　　　(D)增大吸合时电流

72. 热继电器中的双金属片弯曲是由于(　　)。
(A)机械强度不同　　　　　　　　　(B)热膨胀系数不同
(C)温差效应　　　　　　　　　　　(D)动作机构不同

73. Y-Δ 降压启动只适用于在正常运行时定子绕组作(　　)联接的电动机。
(A)星形　　　　(B)Y 形　　　　(C)星形-三角形　　　　(D)三角形

74. 异步电动机 Y-Δ 降压启动时,每相定子绕组上的启动电流是正常工作电流的
(　　)。
(A)$\sqrt{3}$ 倍　　　　(B)$1/\sqrt{3}$ 倍　　　　(C)$1/3$ 倍　　　　(D)$1/\sqrt{2}$ 倍

75. 硬支承结构动平衡机的两支承调整应通过(　　)进行测量。
(A)感官　　　　(B)钢板尺　　　　(C)水平仪　　　　(D)平衡测量仪

76. 要检测某一转子的不平衡量应先确定转子的(　　)。
(A)几何尺寸　　　　(B)转子重量　　　　(C)几何形状　　　　(D)长度

77. 三相异步电动机与三相同步发电机的电枢绕组,(　　)。
(A)具有相同的构成原则
(B)一个产生旋转磁场,一个产生三相交流电,所以构成原则不同
(C)由于发电机和电动机的电磁过程不同,所以构成原则不同
(D)没有可比性

78. 单叠和单波绕组的主要特点是(　　)。
(A)$Y=Y_K=\pm 1, Y=Y_K=\dfrac{K\pm 1}{p}$　　　　(B)$Z_u=S=K$

(C)$Y=Y_K=\pm 2, Y=Y_K=\dfrac{K\pm 1}{p}$　　　　(D)$Y_1=\dfrac{Z_u}{2p}$

79. 单叠绕组多采用(　　)绕组。
(A)左行　　　　(B)右行　　　　(C)单相　　　　(D)多相

80. 叠绕组主要用于(　　)的直流电机中。
(A)高电压,小电流　　　(B)小电流　　　(C)低电压,小电流　　　(D)大电流

81. 波绕组主要用于(　　)的直流电机中。
(A)高电压,小电流　　　(B)高电压,大电流　　　(C)低电压,小电流　　　(D)低电压

82. 单叠绕组采用对称元件时,电刷应安放在(　　)。
(A)换向极的轴线上　　　　　　　　(B)主磁极的轴线上
(C)相邻两主磁极的分界线上　　　　(D)主磁极与换向极的分界线上

83. 一台 $2p=4$ 的单叠绕组若有一个元件断线,则输出电流为原来的(　　)。
(A)1/4　　　　(B)1/2　　　　(C)3/4　　　　(D)1

84. 一台 4 极直流电机,采用单叠绕组,若一个元件断线,则输出功率减小(　　)。
(A)1/2　　　　(B)0　　　　(C)1/3　　　　(D)1/4

85. 一台 4 极直流电机,采用单叠绕组,若去掉相邻的两组电刷,则输出功率(　　)。

(A)减小 1/2　　　　(B)减小 1/4　　　　(C)减小 1/3　　　　(D)增大 1/4

86. 单叠绕组加装均压线后,削弱或消除了(　　)的不平衡,改善了换向。

(A)磁　　　　　　　(B)电　　　　　　　(C)电和磁　　　　(D)电或磁

87. 单叠绕组的均压线节距为(　　)。

(A)$Y_P=\dfrac{K-1}{p}$　　(B)$Y_P=\dfrac{Z_u}{2p}-\varepsilon$　　(C)$Y_P=\dfrac{K}{p}$　　(D)$Y_P=\dfrac{K}{2p}$

88. 单波绕组采用对称元件时,电刷应安放在(　　)。

(A)换向极的轴线上　　　　　　　　　(B)主磁极与换向极的分界线上

(C)相邻两主磁极的分界线上　　　　　(D)主磁极的轴线上

89. 一台 $2p=4$ 的单波绕组,若有一个元件断线,则输出电流为原来的(　　)。

(A)1/4　　　　　　　(B)1/2　　　　　　(C)3/4　　　　　　(D)1

90. 一台 4 极直流电机,采用单波绕组,若一个元件断线,则输出功率(　　)。

(A)减小 1/2　　　　(B)减小 1/4　　　　(C)减小 1/3　　　　(D)为 0

91. 单波绕组理论上电位相等的"等位点"为(　　)个。

(A)$\dfrac{K}{2p}$　　　　　(B)$\dfrac{K}{p}$　　　　　(C)0　　　(D)2

92. 如图 10 所示中,当端部连线由图 A 变为图 B 时,电机的磁极数为(　　)。

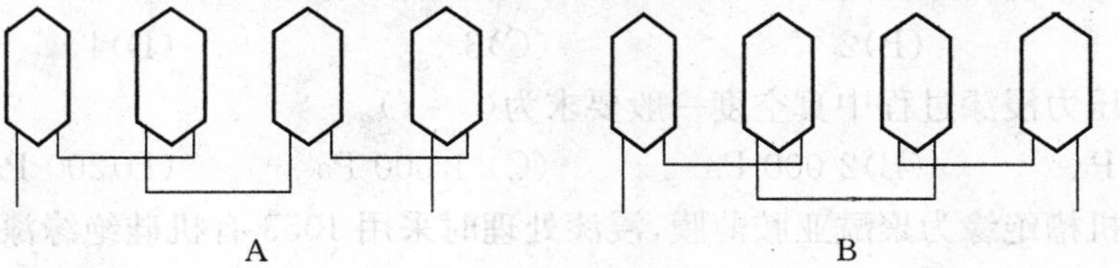

图　10

(A)6 极　　　　　　(B)4 极　　　　　　(C)8 极　　　　　　(D)2 极

93. 正弦绕组的主(工作)绕组和副(启动)绕组应互差(　　)电角度。

(A)60°　　　　　　(B)30°　　　　　　(C)120°　　　　　(D)90°

94. 异步电动机定子三相绕组通入对称三相交流电,则将产生一个(　　)。

(A)圆形旋转磁场　　(B)脉振磁场　　　　(C)椭圆磁场　　　(D)三角形磁场

95. 绕组在嵌装过程中,(　　)绝缘最容易受机械损伤。

(A)鼻部　　　　　　(B)端部　　　　　　(C)槽底　　　　　(D)槽口

96. 交流绕组和直流绕组的基本区别是(　　)。

(A)直流绕组为闭合绕组,而交流绕组可为开启式绕组

(B)直流绕组产生直流电,而交流绕组产生交流电

(C)直流绕组与换向片相连,而交流绕组与滑环相连

(D)直流绕组与交流绕组没有区别

97. 笼形异步电动机在运行时,转子导体有电动势及电流存在,转子导体与转子铁芯之间
(　　)。

(A)需用绝缘材料绝缘　　　　　　　(B)不需绝缘

(C)需浸绝缘漆　　　　　　　　　　(D)都可以

98. Y连接的三相异步电机,用指南针法判断极相组接线时,若接线正确,则指南针( )。

(A)指向一致　　　　　　　　　　(B)相邻两极相一致

(C)指向间隔交替　　　　　　　　(D)不能确定

99. 真空压力浸漆设备中冷凝器的工作原理是( )。

(A)降低输漆过程中的漆温　　　　(B)降低回漆过程中的漆温

(C)冷凝抽真空过程中的溶剂　　　(D)冷凝加压过程中高压风中的水分

100. 液环泵工作中油温要求( )。

(A)20~30 ℃　　(B)30~40 ℃　　(C)50~60 ℃　　(D)70~80 ℃

101. 真空压力浸漆设备运行的电源电压是( )。

(A)36 V 以下　　(B)110 V　　　(C)220 V　　　(D)380 V

102. 烘干的绝缘漆其导热率为( )。

(A)0.14~0.16 W/(m・℃)　　　　(B)0.2~0.5 W/(m・℃)

(C)0.025~0.03 W/(m・℃)　　　　(D)0.14~0.15 W/(m・℃)

103. 在高湿度(80%~95%相对湿度)下工作的电机,有溶剂漆一般浸( )次。

(A)2　　　　　　(B)5　　　　　　(C)4　　　　　　(D)3

104. 在正常湿度(相对湿度不大于70%),无溶剂漆一般浸( )次。

(A)1　　　　　　(B)2　　　　　　(C)3　　　　　　(D)4

105. 真空压力浸漆过程中真空度一般要求为( )。

(A)5 000 Pa　　(B)2 000 Pa　　(C) 1 000 Pa　　(D)200 Pa

106. 某电机槽绝缘为聚酰亚胺薄膜,浸漆处理时采用1053有机硅绝缘漆,则该部件经处理后的耐热等级为( )。

(A)B 级　　　　　(B)F 级　　　　　(C)H 级　　　　　(D)C 级

107. 某电机槽绝缘为聚酯薄膜,浸漆处理时采用1032绝缘漆,则该部件经处理后的耐热等级为( )。

(A)A 级　　　　　(B)E 级　　　　　(C)B 级　　　　　(D)F 级

108. 电枢绕组匝间短路通常用( )检查。

(A)工频机组　　　(B)低频机组　　　(C)高频机组　　　(D)中频机组

109. 直流电机的电枢反应,使气隙磁场的分布发生畸变,将造成( )。

(A)换向困难　　　　　　　　　　(B)物理中性线顺电枢转向移动

(C)物理中性线逆电枢转向移动　　(D)电机损坏

110. 换向元件中的电抗电势 ( )。

(A)由电枢反应电势和自感电势组成;其性质为阻碍换向

(B)由电枢反应电势和互感电势组成;其性质为帮助换向

(C)由自感电势和互感电势组成;其性质为帮助换向

(D)由自感电势和互感电势组成;其性质为阻碍换向

111. 换向极的作用是抵消或削弱( )。

(A)电枢反应横轴磁势　　　　　　(B)电枢反应纵轴磁势

(C)主磁极的磁势　　　　　　　　(D)补偿绕组的磁势

112. 换向元件中的电枢反应电势是切割(　　)而产生的。
(A)主磁场　　　　(B)换向极磁场　　　　(C)电枢磁场　　　　(D)副磁场

113. 换向元件中的换向电势是切割(　　)而产生的。
(A)主磁场　　　　(B)换向极磁场　　　　(C)电枢磁场　　　　(D)副磁场

114. (　　)使电刷与换向器的接触面积减小,引起换向不良。
(A)换向器偏心　　　　　　　　(B)换向极气隙不均匀
(C)电刷压力过大　　　　　　　(D)电刷压力过小

115. 当移动刷架圈时,火花没有明显变化的火花为(　　)。
(A)电气火花　　　　(B)电感火花　　　　(C)电磁火花　　　　(D)机械火花

116. 当逆电动机的转向移动电刷时,电枢反应的纵轴磁势对主磁极(　　)。
(A)起助磁作用　　(B)无法判断　　　(C)没有影响　　　(D)起去磁作用

117. 补偿绕组主要是削弱或消除(　　)。
(A)换向区域内的交轴电枢磁势　　　(B)换向极的磁势
(C)主磁极的磁势　　　　　　　　　(D)换向区域外的电枢磁势

118. 直流发电机的空载损耗主要与(　　)有关。
(A)电枢电流的大小　　　　(B)励磁电流的大小
(C)电枢转速的高低　　　　(D)电枢压力的大小

119. 串励电动机的转矩特性曲线为(　　)。

120. 直流牵引电动机当转速随转矩发生变化时(　　)基本不变。
(A)电流　　　　(B)功率　　　　(C)转矩　　　　(D)电压

121. 串励电动机的机械特性曲线是(　　)。
(A)直线　　　　(B)抛物线　　　　(C)近似双曲线　　　　(D)椭圆

122. 直流电动机与交流电动机比较,(　　)。
(A)启动转矩小,启动电流大　　　　(B)启动转矩大,启动电流小
(C)启动转矩大,调速范围大　　　　(D)启动转矩小,启动电流小

123. 直流电动机加上额定电压时,其启动电流的大小取决于(　　)。
(A)负载转矩　　(B)电枢电压　　(C)励磁回路电阻　　(D)电枢回路电阻

124. 并励电动机在电枢回路中串接电阻调速时,机械特性(　　)。
(A)变硬　　　　(B)变软　　　　(C)基本不变　　　　(D)无法判断

125. 并励电动机改变端电压调速时,机械特性的硬度(　　)。

(A)变硬　　　　　(B)变软　　　　　(C)基本不变　　　　(D)无法判断

126. 串励电动机在负载转矩不变时,磁通减少20%,则电枢电流增加(　　　)。

(A)20%　　　　　(B)25%　　　　　(C)15%　　　　　　(D)10%

127. 串励电动机在负载转矩不变时,电枢电压提高20%,则转速提高(　　　)。

(A)20%　　　　　(B)25%　　　　　(C)15%　　　　　　(D)10%

128. 当保持励磁电流方向不变,改变(　　　)时,直流电动机的转向与原来相反。

(A)励磁绕组的接法　　　　　　　　(B)电枢电流方向

(C)换向极磁场的方向　　　　　　　(D)换向极磁场的疏密

129. 当改变电枢电流的方向使直流电动机反转时,电机的换向条件将(　　　)。

(A)变好　　　　　(B)变差　　　　　(C)不变　　　　　　(D)不确定

130. 直流电动机反接制动时,为了限制电枢电流,通常采用的方法是(　　　)。

(A)在电枢回路串电阻　　　　　　　(B)励磁回路串电阻

(C)降低电枢电压　　　　　　　　　(D)励磁回路并电阻

131. 采用单叠绕组的电动机的主磁极气隙不均匀时,(　　　)。

(A)支路电势会不平衡,但不影响换向　(B)支路电势不受影响,影响换向

(C)支路电势不平衡,换向条件变差　　(D)支路电势平衡,换向条件无改变

132. 采用单波绕组的直流电机,当主磁极气隙增大时,(　　　)。

(A)电枢电势减小　(B)电枢电势增大　(C)电枢电势不变　(D)无法判断

133. 直流电机的主磁极极间距离偏差过大时,电机(　　　),电机的中性区宽度(　　　)。

(A)转速升高、变大　　　　　　　　(B)磁路不对称、发生变化

(C)转速升高、变小　　　　　　　　(D)磁路不对称、变大

134. 直流电机主磁极不垂直度偏差过大时,电机(　　　)。

(A)转速升高　　　(B)转速偏低　　　(C)换向区域变窄　(D)换向区域变宽

135. 换向极内径偏大时,换向极补偿(　　　)。

(A)偏弱　　　　　(B)偏强　　　　　(C)不变　　　　　　(D)无法判断

136. 换向极同心度偏差过大时(　　　)。

(A)换向极磁场不对称　　　　　　　(B)电机转速不稳定

(C)各支路电势不平衡　　　　　　　(D)换向极磁场不对称,影响换向

137. 感应子励磁发电机磁通的利用率(　　　)。

(A)100%　　　　　(B)等于50%　　　(C)小于50%　　　(D)大于50%

138. 当电动机的绕组为三角形接法时,发生单相运行(　　　)绕组烧坏的可能性最大。

(A)三相　　　　　(B)二相　　　　　(C)一相　　　　　　(D)一相和三相

139. 定子绕组为Y接的三相异步电动机,检修时两相绕组烧坏,其最大可能的原因是(　　　)。

(A)单相运行　　　(B)匝间短路　　　(C)严重过载　　　(D)二相运行

140. 直流电机的换向极磁场的作用是削弱(　　　)。

(A)电枢磁场　　　　　　　　　　　(B)电枢反应的横轴磁场

(C)电枢反应的纵轴磁场　　　　　　(D)电流

141. 直流电机的主磁极线圈套入铁心后,耐压试验电压应为(　　　)。

(A)$2.5U_N+2\ 500$ V   (B)$2.5U_N+1\ 900$ V

(C)$2.5U_N+1\ 700$ V   (D)$2.5U_N+1\ 000$ V

142. 对于额定电压为 380 V,额定功率大于 3 kW,且小于 10 000 kW 的交流电机,总装后定子绕组耐压试验电压为(　　)。

(A)$2.5U_N$ (B)$2U_N$

(C)$2U_N+1\ 000$ V   (D)$2.5U_N+1\ 000$ V

143. 交流电机双层叠绕组与波绕组在电势相加的原则下,区别在于(　　)。

(A)支路对数不同

(B)支路对数和绕组形式不同

(C)绕组形式不同

(D)用同一极性下的属于同一相的导体的连接方式不同

144. 机车牵引电器的基本特点为耐震动、经受得起温度和湿度的剧烈变化、电压变化范围大、(　　)。

(A)结构紧凑   (B)规格多   (C)便于生产   (D)性能稳定

145. 少数电器和大部分仪表、以及几乎全部的控制按钮开关安装在司机操纵台上,而大部分电器则安装在(　　)内。

(A)低压电器柜   (B)高压电器柜   (C)电器柜   (D)整流柜

146. 内燃机车转换开关在最大工作气压,最高周围空气温度和最大控制电压下的热稳定时,在(　　)下应能可靠工作。

(A)最小电压   (B)最大电压   (C)最高电压   (D)最低电压

147. 电器柜中每一电器的导线应与其相对应的布线板工装上(　　)。

(A)线号相同   (B)线号不同   (C)数量相同   (D)数量不同

148. 电器耐压试验中,接地是指(　　)。

(A)线接与大地   (B)线和地线相接   (C)线和零线相接   (D)接在金属外壳

149. 由于存在电缆老化的现象,所以从安全方面考虑,应该在电网中装设(　　)装置。

(A)漏电保护   (B)过流保护   (C)过压保护   (D)全压保护

150. 由接触器、按钮等构成的电动机直接控制回路中,如漏接自锁环节,其后果是(　　)。

(A)电机无法启动   (B)电动机只能点动

(C)电动机启动正常,但无法停机   (D)工作正常

151. 绝缘件制品表面起泡、鼓泡和有气眼时,如是由于加热不均匀而产生的,其解决办法为(　　)。

(A)适当提高模压压力   (B)调整模具温度

(C)修理模具结构或加热系统   (D)以上三种均可

152. 增大电弧长度常用的方法有(　　)。

(A)增加触头之间的距离

(B)依靠导电回路自身的磁场或外加磁场使电弧横向拉长

(C)在磁场作用下,使弧根在金属电极上移动来拉长电弧

(D)以上都是

153. 在整流电路中采用晶闸管,是为了利用它控制的时刻和规定电流流通的途径( )。
(A)导通　　　(B)关断　　　(C)换向　　　(D)输出

154. 晶闸管整流电路的触发电路必须和主电路同步是( )。
(A)为了准确的控制导通角　　　(B)为了电路的需要
(C)是晶闸管正常工作的需要　　　(D)以上都不对

155. 低压开关一般为( )。
(A)非自动切换电器　　　(B)自动切换电器
(C)半自动切换电器　　　(D)全自动切换电器

156. 交流接触器铁心中短路环的作用是( )。
(A)消除铁心振动　　　(B)增大铁心磁通
(C)减缓铁心冲击　　　(D)减小触头磨损

157. 直流接触器中常垫以非磁性垫片,其目的是( )。
(A)减少剩磁影响　　　(B)减小吸合时电流
(C)增大剩磁影响　　　(D)增大吸合时电流

158. 并励发电机的电枢电流( )输出电流。
(A)大于　　　(B)小于　　　(C)等于　　　(D)无法确定

159. 当电刷下的火花发生在后刷边时,应( )。
(A)增强主极磁场　　　(B)削弱换向极磁场
(C)削弱主磁场　　　(D)增强换向极磁场

160. 高压电机的额定电压一般为( )。
(A)2 000 V 以上　(B)4 000 V 以上　(C)6 000 V 以上　(D)8 000 V 以上

161. 螺纹有紧固、防松、及传动作用。紧固联接通常用( )螺纹。
(A)三角形　　　(B)梯形　　　(C)矩形　　　(D)锯齿形

162. 用水平仪测平面的直线度时,取样长度一般为( )。
(A)100 mm　　　(B)150 mm　　　(C)200 mm　　　(D)250 mm

163. 键联接中因键强度不够而被破坏是由( )引起的。
(A)挤压　　　(B)剪切　　　(C)扭转　　　(D)弯曲

164. 电力机车传动装置一般都是降速运动,传动件的误差被( )。
(A)放大　　　(B)控制　　　(C)消失　　　(D)缩小

165. 采用再生制动的机车必须采用( )电路,控制线路较为复杂。
(A)全控整流线路　　　(B)半控整流线路
(C)桥式半控整流电路　　　(D)以上都不是

166. 采用修配法装配时,尺寸链中的各尺寸均按( )制造。
(A)装配精度要求　(B)经济公差　(C)修配量　(D)封闭环公差

167. 装配时,通过调整某一零件的( )来保证装配精度要求的方法叫调整法。
(A)精度　　　(B)形状　　　(C)配合公差　　　(D)尺寸或位置

168. 电空接触器是利用机车上的( )作为动力,通过电空阀的作用,推动活塞运动以达到通断触头的目的。

(A)压缩空气　　(B)电　　(C)电磁系统　　(D)机械运动

169. 电力机车空气用量最大的系统是（　　）。

(A)制动机气路系统　(B)控制气路系统　(C)辅助气路系统　(D)都一样

170. 下列电路对地耐压试验,耐压值最高的是（　　）。

(A)主回路对地　　(B)辅助电路对地　(C)控制电路对地　(D)都一样

171. 电力机车对旅客列车施行电空制动功能的系统是（　　）。

(A)风源管路系统　(B)辅助管路系统　(C)控制管路系统　(D)制动机系统

172. 通常所说的电压 380 V、220 V,电流 5 A、10 A 实际上指的是（　　）。

(A)最大值　　(B)瞬时值　　(C)有效值　　(D)平均值

173. 在交流调速系统中,下列各项中不能起到调速目的的是（　　）。

(A)降低电压　　(B)改变极对数　(C)改变频率　　(D)回馈

174. 工作塞规用来检验螺纹止端实际（　　）参数。

(A)螺距　　(B)中径　　(C)牙形角　　(D)外径

175. 百分表式卡规的主要用途是以比较法测量相应精度零件的外径尺寸或（　　）。

(A)相对位置偏差　(B)几何形状偏差　(C)上偏差　　(D)下偏差

176. 两个孔尺寸为 $2\text{-}\phi8^{+0.2}_{+0.1}$,孔距理论尺寸 30mm,位置度 $\phi0.1$,孔的最大实体尺寸为（　　）。

(A)$\phi8.2$　　(B)$\phi8.1$　　(C)$\phi8$　　(D)$\phi8.3$

177. 检查轴的外圆跳动时,应限制轴的（　　）个自由度。

(A)1　　(B)2　　(C)4　　(D)5

178. 使用内径千分尺时应注意（　　）。

(A)使用强力　　　　　　(B)内径千分尺与工件严格等温

(C)倾斜放置　　　　　　(D)水平放置

179. 作精密测量时,适当增多测量次数的主要目的是（　　）。

(A)减少实验标准差　　　　(B)减少随机误差

(C)减少平均值的实验标准差和发现粗差　(D)减少系统误差

180. 两孔中心距一般都用（　　）法测量。

(A)直接测量　　(B)间接测量　(C)随机测量　　(D)系统测量

181. 要判断显象管的寿命是否符合设计要求,需要进行寿命检验,这是破环性试验,应采用（　　）的方法。

(A)全数检验　　　　　　(B)抽样检验

(C)两种检验方法均可　　　(D)两种检验方法均不行

182. 在选择零件表面结构时,在满足表面功能要求的情况下,尽量选用（　　）表面结构参数值。

(A)较大　　(B)较小　　(C)相等　　(D)无法判断

183. ∠倾斜度是用以控制被测要素相对于基准要素的方向成（　　）之间任意角度的要求。

(A)0°　　(B)90°　　(C)0～90°　　(D)45°

184. 质量分析员收集了一个月内产品检验不合格项目记录和顾客投诉数据,可以（　　）。

(A)利用排列图找出主要质量问题　　　(B)利于因果图分析质量项目

(C)利于控制图分析过程波动　　　(D)利于直方图分析分布形状

185. 下列关于质量控制和质量保证的叙述不正确的是(　　)。

(A)质量控制不是检验　　　(B)质量控制适用于对组织任何质量的控制

(C)质量保证是对内部和外部提供"信任"(C)质量保证定义的关键词是"信任"

186. 下列各项不属于质量检验必要性的表现的是(　　)。

(A)产品生产者的责任就是向社会、市场提供满足使用要求和符合法律、法规、技术标准等规定的产品,要检验交付(销售、使用)的产品是否满足这些要求就需要质量检验

(B)在产品形成的复杂过程中,由于影响产品质量的各种因素(人、机、料、法、环)变化,必然会造成质量波动,为了使不合格的产品不放行,需要质量检验

(C)在组织的各项生产环节中,由于环境变动的不确定性,需要质量检验消除产品质量波动幅度,有效衔接各个生产环节

(D)因为产品质量对人身健康、安全,对环境污染,对企业生存,消费者利益和社会效益关系十分重大,因此,质量检验对于任何产品都是必要的,而对于关系健康、安全、环境的产品就尤为重要

187. SPC 中的主要工具是(　　)。

(A)随机性　　　(B)正态分布性　　　(C)概率分布理论　　　(D)控制图

188. 控制图的判异准则之一是点出界就判异,依据为(　　)。

(A)中心极限定理　　(B)大概率原理　　(C)概率原理　　(D)小概率原理

189. SPC 是以(　　)作为基准的。

(A)控制图　　　(B)统计控制状态　　　(C)安稳生产线　　　(D)产品质量标准

190. 分析用控制图阶段是指(　　)。

(A)将非稳定的过程持续观察一段时间　　(B)将非稳定的过程调整到稳态

(C)将稳态的过程保持下去　　　(D)将稳态的过程持续观察一段时间

191. 当产品质量特性分布的均值 μ 与公差中心 M 不重合时,对不合格品率与 C_{PK} 的影响是(　　)。

(A)不合格品率增大,C_{PK} 增大　　　(B)不合格品率增大,C_{PK} 减小

(C)不合格品率减小,C_{PK} 增大　　　(D)不合格品率减小,C_{PK} 减小

192. 当(　　)时,过程能力严重不足,应采取紧急措施和全面检查,必要时可停工整顿。

(A)$C_P<0.67$　　(B)$C_P<0.75$　　(C)$C_P<1$　　(D)$C_P<1.33$

193. 当(　　)时,表示过程能力不足,技术管理能力已很差,应采取措施立即改善。

(A)$C_P<0.67$　　　(B)$0.67\leqslant C_P<1.00$

(C)$1.00\leqslant C_P<1.33$　　　(D)$1.33\leqslant C_P<1.67$

194. 对过程能力指数 C_P 值 $1.33\leqslant C_P<1.67$ 的评价最适当的是(　　)。

(A)过程能力较差,表示技术管理能力较勉强,应设法提高一级

(B)过程能力充分,表示技术管理能力已很好,应继续维持

(C)过程能力充足,但技术管理能力较勉强,应设法提高为 II 级

(D)过程能力不足,表示技术管理能力很差,应采取措施立即改善

195. 下列关于 C_P 和 C_{PK} 的说法中,不正确的是(　　)。

(A)C_P越大,质量能力越强

(B)有偏移情况下的C_{PK}表示过程中心μ与规范中心M偏移情况下的过程能力指数,C_{PK}越大,则二者偏离越小,是过程的"质量能力"与"管理能力"二者综合的结果

(C)C_P的着重点在于质量能力

(D)C_{PK}的着重点在于管理能力,没有考虑质量能力

196. 质量改进和质量控制都是质量管理的一部分,其差别在于(　　)。

(A)一个强调持续改进,一个没有强调　　(B)一个为了提高质量,一个为了稳定质量

(C)一个是全员参与,一个是部分人参与　　(D)一个要用控制图,一个不需要

197. PDCA循环的内容分为四个阶段,下列各项属于C阶段的任务的是(　　)。

(A)根据顾客的要求和组织的方针,为提供结果建立必要的目标和过程

(B)按策划阶段所制定的计划去执行

(C)根据方针、目标和产品要求,对过程和产品进行建设和测量,并报告成果

(D)把成功的经验加以肯定,形成标准,对于失败的教训,也要认真的总结

198. 作为常用的解决问题的技巧,排列图最好的应用时机是(　　)。

(A)决定何时对过程做调整　　　　　　(B)估计过程的应用范围

(C)评估其他解决问题技巧的结果　　　　(D)区分主要和非主要问题

199. 出现锯齿直方图的原因可能是(　　)。

(A)与数据的分组有关,数据分组过多　　(B)过程中由趋势性变化的因素影响

(C)数据中混杂了少量其他过程的数据　　(D)数据经过挑选,剔除了部分数据

三、多项选择题

1. 表面结构的测量方法通常有(　　)。

(A)比较法　　　　　(B)针描法　　　　　(C)光切法　　　　　(D)干涉法

2. 按测量方法分,测量可分为(　　)。

(A)直接测量法　　　(B)间接测量法　　　(C)等效测量法　　　(D)组合测量法

3. 按检验产品在实现过程中的阶段可分为(　　)。

(A)进货检验　　　　(B)过程检验　　　　(C)最终检验　　　　(D)温湿度检验

4. 通用量具是在实际工作中应用很广泛的测量工具,包括(　　)。

(A)游标量具　　　　(B)测微量具　　　　(C)机械量仪　　　　(D)光学仪器

5. 根据位置公差项目的特征,位置公差又分为(　　)。

(A)定度　　　　　　(B)定位　　　　　　(C)跳动　　　　　　(D)定向

6. 常用表面结构的评定参数有(　　)。

(A)轮廓算术平均偏差R_a　　　　　　　(B)微观不平度十点高度R_z

(C)表面不平度R_c　　　　　　　　　　(D)轮廓最大高度R_y

7. 冷冲压工艺的特点为(　　)。

(A)操作简单　　　(B)精度可靠　　　(C)工作噪声大　　　(D)冲剪速度快、压力大

8. 冲模的类型与结构直接影响铁心冲片的生产率和质量,按照冲模上刃口分布情况的不同,可将冲模分为(　　)。

(A)转子冲模　　　　(B)复冲模　　　　　(C)极进冲模　　　　(D)单冲模

9. 仪表误差分为(　　　)。

(A)基本误差　　　　　(B)附加误差　　　　　(C)人为误差　　　　　(D)偶然误差

10. 下列物质不属于有机物的是(　　　)。

(A)Na_2CO_3　　　　　(B)酒精　　　　　(C)H_2O　　　　　(D)O_2

11. 下列物质不能导电的是(　　　)。

(A)牛奶　　　　　(B)铜线　　　　　(C)橡胶　　　　　(D)淀粉

12. 常用的无溶剂漆主要有(　　　)。

(A)有机型　　　　　(B)聚酯型　　　　　(C)氧聚酯　　　　　(D)环氧型

13. 在 R-L 串联正弦交流电路中,电路中的总阻抗,下列表达式不正确的是(　　　)。

(A)$Z=R+L$　　　　　　　　　　　　　　(B)$Z=R+\dfrac{1}{\omega L}$

(C)$Z=R^2+(\omega L)^2$　　　　　　　　　(D)$Z=\sqrt{R^2+X_L^2}$

14. 在 R-C 串联正弦交流电路中,电路中的总阻抗下列表达式不正确的是(　　　)。

(A)$Z=R+C$　　　　　　　　　　　　　　(B)$Z=R+\dfrac{1}{\omega C}$

(C)$Z=\sqrt{R^2+(\dfrac{1}{\omega C})^2}$　　　　　　　(D)$Z=\sqrt{R^2+(\omega C)^2}$

15. 在 R-L-C 串联正弦交流电路中,复阻抗的表达式下列关系下不正确的是(　　　)。

(A)$\bar{Z}=\sqrt{R^2+(X_L+X_C)^2}$　　　　　(B)$\bar{Z}=R+X_L-X_C$

(C)$\bar{Z}=R+J(X_L-X_C)$　　　　　　　(D)$\bar{Z}=\sqrt{R^2+(X_L+X_C)^2}\,e^{j90°}$

16. 下列欧姆定律符号法形式的关系不正确的是(　　　)。

(A)$I=\dfrac{U}{Z}$　　　　(B)$\dot{I}=\dfrac{\dot{U}}{Z}$　　　　(C)$\dot{I}=\dfrac{U}{Z}$　　　　(D)$I=\dfrac{U}{Z}$

17. 有一对称三相负载星形联接时,下列关系不正确的是(　　　)。

(A)$U_线=U_相/\sqrt{3}$　　$I_线=I_相$　　　　(B)$U_相=U_线/\sqrt{3}$　　$I_线=I_相$

(C)$U_相=U_线$　　$I_线=\sqrt{3}\,I_相$　　　　(D)$U_相=U_线$　　$I_线=I_相$

18. 下图无法实现接触器联锁控制的正反转电路是(　　　)。

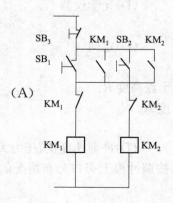

(A)

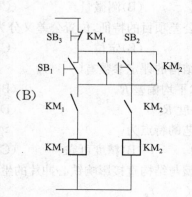

(B)

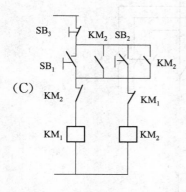（C）

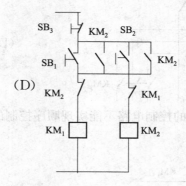（D）

19. 下图无法实现正反转连续工作的是（　　）。

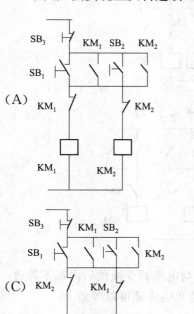（A）

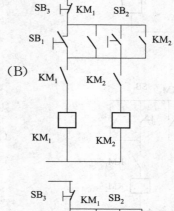（B）

（C）

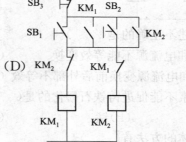（D）

20. 如图所示的主电路不能实现顺序控制的是（　　）。

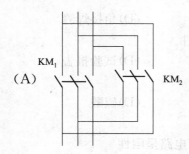（A）

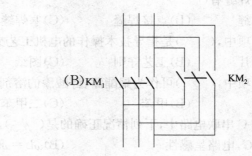（B）

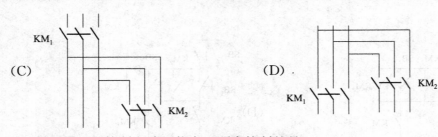

(C)　　　　　　　　　　　　　　　　　　(D)

21. 如图所示的控制电路不能实现顺序控制的是(　　　)。

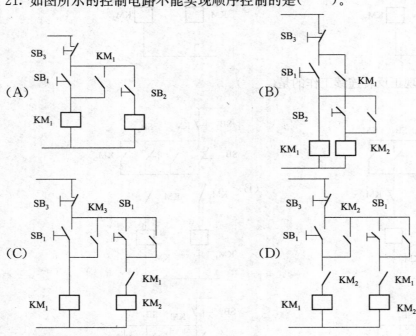

22. 下列叙述不正确的是(　　　)。

(A)电压源和电流源不能等效变换　　(B)电压源与电流源变换前后内部不等效

(C)电压源和电流源变换前后外部不等效　(D)电压源和电流源可以等效

23. 下列元素不能促进铸铁石墨化的是(　　　)。

(A)碳和硅　　　　　(B)锰　　　　　(C)磷和硫　　　　　(D)镁

24. 读组合体的方法有(　　　)。

(A)形体分析法　　(B)线面分析法　　(C)分解法　　　　(D)等效代替法

25. 常见的焊缝有(　　　)。

(A)对接焊缝　　　(B)点接焊缝　　　(C)塞焊缝　　　　(D)角接焊缝

26. 下列选项中,(　　　)是指导技术操作的电机工艺文件。

(A)工艺卡片　　　(B)工艺守则　　　(C)图纸　　　　　(D)试验报告

27. 下列选项中,(　　　)可作为聚酯漆、醇酸漆的溶剂。

(A)苯　　　　　　(B)甲苯　　　　　(C)二甲苯　　　　(D)硫酸

28. 在 R-L-C 串联电路中,下列情况正确的是(　　　)。

(A)$\omega L > \omega C$,电路呈感性　　　　　　　(B)$\omega L = \omega C$,电路呈阻性

(C)$\omega L > \omega C$,电路呈容性　　　　　　　(D)$\omega C > \omega L$,电路呈容性

29. 互感系数与( )无关。

(A)电流大小
(B)电压大小
(C)电流变化率
(D)两互感绕组相对位置及其结构尺寸

30. 多个电阻并联时,以下特性正确的是( )。

(A)总电阻为各分电阻的倒数之和
(B)总电压与各分电压相等
(C)总电流为各分支电流之和
(D)总消耗功率为各分电阻的消耗功率之和

31. 磁力线具有( )基本特性。

(A)磁力线是一个封闭的曲线

(B)对永磁体,在外部,磁力线由 N 极出发回到 S 极

(C)磁力线可以相交的

(D)对永磁体,在内部,磁力线由 S 极出发回到 N 极

32. 负载的功率因数低,会引起( )问题。

(A)电源设备的容量过分利用
(B)电源设备的容量不能充分利用
(C)送、配电线路的电能损耗增加
(D)送、配电线路的电压损失增加

33. R-L-C 并联电路谐振时,其特点有( )。

(A)电路的阻抗为一纯电阻,阻抗最大

(B)当电压一定时,谐振的电流为最小值

(C)谐振时的电感电流和电容电流近似相等,相位相反

(D)并联谐振又称电流谐振

34. 为了保证测量时的准确,在精密测量时,下列说法不正确的是( )。

(A)控制空气中灰尘的含量
(B)工件与测量器具不需等温
(C)保持 25℃ 左右恒温
(D)与振动源是否隔离无关

35. 产品质量检验的作用( )。

(A)保证
(B)监督
(C)预防
(D)产生不合格

36. 游标量具在机械制造行业中应用十分广泛,是用来测量( )。

(A)内尺寸
(B)划线
(C)高度
(D)外尺寸

37. 检查零件表面有无裂纹,通常采用( )的检查方法。

(A)目测
(B)荧光渗透
(C)着色
(D)磁粉检测

38. 测量误差一般分为( )。

(A)随机误差
(B)系统误差
(C)人为误差
(D)粗大误差

39. 制造量块最常用的钢材是轴承钢 GCr15,要求具有良好的( )。

(A)热稳定性
(B)耐磨性
(C)伸缩性
(D)尺寸稳定性

40. 引起换向器片间短路的原因有( )。

(A)V 形绝缘环损伤或云母片损伤
(B)下刻倒角后,云母槽中的铜屑未清除干净
(C)换向器片车 V 形槽后,毛刺清除不彻底
(D)粘有金属屑或其他导电杂质

41. 集电环装配尺寸重点检查( )。

(A)金属环的宽度
(B)相邻两金属环之间的距离
(C)套筒的内圆尺寸
(D)金属环的径向跳动量

42. 电机装配的主要技术要求包括( )。

(A)机座与端盖的止口接触面应无碰伤　　　(B)轴承润滑良好,转动灵活

(C)轴承温升合格,平衡块安装牢固　　　(D)转子运行平稳,振动不超过规定值

43. 振动对电机危害主要有( )。

(A)消耗能量　　　　　　　　　　(B)降低电机效率

(C)伤害电机轴承　　　　　　　　(D)影响电机配套设备的运转

44. 电机转动部件的不平衡可分为( )。

(A)静不平衡　　　(B)动不平衡　　　(C)混合不平衡　　　(D)条件不平衡

45. 交流电机定子铁心压入机座时,( )。

(A)定子中心线与机座止口中心线成一定角度(B)定子中心线与止口端面垂直

(C)定子中心线与机座止口中心线同轴　(D)定子中心线与止口端面成一定角度

46. 对于异步电动机的定子铁心和转子铁心压装质量差,净铁心长度不足将导致( )。

(A)空载电流增大　　(B)铁耗增大　　(C)功率因数降低　　(D)效率降低

47. 轴承装配不良将导致轴承发生( )等现象。

(A)过热　　　　(B)异响　　　　(C)振动　　　　(D)噪声

48. 按照铁心冲片形状的不同,铁心冲片分为( )。

(A)圆形冲片　　(B)扇形冲片　　(C)换向极冲片　　(D)磁极冲片

49. 对铁心冲片的技术要求有( )。

(A)尺寸精度要符合图样规定

(B)形位偏差要符合图样规定

(C)齿槽分布要均匀

(D)冲片厚薄均匀,表面平整,冲裁断面上的毛刺小

50. 用冷轧电工钢带(全工艺型的)制造铁心冲片的工艺过程通常是( )。

(A)剪料　　　　　(B)冲制　　　　(C)去毛刺　　(D)绝缘

51. 励磁绕组或换向极绕组之间接线错误,会导致电机( )。

(A)起动电流过大　　(B)转速不正常　　(C)换向不良　　(D)电机过热

52. 绕组接地可分为( )接地。

(A)偶然性　　　　(B)持久性　　　　(C)间歇性　　　(D)人为性

53. 直流电机电枢绕组的型式主要有( )等型式。

(A)单叠　　　　　(B)单波　　　　(C)复叠　　　　　(D)复波

54. 直流电机电枢绕组的引线头在换向器上的位置不正确时,造成( )。

(A)电机短路　　(B)换向不良　　(C)速率超差　　(D)嵌线困难

55. 无纬带绑扎工艺一般为( )。

(A)整形　　　　　(B)预热　　　　(C)绑扎　　　　　(D)固化

56. 改善换向的方法有( )。

(A)加装换向极　　　　　　　　　(B)移动电刷位置

(C)增加换向回路的电阻　　　　　　(D)装补偿绕组

57. 对电动机启动的一般要求主要有( )。

(A)启动转矩小　　(B)启动转矩大　　(C)启动电流小　　(D)启动电流大

58. 直流电动机的调速方法有( )。

(A)改变电枢电压   (B)改变电枢回路电阻

(C)削弱磁场调速   (D)改变转子回路电阻

59. 串励电动机的调速是通过(   )。

(A)增加换向回路的电阻   (B)改变频率

(C)调节端电压   (D)削弱磁场

60. 主磁极在定装时,必须保证主磁极的(   )。

(A)片间绝缘   (B)同心度   (C)平衡度   (D)内径

61. 三相异步电动机的铜损耗包括(   )。

(A)介质损耗   (B)转子铜损耗   (C)定子铜损耗   (D)涡流损耗

62. 三相异步电动机的调速方法一般有(   )。

(A)变极调速   (B)变频调速   (C)变转差率调速   (D)改变定子电压

63. 异步劈相机通常采用的启动方法有(   )。

(A)分相启动   (B)辅助电动机启动

(C)转子回路串电阻启动   (D)变频调速

64. 电机绕组耐压试验的电压高低与电机的(   )有关。

(A)额定电压   (B)功率大小   (C)极数   (D)额定转矩

65. 由于变极调速时接线与绕组排列的不同,电动机在不同极数时,输出转矩和功率在数量上有(   )。

(A)恒功率   (B)恒转矩   (C)恒压-转矩   (D)恒压-功率

66. 电机的故障可分为(   )。

(A)人为故障   (B)电气故障   (C)机械故障   (D)操作故障

67. 电机的温升是由(   )因素决定。

(A)发热   (B)散热   (C)环境温度   (D)环境湿度

68. 电机的铁损耗包括(   )。

(A)电磁损耗   (B)涡流损耗   (C)磁滞损耗   (D)介质损耗

69. 机车原理图中主要有(   )。

(A) 主回路   (B)励磁回路等   (C)控制回路   (D)照明回路

70. 测量绕组冷态直流电阻一般采用(   )。

(A)伏安法   (B)双臂电桥法   (C)兆欧表   (D)功率表

71. 直流电机提高转速是通过(   )实现的。

(A)减小转子回路电阻 (B)提高电枢电压   (C)减少励磁电流   (D)减少电机损耗

72. 变频调速的基本控制方式包括(   )。

(A)恒定的电动势频率比   (B)恒定的电压频率比

(C)恒功率调速   (D)恒定电压调速

73. 变频调速的基本控制方式包括(   )。

(A)基频以下调速,采用恒定的电动势频率比的控制方式

(B)基频以下调速,采用恒定的电流频率比的控制方式

(C)基频以下调速,采用恒定的电压频率比的控制方式

(D)基频以上调速,恒功率调速

74. 直流发电机的电磁功率、输出功率和铜损耗的关系不正确的是(　　　)。

(A)电磁功率＋铜损耗＝输出功率　　(B)电磁功率－铜损耗＝输出功率

(C)输出功率＋电磁功率－铜损耗＝0　(D)输出功率＋电磁功率－铜损耗＝0

75. 将电动机储存的能量以电能的形式消耗掉,来达到停车目的的制动方法,不属于的是(　　　)。

(A)反接制动　　　(B)能耗制动　　　(C)回馈制动　　　(D)机械制动

76. 直流电机设置换向极第二气隙的目的不正确的是(　　　)。

(A)减小换向极的漏磁通　　　　(B)降低电机转速

(C)减小第一气隙　　　　　　　(D)降低电机额定功率

77. 三相异步电动机的机械功率、电磁功率和输出功率的关系为(　　　)。

(A)电磁功率＞机械功率　　　　(B)电磁功率＞输出功率

(C)械功率＞输出功率　　　　　(D)输出功率＞机械功率

78. 三相异步电动机转子铜损耗与(　　　)大小有关。

(A)转子电流　　　(B)定子频率　　　(C)转子转速　　　(D)电机额定功率

79. 三相异步电动机改变转差率调速通常是(　　　)。

(A)改变转子电路电阻　　　　　(B)改变转子绕组电压

(C)改变定子绕组电压　　　　　(D)改变电机极数

80. 直流电机电气火花的特征是(　　　)。

(A)火花呈白色或兰色　　　　　(B)连续

(C)稳定　　　　　　　　　　　(D)细小

81. 直流电机的换向器升高片与引线头焊接不良时,将会(　　　)。

(A)使接触电阻增大　　　　　　(B)支路电流不平衡

(C)不利换向　　　　　　　　　(D)改善换向

82. 直流电机主磁极的同心度偏差过大时,将使(　　　)。

(A)电机气隙不均匀　　　　　　(B)主磁场不对称

(C)路电流不平衡　　　　　　　(D)换向恶化

83. 直流电机的换向极内径偏大时,则(　　　)。

(A)换向极补偿偏弱　　　　　　(B)延迟换向

(C)换向极补偿偏强　　　　　　(D)超越换向

84. 加热轴承时,下列做法正确的是(　　　)。

(A)火焰加热　　　　　　　　　(B)带有去磁功能的感应器加热

(C)油浴加热　　　　　　　　　(D)烘箱加热

85. 为了保证电机装配后的主极气隙,要在定子装配后检查主极铁芯(　　　)。

(A)绝缘电阻　　　(B)同心度　　　(C)内径　　　(D)厚度

86. 调节电机的第二气隙可以(　　　)。

(A)减小直流电机换向极的漏磁　(B)降低换向极磁路的饱和度

(C)增强电机磁场　　　　　　　(D)增强电机绝缘

87. 直流电机的(　　　)易造成环火故障。

(A)换向器云母片　　　　　　　(B)换向片

(C)碳刷　　　　　　　　　　　　(D)滑环

88. 直流电机主磁极的同心度偏差过大时,将使(　　)。

(A)电机气隙不均匀　　　　　　(B)主磁场不对称

(C)电流不平衡　　　　　　　　(D)换向恶化

89. 改善直流电机换向的主要方法(　　)。

(A)加装换向极　　　　　　　　(B)移动电刷位置

(C)正确选择电刷牌号　　　　　(D)加装补偿绕组

90. 在直流电动机的能量转换过程中,下列正确的关系式为(　　)。

(A)$P_A=UIA$　　(B)$P_M=P_A-\Delta P_{Cua}$　　(C)$P_M=P_2+\Delta P_0$　　(D)$P_1=P_M-\Delta P_{Cua}$

91. 直流电动机的空载损耗由(　　)构成。

(A)铁损耗　　　(B)机械损耗　　　(C)电磁功率　　　(D)输出功率

92. 在直流发电机的能量转换过程中,下列正确的是(　　)。

(A)$P_M=E_AI_A$　　　　　　(B)$P_M=P_1-P_0$

(C)$P_M=P_2+\Delta P_{Cu}$　　　　(D)$P_1=P_M+\Delta P_{Cu}$

93. 为了保证电机装配后的主极气隙,定子装配后需检查(　　)。

(A)主极铁心内径　　　　　　　(B)主极铁心同心度

(C)径向跳动量　　　　　　　　(D)轴向跳动量

94. 刷架装配螺钉松动会造成(　　)。

(A)刷架圈松动　　(B)中性位发生变动　　(C)换向不良　　(D)环火故障

95. 电机浸渍的质量决定于(　　)。

(A)浸渍工件的温度　　　　　　(B)漆的粘度

(C)浸渍次数　　　　　　　　　(D)浸渍时间

96. 电机的磁极联线和引出线螺钉松动将会造成(　　)。

(A)绕组击穿　　(B)断线故障　　(C)接头烧损　　(D)电机绝缘电阻低

97. 直流电机换向时,换向元件中关系式错误的是(　　)。

(A)$e_r+e_k=0$　　(B)$e_r<e_k$　　(C)$e_A+e_1+e_M=0$　　(D)$e_r>e_k$

98. 轴承烧损的原因包括(　　)。

(A)润滑脂失效　　(B)轴承工作表面剥离　　(C)轴承载荷过大　　(D)未补脂

99. 电机振动大的原因包括(　　)。

(A)电压过高　　(B)电流过高　　(C)动平衡不良　　(D)电机两端止口不同轴

100. 电机运行过程中绝缘电阻低的原因包括(　　)。

(A)电机接地　　(B)绝缘有薄弱点　　(C)电机脏污　　(D)绝缘处理不好

101. 轴承电蚀的原因包括(　　)。

(A)润滑脂失效　　(B)绝缘层破坏　　(C)轴电流过高　　(D)轴承游隙大

102. 直流电动机正反转超差的原因包括(　　)。

(A)转子铁长不合适　　　　　　(B)刷架整体偏斜

(C)电刷中性位差　　　　　　　(D)励磁线圈匝短

103. 改善异步机电磁噪声的方法包括(　　)。

(A)提高机座刚度　　　　　　　(B)转子采用斜槽

(C)合理选择定子绕组节距　　　　　　　(D)合理选择定转子槽配合

104. 电机噪声包括(　　)。

(A)机械噪声　　　(B)电磁噪声　　　(C)通风噪声　　　(D)涡流噪声

105. 在电机运行中,铁心要承受机械振动与电、磁、热的综合作用,对铁心的技术要求有(　　)。

(A)紧密度适宜　　　　　　　　　　　(B)形位误差要小

(C)良好的片间绝缘性能　　　　　　　(D)铁心冲片周边上的剩余毛刺应朝同一方向

106. 叠压系数是衡量铁心质量的一个重要指标,它反映(　　)之间的关系。

(A)铁心重量　　　(B)铁心硬度　　　(C)铁心压力　　　(D)铁心长度

107. 对大型电机定子铁心的质量要求很高,一般采用扇形冲片,压装时必须遵守的工艺守则有(　　)。

(A)相邻层的扇形冲片要交叉叠装

(B)叠装时,每一扇形冲片上的槽样棒不应少于两根,以保持槽形整齐

(C)要分段加压和加热加压

(D)不要损伤片间绝缘和测温元件

108. 按照长短不同,磁极铁心的紧固方式有(　　)。

(A)铆接　　　(B)螺杆紧固　　　(C)焊接　　　(D)包扎带包扎

109. 铁心的制造质量与冲片制造和压装有关,铁心制造质量的检查项目有(　　)。

(A)外观检查　　　(B)重量检查　　　(C)尺寸精度检查　　　(D)形位精度检查

110. (　　)可能导致铁心重量不足。

(A)冲片的毛刺太大　　　　　　　　　(B)冲片锈蚀

(C)叠压力不足　　　　　　　　　　　(D)励磁电流过大

111. (　　)会导致齿部弹开过大,电机运行时产生噪声。

(A)端板尺寸不当　　　　　　　　　　(B)压圈尺寸不当

(C)齿压板的尺寸不当　　　　　　　　(D)齿部毛刺过大

112. 按照笼型绕组制造工艺的不同,笼型转子分为(　　)。

(A)铸铜笼型转子　　　　　　　　　　(B)合金笼型转子

(C)铸铝笼型转子　　　　　　　　　　(D)焊接笼型转子

113. 对铸铝笼型转子的技术要求是(　　)。

(A)无断条、裂纹和明显的缩孔、气孔等缺陷

(B)铁心片间无明显的渗铝现象

(C)对有径向通风沟的转子,通风沟无漏铝,且铁心无严重的波浪度

(D)铁心的长度与斜槽角度应符合规定

114. 对焊接笼型转子的技术要求是(　　)。

(A)导条与端环应焊接牢靠,接触电阻小

(B)导条在槽内无松动

(C)端环与铁心端面之间的距离应符合图样规定

(D)端环与铁心的同轴度偏差和端环对轴线的端面跳动量都应尽量小,利于转子平衡

115. 焊接笼型转子的制造过程质量取决于焊接质量,其良好的焊接质量是(　　)。

(A)焊料少　　　　　　　　　　　　(B)有足够的机械强度

(C)焊缝电阻小　　　　　　　　　　(D)外表美观

116. 焊接笼型转子的质量检查分为(　　　)。

(A)外观检查　　　(B)尺寸检查　　　(C)内部检查　　　(D)绝缘电阻检查

117. 焊接笼型转子的外观应做到(　　　)。

(A)铁心两端无倒齿　　　　　　　　(B)导条和端环表面无裂缝

(C)焊接表面无气孔　　　　　　　　(D)焊接表面填不满

118. 焊接笼型转子的尺寸检查包括(　　　)。

(A)铁心的直径　　　　　　　　　　(B)铁心的长度

(C)导条伸出铁心的长度　　　　　　(D)内端环与外端环的距离

119. 端环导条焊接时焊缝未焊透的原因有(　　　)。

(A)工件表面清洁不良　　　　　　　(B)加热温度不够

(C)钎料流动性差　　　　　　　　　(D)溶剂未起作用

120. 端环导条焊接时,裂纹将导致(　　　)。

(A)转子电阻增大　　　　　　　　　(B)转子不平衡

(C)损耗增加　　　　　　　　　　　(D)电机效率低

121. 线圈直线与端伸的长度对电机的影响有(　　　)。

(A)过短会导致绝缘损伤　　　　　　(B)过短会造成嵌装困难

(C)过长会影响绝缘距离　　　　　　(D)过长会影响电磁参数

122. 绕组绝缘结构与材料应满足(　　　)。

(A)耐电　　　(B)耐热　　　(C)耐机械振动　　　(D)耐环境条件

123. 多匝成型线圈采用绝缘扁线绕制成(　　　)线圈。

(A)棱形　　　(B)圆形　　　(C)梯形　　　(D)梭形

124. 绝缘带的包扎方式有(　　　)。

(A)叠包　　　(B)平包　　　(C)疏包　　　(D)压包

125. 线圈对地绝缘必须包绕紧密,所用云母带应(　　　)。

(A)柔软　　　　　　　　　　　　　(B)未胶化变质

(C)不允许有折叠现象　　　　　　　(D)不允许有受损伤现象

126. 热压成型工艺有(　　　)。

(A)固化工艺　　　(B)液压工艺　　　(C)模液压工艺　　　(D)模压工艺

127. 绕制后导线变硬和刚性增大,线匝在不正确的位置上,必须对线圈进行无氧退火的目的是(　　　)。

(A)增大线圈间隙　　　　　　　　　(B)减小刚性

(C)增大绝缘电阻　　　　　　　　　(D)消除内应力

128. 导线扁绕时,拐弯的内沿增厚,使线圈高度增加,且在压装时容易损坏绝缘,因此必须去除增厚的部分,常用的方法有(　　　)。

(A)锉平　　　(B)压平　　　(C)铣平　　　(D)削平

129. 绕组嵌装的技术要求有(　　　)。

(A)绕组的节距必须正确　　　　　　(B)绕组的连接方式必须正确

(C)绕组的线圈匝数必须正确　　　　　(D)换向器的相对位置正确

130. 绕组嵌线过程中,下列说法正确的为(　　　)。

(A)绕组两端应对称　　　　　　　　(B)绕组端部排列整齐

(C)绕组长度符合规定　　　　　　　　(D)绕组内径符合规定

131. 常用的嵌线工具有(　　　)。

(A)压线板　　　(B)理线板　　　　　(C)打槽楔工具　　　(D)弯形扳手

132. 绕组焊接后的接头应具有良好的(　　　),以保证焊接接头能长期可靠的工作。

(A)导电性能　　(B)力学性能　　　　(C)抗腐蚀性能　　　(D)抗老化性能

133. 绕组焊接方法按焊接过程的特点可分为(　　　)。

(A)乙炔焊　　　(B)熔化焊　　　　　(C)压力焊　　　　　(D)钎焊

134. 为保证浸漆质量,浸漆后的绝缘检查一般有(　　　)。

(A)匝间检查　　(B)对地检查　　　　(C)介质损耗检查　　(D)绝缘电阻检查

135. 换向片的材料应具有良好的(　　　)。

(A)导电性　　　(B)耐热性　　　　　(C)耐电弧性　　　　(D)耐磨性

136. 换向器在器装与烘压时,V形绝缘环与(　　　)相互摩擦。

(A)换向片　　　(B)压圈　　　　　　(C)套筒　　　　　　(D)碳刷

137. 动压和超速试验的目的是使换向器在超过(　　　)的条件下,检验换向器的制造质量。

(A)额定电压　　(B)额定转速　　　　(C)额度工作温度　　(D)额定电流

138. 下刻与倒角能改善换向器表面的工作状态,与电刷保持良好的滑动接触,目的是(　　　)。

(A)减小绝缘电阻　　　　　　　　　(B)防止片间闪络

(C)增大电机转速　　　　　　　　　(D)减小电刷磨损

139. 造成凸片的原因主要有(　　　)。

(A)片装时排列不整齐　　　　　　　(B)换相片倾斜

(C)片装时烘压参数不合理　　　　　(D)V形绝缘环制造质量不良

140. 换向器常出现的问题有(　　　)。

(A)换向器的径向跳动超差　　　　　(B)换向器沾有油污

(C)电刷粘附或卡在刷握上　　　　　(D)电刷与刷握配合太松

141. 轴承装配的不良表现有(　　　)。

(A)滚道表面出现波纹度、局部缺陷和压痕

(B)轴伸端内轴承盖与轴承外圈之间的轴向间隙小

(C)电机两端端盖或轴承盖装配不平行或不到位

(D)轴承没有仅靠轴肩

142. 运行中的变压器温度过高的原因有(　　　)。

(A)变压器绕组匝间短路或层间短路使油温上升导致变压器温度过高

(B)变压器分接开关接触不良,接触电阻过大而发热或局部放电导致变压器温度过高

(C)变压器铁芯片间绝缘损坏或压缩螺杆绝缘损坏造成铁芯短路,涡流损失增加使变压器温度过高

(D)变压器负荷电流过大切延续时间过长或三相负荷严重不平衡、或电流电压偏高、或电

　　源缺相,可能造成运行中变压器温度过高

143. 变压器并列运行的条件是(　　　)。

(A)并列变压器的连接组别必须相同

(B)并列变压器的额定变压比应当相等,满足 $U_{a2}=U_{b2}$ 的条件

(C)并列变压器的阻抗电压最好相等,阻抗电压不宜超过 10%

(D)并列电压器的容量之比一般不应超过 3∶1

144. 电力变压器冷却方式分为(　　　)等。

(A)油浸自冷变压器 　　　　　　　　(B)干式空气自冷变压器

(C)干式浇筑绝缘变压器 　　　　　　(D)油浸风冷变压器

145. 变压器短路试验的目的是为了测定(　　　)。

(A)铜损耗　　　(B)阻抗电压　　　(C)短路阻抗　　　(D)铁损耗

146. 机车用的主回路电空接触器行程不够时,应检查(　　　)等。

(A)是否是接触器型号错误 　　　(B)是否是各部件动作不灵活

(C)是否是气缸漏风 　　　　　　(D)是否是各部件组装不良

147. 当电器进行短时耐受电流能力试验时,电器不得产生(　　　)。

(A)触头断开　　　(B)无功功率　　　(C)触头熔焊　　　(D)触头一直闭合

148. 运行中的变压器应巡视检查(　　　)。

(A)负荷电流、运行电压是否正常

(B)温度和温升是否过高,冷却装置是否正常,散热管温度是否均匀,散热管有无堵塞
　　迹象

(C)油温、油色是否正常,有无渗油、漏油现象

(D)接线端子连接是否牢固、接触是否良好,有无过热现象

149. 一般电器制造的工序(　　　)。

(A)配件加工工序 　　　　　　　　(B)组装工序

(C)试验工序 　　　　　　　　　　(D)返修工序

150. 继电器是在激励的作用下,得到某种响应,达到(　　　)的目的,以控制电路执行某种功能的电器。

(A)转换信号　　　(B)传输信号　　　(C)放大信号元件　　　(D)滤除干扰信号

151. 电力机车劈相的方式有(　　　)。

(A)旋转式劈相机 　　　　　　　　(B)电容器分相法

(C)半导体景致逆变器 　　　　　　(D)半导体整流器

152. 为保证电力机车正常运行,机车上设有(　　　)。

(A)三相交流辅助电路 　　　　　　(B)辅助机械装置

(C)通风装置 　　　　　　　　　　(D)散热装置

153. 机车牵引电器的基本特点有(　　　)。

(A)耐震动 　　　　　　　　　　　(B)电压变化范围大

(C)结构紧凑 　　　　　　　　　　(D)经受得起温度和湿度的剧烈变化

154. 电器防氧化处理的保护剂涂敷过程有(　　　)。

(A)前处理　　　(B)清洗　　　(C)干燥　　　(D)涂敷

155. 当电器进行短时耐受电流能力时,电器不得产生( )。
(A)触头熔焊
(B)触头断开
(C)机械部件
(D)绝缘部件的变形、位移、损伤不超过标准

156. 电力机车齿轮传动装置的作用,下列叙述错误的是( )。
(A)增大转速,降低转矩
(B)增大转速,增大转矩
(C)降低转速,降低转矩
(D)降低转速,增大转矩

157. 统计控制状态( )。
(A)又称稳定状态
(B)是过程中没有偶然因素和异常因素的状态
(C)是未出现重大故障的状态
(D)是过程中只有偶然因素而无异常因素的状态

158. 下列关于X-R控制图的说法正确的有( )。
(A)X控制图主要用于观察正态分布的均值的变化
(B)R控制图用于观察正态分布的分散或变异情况的变化
(C)X-R控制图联合运用X控制图和R控制图,用于观察正态分布的变化
(D)X-R控制图对于计件数而言,是最常用最基本的控制图

159. 常规控制图的组成部分有( )。
(A)平均线　　　(B)上控制线　　　(C)下控制线　　　(D)公差线

160. 下列有关统计过程控制(SPC)的叙述,恰当的有( )。
(A)统计过程控制是为了贯彻预防性原则
(B)统计过程控制是为了贯彻谨慎性原则
(C)统计过程控制应用统计技术对过程中的各个阶段进行评估和监控
(D)SPC中的主要工具是控制图

161. SPC是利用统计技术对过程中的各个阶段进行监控和诊断,从而达到( )的目的。
(A)缩短诊断异常的事件
(B)迅速采取纠正措施
(C)保证产品质量
(D)提高成本

162. 质量策划是质量管理的一部分,致力于( )。
(A)满足质量要求
(B)制定质量目标
(C)规定相关资源
(D)规定必要的运行过程

163. 关于全面质量管理,下列说法正确的有( )。
(A)全面质量管理是对一个组织进行管理的途径
(B)全面质量管理是实现组织管理高效化的惟一途径
(C)全面质量管理讲的是对组织的管理,因此,将"质量"概念扩充为全部管理目标,即"全面质量"
(D)全面质量管理追求的是组织的持久成功,即使本组织所有者获得长期的高回报的经济效益

164. 产品质量特性是在产品实现过程形成的,因此( )。
(A)要对过程的作业人员进行技术培训　(B)不需要对环境进行监控
(C)要对环境进行监控　(D)不需要对过程的作业人员进行技术培训

165. 人体触电的方式有( )。

(A)单相触电　　　(B)双相触电　　　　(C)跨步电压触电　　(D)静电触电

166. 绘制直方图时,对数据的数量有一定的要求,具体包括(　　)。

(A)最多不能多于 200 个数据　　　　(B)通常不能少于 50 个数据

(C)最少不能少于 30 个数据　　　　(D)通常不能少于 80 个数据

167. 某车间检验站把分层法用在以下方面,哪些是正确的(　　)。

(A)将检验的结果按操作者分层,以找出缺陷的主要责任人

(B)进一步分层来发现缺陷产生的多种因素

(C)按机器设备进行分层,发现不合格与机器的关系

(D)按加工班次分层,确定不同时差多质量的影响

168. 关于质量改进的几种工具,下列说法正确的有(　　)。

(A)因果图能用于分析、表达因果关系

(B)排列图能用于发现"关键的少数",即问题的主要原因

(C)调查表能在收集数据的同时简易的处理数据

(D)散布图主要通过点阵的排布来分析研究两个相应变量是否存在相关关系

169. 使用直方图主要为了了解产品质量特性的(　　)。

(A)主要影响因素　　　　　(B)分别范围

(C)异常的随时间变化的规律　　　　(D)分布形状

170. 某工序加工零件,有尺寸公差规定。该工序加工的零件尺寸直方图和规格限如图 11 所示,这说明(　　)。

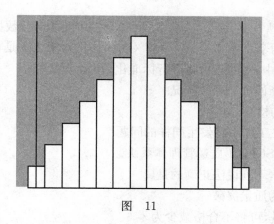

图　11

(A)直方图能满足公差要求,不需要进行调查

(B)过程能力已经不充分

(C)已无法满足公差要求

(D)需要提高加工精度

171. 使用因果图的注意事项有(　　)。

(A)在数据的基础上客观地评价每个因素的重要性

(B)确定原因,尽可能具体

(C)有多少质量特性,就要使用多少张因果图

(D)因果图使用时要不断加以改进

172. 利用逻辑推理法绘制因果图的步骤是(　　)。

(A)确定质量特性,因果图中的"结果"可根据具体需要选择

(B)根据结果,从 5M1E 的角度分析可能导致该结果的主要原因

(C)将质量特性写在纸的右侧,从左至右画一箭头,将结果用方框框上;接下来,列出影响结果的主要原因作为大骨,也用方框框上

(D)列出影响大骨的原因,也就是第二层次原因,作为中骨;接着,用小骨列出影响中骨的第三层次的原因,如此类推

173. 对某一工序进行分析,收集该产品一周内的数据,测定某重要质量特性并绘制直方图如图 12,以下陈述中正确的是(　　)。

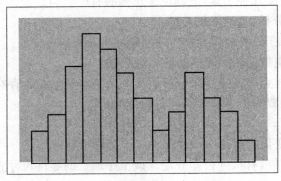

图　12

(A)直方图为双峰型

(B)分别中间的部分数据肯定被剔除了一部分

(C)数据可能来自两个总体

(D)考虑的对策之一是对数据分层

174. 质量改进过程中,对纠正措施进行标准化是因为(　　)。

(A)质量问题会渐渐回到原来的状况

(B)不能接受上级的检查

(C)新员工很容易在工作中在发生同样的问题

(D)企业不能通过 ISO9001 质量管理体系认证

175. 关于质量改进,下列说法正确的是(　　)。

(A)质量改进可称为质量突破

(B)通过不断的改进,可将不合格减少为零

(C)不提倡长期地就一个题目开展活动

(D)质量改进是质量管理的一部分,致力于增强满足质量要求的能力

176. 质量改进的重要性体现在(　　)。

(A)质量改进具有横的投资收益率

(B)通过对产品设计和生产工艺的改进,更加合理、有效地使用资金和技术力量,充分挖掘企业的潜力;可以促进新产品开发,改进产品性能,延长产品的寿命周期

(C)技术再先进,方法不当、程序不对也无法实现预期目的

(D)有利于发挥企业各部门的质量职能,提供工作质量,为产品质量提供强有力的保证

177. 过程能力指数 C_P(　　)。

(A)应通过百分之百检验获得   (B)与规格界线有关

(C)与规程平均值得偏离有关   (D)与过程的分散程度有关

178. 过程能力指数 C_P 越大,表明( )。

(A)加工质量越低   (B)加工质量越高

(C)对设备和操作人员的要求也高   (D)价格成本越大

179. 提高产品合格率的措施有( )。

(A)减少分布中心与公差中心的偏离   (B)扩大控制界限范围

(C)提高过程能力指数   (D)缩小加工特性值得分散程度

180. 无偏移情况的 C_P 表示( )。

(A)过程加工的一致性   (B)C_P 越大,质量能力越弱

(C)质量能力   (D)C_P 越大,质量能力越强

181. 当工序有偏离时,提高 C_{PK} 的途径有( )。

(A)缩小公差   (B)减少偏离量   (C)降低离散度   (D)适当加大公差

182. 过程能力指数( )。

(A)与过程质量特性值得分布中心位置有关

(B)过程质量特性值得分布中心位置与规范中心偏移越大,C_{PK} 越高

(C)过程质量特性值得分布中心位置与规范中心偏移越大,C_{PK} 越低

(D)$C_{PK} < C_P$

183. 控制图上点出界,则表明( )。

(A)过程处于技术控制状态   (B)过程可能存在异常因素

(C)小概率事件发生   (D)过程稳定性较好

184. 过程改进策略包括( )两个环节。

(A)判断过程是否处于统计控制状态   (B)评价过程能力

(C)判断过程是否处于异常状态   (D)判断过程的离散程度

185. 控制图经过一个阶段使用后,有可能出现新的异常,这时应( )。

(A)查出异因   (B)采取措施,予以消除

(C)重新转到分析用控制图   (D)继续观察

186. 生产过程处于统计控制状态的好处是( )。

(A)对过程质量可以实时监控   (B)过程仅有偶因而无异因的变异

(C)过程不存在变异   (D)过程的变异最大

187. 异常因素的特点包括( )。

(A)对产品质量的影响较大   (B)容易消除

(C)不值得考虑   (D)难以消除

四、判断题

1. 图样采用半剖视图以后,在不剖的那一半视图中不画虚线。( )

2. 测绘时,对已损坏的零件,要尽量使其恢复原形,或作恰当的估计,以便观察形状和测量尺寸。( )

3. 装配图中,零件的明细栏一般画在标题栏上方,并与标题栏对正。( )

4. 涂料在物体表面上,能形成附着坚固的涂膜,常用的油漆就是一种涂料。(　　)

5. 电位与参考点的选择无关,电压是两点的电位之差,也与参考点的选择无关。(　　)

6. 通过加大电源电动势就一定能使电位提高。(　　)

7. 视图反映了零件的结构形状,而其真实大小必须由图样中所标注的尺寸来确定。(　　)

8. 局部剖视图用波浪线分界,波浪线不应与其他图线重合。(　　)

9. 零件测绘时,遇到较复杂的平面轮廓时,可用拓印法将零件的轮廓在纸上印出。(　　)

10. 在剖视图中,焊缝的剖面可涂黑或不画出。(　　)

11. 具有互换性的零件,其实际尺寸和形状一定完全相同。(　　)

12. 零件的互换性程度越高越好。(　　)

13. 零件的公差可以是正值,也可以是负值,或等于零。(　　)

14. 实际偏差为零的尺寸一定合格。(　　)

15. 在一对配合中,相互结合的孔、轴的实际尺寸相同。(　　)

16. 如果一对孔、轴装配后有间隙,则这一配合一定是间隙配合。(　　)

17. 表面结构的基本特征代号"√"表示用切削加工的方法获得的表面。(　　)

18. 位置公差垂直度用符号"⊥"表示。(　　)

19. 形状公差圆柱度用符号"○"表示。(　　)

20. 绝缘材料的耐热性是指绝缘材料及其制品承受一定温度而不致损坏的能力。(　　)

21. 电位与参考点的选择无关,电压是两点的电位之差,也与参考点的选择无关。(　　)

22. 电压源的内阻,电流源的内阻均是越小越好。(　　)

23. 节点电压法和支路电流法因采用方法不同,但最终求出的各支路电流也不同。(　　)

24. 铁磁物质的磁导率 μ 不是一常数。(　　)

25. R-C 串联电路接通直流电源时,电路中的电压.电流均是直线上升或直线下降。(　　)

26. 在 R-L 串联正弦交流电路中,总电压与各元件两端的电压关系为 $U=U_R+U_L$。(　　)

27. 在相同条件下,三角带的传动能力比平型带的传动能力大。(　　)

28. 在 R-C 串联正弦交流路中,总电压与各元件两端的电压关系是 $U=\sqrt{U_R^2+U_C^2}$。(　　)

29. R-L-C 串联交流电路中,电抗和频率成正比。(　　)

30. R-L-C 串联交流电路中,各单一元件上的电压一定要小于总电压。(　　)

31. $u=220\sqrt{2}\sin(\omega t+300)$V,表示成复数形式为 $\dot{U}=220e^{j30°}$V。(　　)

32. 负载作三角形联接时,$I_{线}=\sqrt{3}I_{相}$。(　　)

33. 三相电路的总有功功率计算公式 $P=\sqrt{3}U_{线}I_{线}\cos\phi$ 仅适用于负载对称电路。(　　)

34. 影响放大电路静态工作点不稳定的因素之一是温度。(　　)

35. 负载电阻增大时,放大电路的电压放大倍数将增大。(　　)

36. 三相整流电路中的二极管只要承受正向电压就导通(　　)

37. 三相桥式整流电路中,每个整流元件中流过的平均电流是负载电流的1/6。(　　)

38. 如图13所示正反转控制的主电路是正确的。(　　)

39. 如图14所示电路能完成点动控制功能。(　　)

40. 斜侧画图时,Y 轴用1∶2的比例量取尺寸。(　　)

41. 在 R-L 串联正弦交流电路中,电路中的总电压总是大于各元件两端的电压。(　　)

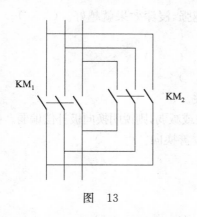

图 13

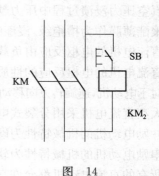

图 14

42. 在 R-C 串联正弦交流电路中,电路中的总电压总是大于各元件两端的电压。(　　)

43. R-L-C 串联交流电路中,各单一元件上的电压一定要小于总电压。(　　)

44. 中间继电器的输出信号为线圈的通电和断电。(　　)

45. 零件的互换性是依靠装配工艺实现的。(　　)

46. 电工仪表由测量机构和测量线路组成,其中测量机构是仪表的核心。(　　)

47. 仪表误差表示的方法有系统误差、偶然误差、疏失误差。(　　)

48. 三相四线不对称负载的有功功率可采用三表法进行测量。(　　)

49. 使用双臂电桥测量电阻时,被测电阻的电位端接线钮总是接在一对电流端接线钮的内侧。(　　)

50. 轴径的圆度误差可以用外径千分尺测定。(　　)

51. 千分表的测微螺杆上应经常加油,使其动作灵活并防止生锈。(　　)

52. 未注公差就是自由选择公差值。(　　)

53. 精密测量的器具,如外径千分尺等,都有一块橡层,是为了便于测量者拿放量具时不从手中滑落。(　　)

54. 无论是间隙配合、过渡配合,还是过盈配合,其配合公差均等于孔公差与轴公差之和。(　　)

55. 所谓基准重合,就是零件上的设计基准与加工时的测量基准都用同一个表面。(　　)

56. 电机在运行中,槽楔被甩出,将形成"扫膛"现象。(　　)

57. 直流电机的电枢绕组在槽中的位置及引线头在换向片中的位置不正确,将引起电机嵌线困难。(　　)

58. 普通三相异步电动机在修理时,若测得绕组对地绝缘电阻小于 0.38 MΩ,则说明电机绕组已经受潮。(　　)

59. 若绕组的对地绝缘电阻为零,说明电机绕组已经接地。(　　)

60. 三相电机绕组发生匝间短路时,三相电流将不平衡。(　　)

61. VPI 设备中液环泵的工作原理是利用机体内的液体介质形成油环,防止抽真空过程中空气倒流。(　　)

62. 真空压力浸漆设备中液压站是浸漆罐盖开、关、松、紧的动力。(　　)

63. 真空压力浸漆过程中,加压时可直接用高压风。(　　)

64. 普通浸漆第一次浸漆的时间应长一些,第二次浸漆的时间应比第一次短一些。(　　)

65. 浸漆时,工件温度越高,绝缘漆的渗透能力就越强,浸漆效果就越好。(　　)

66. 真空压力浸渍过程中压力越大,漆的渗透越强。(　　)

67. 聚酯薄膜作为槽绝缘,浸漆时甲苯可作为溶剂。(　　)

68. 直流电机的电枢反应由负载的性质决定。(　　)

69. 直流电机的电枢反应的性质与电刷的位置有关。(　　)

70. 对于电动机,逆旋转方向移动刷架圈时,火花消失或减弱,则说明换向极补偿偏弱。(　　)

71. 大型直流电机采用分裂式电刷的目的是为了改善换向。(　　)

72. 并励电动机的机械特性为硬特性。(　　)

73. 串励电动机的机械特性为软特性。(　　)

74. 所有的直流电动机都允许直接启动。(　　)

75. 串励电动机采用削弱磁场调速,转速只能降低。(　　)

76. 牵引电动机提高电枢电压调速时,转速相应降低。(　　)

77. 直流电机主极气隙主要影响电机的速率。(　　)

78. 直流电机的主磁极装配歪斜时,电机的中性区域变宽。(　　)

79. 直流牵引电动机的速率偏大,需要将主极气隙调大。(　　)

80. 为了改善电机换向,换向极磁路应工作在不饱和状态。(　　)

81. 直流电动机主磁极的气隙偏大时,电机转速偏低。(　　)

82. 直流牵引电机的主极铁芯由于形状复杂不便加工,所以采取薄钢板叠装而成。(　　)

83. 三相异步电动机的空载损耗主要是指铁损耗。(　　)

84. 三相异步电动机转子铁损耗与转子转速有关。(　　)

85. 异步电动机电磁关系和变压器一一对应,可见其主磁通 ϕ_m 的性质是一样的。(　　)

86. 三相异步电动机的变极调速适用于绕线式电动机。(　　)

87. 三相异步电动机在变频调速时,为了保证磁通不变,必须相应地改变端电压。(　　)

88. 感应子励磁发电机的转子一般为凸极式。(　　)

89. 感应子励磁发电机转子上的一齿一槽相当于一对磁极。(　　)

90. 三相异步电动机的定子绕组发生匝间短路时,此相绕组的电流较其余两相大。(　　)

91. 换向器表面的氧化亚铜薄膜损坏时,换向条件将恶化。(　　)

92. 直流电机电枢绕组绑扎后的耐压比电枢绕组浸漆和换向器精车后的耐压电压高。(　　)

93. 交流电机的定子绕组嵌完线后的对地耐压值比成品电机低。(　　)

94. 分析异步电动机电磁关系时,和变压器分析时"一一对应",可见其主磁通 ϕ 是一样的。(　　)

95. 异步电动机定子绕组中的高次谐波,因通过气隙与转子绕组相连,应属主磁通。(　　)

96. 主磁极铁心的不垂直度偏差过大时,电机的中性区宽度变窄。(　　)

97. 直流电枢绕组的匝间短路用工频机组检查。(　　)

98. 主磁极线圈的垫片有毛刺时,有可能造成主极铁心接地。(　　)

99. 三相电机绕组发生匝间短路时,有短路的一相电流增大,而其余两相电流不变,由此可判断匝间短路的存在。(　　)

100. 小时温升是在额定电流、电压下连续运行一小时的电机温升。(　　)

101. 削弱励磁电流可降低转速。(　　)

102. 绕组的电阻随温度升高而降低。(　　)

103. 如果换向极欠补偿,应增加第二气隙。(   )

104. 刀开关、铁壳开关和组合开关等的额定电流要大于实际电路电流。(   )

105. 为消除衔铁振动,交流接触器和直流接触器的铁心都装有短路环。(   )

106. 电流继电器的线圈串接在负载电路中,电压继电器的线圈并接于被测电压两端。(   )

107. 过电压继电器是当电压等于正常值时并不吸合,高于某一值时才吸合。(   )

108. 螺管式电磁机构中,既有总磁通对动铁心产生的电磁斥力,也有漏磁通对动铁心产生的电磁吸力。(   )

109. 变频调速就指的是改变频率来达到调速的目的。(   )

110. PLC 内部元素的触头和线圈的联接是由程序来实现的。(   )

111. 机车牵引负载电路是电力机车牵引工况下的牵引电动机电路。(   )

112. 在保护接零电路中,中性线也应装熔断器。(   )

113. 在变压器中性点直接接地的低压三相四线制系统中,将其零线的一处或多处重行接地,称为重复接地。(   )

114. 过流继电器在机车上起过流保护的作用。(   )

115. 人体触电的方式有单相触电、双相触电、跨步电压触电。(   )

116. 我国的安全电压等级中绝对安全电压是 12 V。(   )

117. 为了灵敏有效地查出某些局部缺陷,考验被试品绝缘承受各种过电压的能力,就必须对被试品进行交流耐压试验。(   )

118. 层压玻璃布板是电器一般采用的绝缘材料。(   )

119. 电磁接触器的释放电压应不小于 $5\%U_e$。(   )

120. 机车牵引电器的基本特点为耐震动、经受得起温度和湿度的剧烈变化、便于生产、电压变化范围大。(   )

121. 机车主回路用于磁场消弱的组合接触器的主触头的接触形式是点接触。(   )

122. 进行耐压试验时,接线应先接地线,后接电源线,拆线时,待停电后,先拆电源线,后拆地线。(   )

123. 当按钮不起作用时,可能是闭合点发生故障。(   )

124. 稳压管在工作时,在反向击穿区,稳压管的电流在很大范围内变化,而管子两端的电压却基本不变,这就是稳压管的稳压作用。(   )

125. 带电测量电容量是通过测量被试品的电容电流和设备运行电压来实现的。(   )

126. 当吸引线圈未通电时,接触器所处的状态称为接触器的常态。(   )

127. 中间继电器是把一个输入信号变成为一个输出信号的继电器。(   )

128. 稳压电路中,起稳压作用的元件是稳压二极管。(   )

129. 对于一确定的晶闸管来说,允许通过它的电流平均值随导电角的减小而增大。(   )

130. 电压互感器的工作特点是二次侧的阻抗很大,因此可以认为是在近于开路状态下工作。(   )

131. 继电保护装置是由包括各种继电器和仪表回路组成的。(   )

132. 电器的自锁和互锁的主要区别是,自锁是利用自身的条件,而互锁是利用自身以外的条件来达到控制电气的目的。(   )

133. 电动机的正反转控制电路,其实就是正转电路与反转电路的组合,但在任何时候只

允许其中一组电路工作,因此必须进行互锁,以防止电源断路。(　　　)

134. 交流耐压试验中,调压部分的作用主要是使电压能从零开始平滑的进行调节,以满足试验所需的任意电压,并且在调节过程中电压波形不发生畸变。(　　　)

135. 机车主回路电器在出厂时必须进行工频耐压试验。(　　　)

136. 可用万用表的欧姆档判断绕组是否存在匝间短路。(　　　)

137. 不论是空载还是负载,直流电机的磁通都是由主磁极产生的。(　　　)

138. 对于电动机,顺旋转方向移动刷架圈时,火花消失或减弱,则说明换向极补偿偏强。(　　　)

139. 直流电动机的输入功率减去机械损耗为电磁功率。(　　　)

140. 直流电机主磁极等分不均匀时,电机换向条件恶化。(　　　)

141. 直流牵引电动机的主极的垂直度超差,直接影响的是电机换向。(　　　)

142. 补偿绕组能抑制直流电机的电枢反应。(　　　)

143. 直流电机电枢绕组匝间短路,将会造成各支路电势不平衡。(　　　)

144. 主磁极与换向极铁心之间的距离偏小时,换向将恶化。(　　　)

145. 电阻制动通常将所有电动机串励绕组串接起来接成他励,由牵引变压器供电。(　　　)

146. 实际尺寸是零件加工后得到的真值。(　　　)

147. 基本尺寸相同的孔与轴配合时,将会得到相同的配合。(　　　)

148. 若零件有某个表面不需要加工,则应选此面作为工艺定位的精基准。(　　　)

149. 内径千分表在基准孔对零后,当测量零件的孔径时,若读为"＋",则说明被测孔比基准孔大。(　　　)

150. 对相对测量误差,国际通用的定义是实际测量值与其真值之差。(　　　)

151. 直流电机主磁极等分不均匀时,电机换向条件恶化。(　　　)

152. 将帕累托原理引用到质量管理中,可以这样认为大多数质量改进课题可以依靠少数专家来解决。(　　　)

153. 排列图是为了对发生频次从最低到最高的项目进行排列而采用的简单图技术。(　　　)

154. 在观察直方图的形状时,当收集的数据时由几种平均值不同的分布混在一起,或过程中某种要素缓慢劣化时所形成的直方图图形,称之为标准型直方图。(　　　)

155. 平均值远离左(右)直方图的中间值,频数自左至右减少(增加),直方图不对称。这种直方图是双峰型直方图。(　　　)

156. 在质量改进中,控制图常用来发现过程的质量问题,起"报警"作用。(　　　)

157. 算术平均值的精密度用标准差估计。(　　　)

158. 剩余误差的代数和等于1。(　　　)

159. 方差是无穷多个测量值随机误差平方的算术平均值。(　　　)

160. 随机误差是指测量结果与其真值的差。(　　　)

161. 测量数据的分散性或计量器具的精密度用标准差评估。(　　　)

162. 测量方法是根据被测量对象和检查人员的特点来选择和确定的。(　　　)

163. 在工件加工后进行的测量为被动测量。(　　　)

164. 测量范围是在仪器的刻度尺上所指示的最大范围。(　　　)

165. 凡经过检验和试验的产成品都要有检验和试验状态标识。(　　　)

166. 测微量具螺旋付的螺距为 0.5 mm,在微分筒的圆周上有 50 等分的刻度。(　　　)

167. 用手长时间直接拿着外径千分尺、内径千分尺测量工件,不会引起千分尺尺寸的变化,也不会产生测量误差。(　　)

168. 为了获得正确的测量结果,应当在工件各部位,以及工件的同一截面上的不同方向进行测量。(　　)

169. "▽"表示表面特征是用不去除材料的方法获得。(　　)

170. 同轴度是形状公差。(　　)

171. 全面质量管理的思想以质量为中心。(　　)

172. 以顾客为关注焦点是质量管理的基本原则,也是现代营销管理的核心。(　　)

173. 实现顾客满意的前提是制定质量方针和目标。(　　)

174. 制造过程中所出现的两类分量均可用有效方法加以发现,并可被剔去。(　　)

175. 根据技术标准、产品图样、作业规程或订货合同的规定,采用相应的检测方法观察、试验、测量产品的质量特性,判定产品质量是否符合规定的要求,这是质量检验的预防功能。(　　)

176. 监督检验的目的是向仲裁方提供产品质量的技术证据。(　　)

177. 为了节约样品数和确保结果准确,往往对一件样品进行多次的重复的破坏性检验。(　　)

178. 控制图是一种用于控制过程质量是否出于控制状态的图。(　　)

179. 机床开动时的轻微振动是偶然因素。(　　)

180. 常规控制图的实质是区分偶然因素与异常因素的显示图。(　　)

181. 在过程控制中,最理想的状态是统计控制状态与技术控制状态均达到。(　　)

182. 过程能力指数反映产品批的合格程度。(　　)

183. 过程能力指加工数量方面的能力。(　　)

184. GB/T 9001—2008 标准中对质量改进的定义是质量管理的一部分,致力于提供质量要求会得到满足的信任。(　　)

185. 质量改进是通过改进生产技术实现的。(　　)

186. 质量改进是通过满足顾客的期望和要求来增强企业的质量管理水平。(　　)

187. 质量改进的重点是提高质量保证能力。(　　)

188. "掌握现状"是质量改进的一个重要步骤,其主要内容是了解当前问题的有关情况。(　　)

189. 在确认效果阶段,将质量改进的成果换算成金额的原因在于能让企业经营者认识到该项工作的重要性。(　　)

190. 在质量改进过程中,如果现状分析用的是排列图,确认效果是必须用排列图。(　　)

191. 质量改进团队中,组长通常由质量委员会或其他监督小组决定。(　　)

192. 一张因果图可以同时解决几个具体问题。(　　)

193. 在排列图中矩形的高度表示概率。(　　)

194. 某企业将采购的一批产品中的若干产品检测数据绘制成直方图,测量方法和数据无误,结果直方图呈锯齿型,其原因在于产品质量非常差。(　　)

五、简 答 题

1. 读装配图的基本方法是什么?

2. 什么是形状公差和位置公差?

3. 什么是顺序控制？

4. 如何检查摇表的状态是否正常？

5. 正确使用摇表的方法是什么？

6. 什么叫表面结构？表面结构有关高度特性的基本评定参数有几个？它们的代号分别是什么？

7. 常用有溶剂漆的性能主要有哪些？

8. 无溶剂漆有哪些优点？

9. 覆盖漆的主要作用是什么？

10. 提高螺栓联接强度的措施有哪些？

11. 电空接触器在机车中的作用有哪些？

12. 电机制造用绝缘薄膜有何意义？

13. 什么是电弧？有哪些危害性？

14. 在电机制造中，造成质量不稳定的因素有哪些？

15. 对于带有绝缘材料的零部件，在机加工时应注意什么？

16. 直流电机电刷下的火花是怎样产生的？

17. 简述机车主回路电空接触器中灭弧装置的组成。

18. 当电刷的压力过大时，电刷与换向器的接触面积增大了，为什么还会引起换向不良？

19. 直流电动机有哪几种调速方法？

20. 如何改变直流电动机的转向？

21. 直流电动机主磁极气隙大小对电机有何影响？

22. 主磁极定装时，为什么必须保证其垂直度？

23. 主附极螺钉松动对电机有何影响？

24. 简述改善直流电机换向的方法。

25. 简述刷架校等分的工艺要点。

26. 造成直流电机火花大的机械原因有哪些？

27. 异步电动机电势的频率与旋转磁场的极数及转速有何关系？

28. 变频调速根据电动机输出性能的不同可分为哪几种？

29. 感应励磁发电机的特点是什么？

30. 三相异步电动机绕组有哪几种短路情况？

31. 三相异步电动机的定子绕组发生匝间短路，定电流将如何变化？

32. 直流电机在试验时，电刷发生火花，通常采用什么方法使火花消失或减弱？

33. 造成电枢绕组匝间短路的原因有哪些？

34. 电机绝缘电阻偏低的原因有哪些？

35. 直流电机电枢绕组接地原因有哪些？

36. 增大异步电动机转子电阻或漏抗对其启动电流、效率和功率因数有什么影响？

37. 交流电机修理时，拆除绕组有哪些步骤？

38. 怎样用感应法校正中性位？

39. 为什么要把具有相同或相近额定速率的牵引电动机同装一台车？

40. 用倒顺开关控制电动机正反转时，为什么不允许把手柄从"顺"的位置直接扳至"倒"

的位置?

41. 触头熔焊的原因有哪些?

42. 自动空气开关的一般选用原则是什么?

43. 位置转换开关在机车上的用途是什么?

44. 电器绝缘件在压制过程中的要求有哪些?

45. 塑料干燥的优点有哪些?

46. 电器上的注射产品有气泡、真空泡的原因是什么?

47. 电器上的热压制品表面起泡、鼓泡和有气眼的原因是什么?

48. 螺纹联接为何要预紧? 预紧力为何要适当?

49. 按照在控制系统的作用来划分,电器可分为哪几类? 并举例说明。

50. 电力机车在运行中的振动形式有哪些?

51. 什么是产品检验? 计数与计量检验有何区别?

52. 测量基准的选择原则是什么?

53. 选择测量器具应注意哪些问题?

54. 简述指示量具的制造原理。

55. 图 15 是分度值为 0.01 mm 的千分尺,请读出指示的数值。

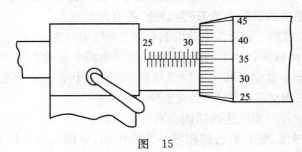

图　15

56. 图 16 所示为 2′角度规,游标上第 12 条刻线与主尺刻线对齐,请读出指示的数值。

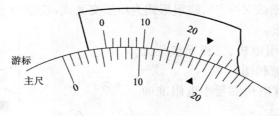

图　16

57. 选择形位公差时应协调好哪三个关系?

58. 什么是"工序能力"?

59. 什么是"质量成本"?

60. 什么是管理的系统方法?

61. 什么叫 QC 小组?

62. 什么是计量数据和计数数据?

63. 什么叫控制图?

64. 什么是系统误差？

65. 什么是最大实体原则？

66. 什么是工序检验？

67. 什么是间接测量？

68. 什么是全数检查？

69. 什么是热处理？

70. 测量的定义是什么？

六、综 合 题

1. 如图 17 所示：$E_1=3$ V，$E_2=4.5$ V，$R=10$ Ω，$U_{AB}=10$ V，求通过 R 的电流大小和方向。

2. 在 R-L 串联正弦交流电路中，已知 $u=220\sqrt{2}\sin(314t)$ V，$R=300$ Ω，$L=1.65$ H，试求电路中的电流、有功功率、无功功率、视在功率及功率因数。

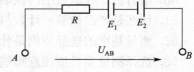

图　17

3. 在 R-C 串联正弦交流电路中，已知 $C=10$ μF，$R=100$ Ω，电源频率 $f=50$ Hz，$U=220$ V，试求：①电路中的电流；②电阻和电容两端的电压。

4. 保证产品装配精度的装配方法有哪几种？ 各有何特点？

5. 已知加在星形连接的三相异步电动机上对称电源线电压为 380 V，若每相的电阻为 6 Ω，感抗为 8 Ω，求：流入电动机每相绕组的电流、线电流及电路中总的有功功率。

6. 如果将绕线式异步电动机和定子绕组短接，而把转子绕组接于电压为转子额定电压、频率为 50 Hz 的对称三相交流电源上，会发生什么现象？

7. 如果三相绕组相首与相尾连接错误会有什么表现？

8. 一台 $2p=4$ 的单波绕组，若去掉相邻的两组电刷，电刷间的电压及发电机的输出功率将如何变化？

9. 修理一台 Y160L-4、15 kW、380 V 的电动机，测得定子的内径 $Di=170$ mm，定子铁心长度 $L=195$ mm，定子槽数 $Z_1=36$，绕组形式为单层交叉式，接法为 △，极对数 $p=2$，并联支路数 $a=1$，求每槽导体数。

10. 画出直、脉流牵引电机、三相异步交流电动机的电枢嵌装工艺流程图。

11. 为什么采用双臂电桥测量小电阻准确较高？

12. 将图 18 连成串励电动机。

13. 一台并励直流电动机在某一 n、I_a、E_a 和 M 下稳定运行，当负载转矩增加，电机重新到达稳态时，上述参数如何变化？

14. 简述磁极套极一体化措施及其作用。

15. 分析电刷与刷盒的间隙大小对换向的影响？

16. 一台直流电动机额定工况时，顺时针

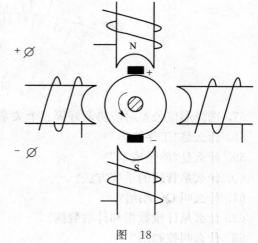

图　18

转速为 660 r/min，逆时针转速为 620 r/min，应如何调整刷架圈，为什么？

17. 一台三相异步电动机的数据为：$P_N = 100$ kW，$U_N = 380$ V，$I_N = 183.5$ A，$\cos\phi_N = 0.9$，定子绕组接法为 $\triangle$，求：效率 η_N 和定子相电流 I。

18. 三相异步电动机在变频调速的同时为什么必须改变端电压？

19. 异步电动机的空气隙为什么必须做得很小？

20. 在接触器联锁的正反转控制线路中，为什么必须在控制电路中接入联锁触头？

21. 完成图 19 指示仪表结构方框图。

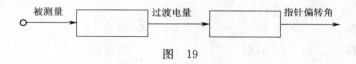

图　19

22. 在电动机控制电路中，使用熔断器和热继电器的作用是什么？能否相互代替？

23. 某机床的控制电机为的额定数据为：额定功率 5.5 kW，额定电压为 380 V，额定电流 12.6 A，启动电流为额定电流的 6.5 倍，试选择用哪种型号的熔断器和热继电器作为电机的短路保护和过载保护？

24. 微机的检测系统都由哪些环节和机构组成？

25. 正常状态下，机车（车重为 136 t）以 120 km/h 的运行速度运行时，牵引力为多少？

26. 高速机车为什么要设计制造工艺复杂的流线型车体？

27. SS₈ 型电力机车的主要技术特点是什么？

28. 机车上司机控制器的作用是什么？

29. 在机车主回路中为什么不采用电磁机构而采用电空传动机构？

30. 分层法主要解决什么问题，如何应用？

31. 质量检验有哪些常用方法？

32. 在质量管理中，防错的原则是什么？

33. 控制图的种类有哪些？判断常规控制图异常的原则有哪些？

34. 运用控制图发现过程出现异常时，如何处理？

35. 过程能力不足时，如何改进？

电器产品检验工(高级工)答案

一、填空题

1. 基本几何	2. 斜二	3. 组合	4. 全剖视
5. 换向不良	6. 局部	7. 不可拆	8. 统一的精度标准
9. 偏差	10. 公差	11. ⊥	12. 实际位置
13. $E{-}IR$	14. -15 V	15. 磁通=磁动势/磁阻($\phi=F_m/R_m$)	
16. $1/H$	17. 指数	18. 小于	19. 5 V
20. $-45°$	21. 44	22. $0.9U_2$	23. $\dot{I}=\dfrac{\dot{U}}{jX_L}$
24. $\dot{I}=\dfrac{\dot{U}}{-jX_C}$	25. $220\sqrt{2}\sin(\omega t+90°)\text{ V}$		26. 线电压和线电流
27. 2	28. 绝对不能工作(或可靠断开)		29. 顺序控制
30. 一	31. 全剖视	32. 未剖	33. 上方
34. 高度特性	35. 十	36. 最高	37. 2
38. 比例	39. 增加	40. 惰性气体保护焊	41. 99.99%
42. 电枢	43. 对称的	44. 电气故障	45. 换向片
46. 不变	47. 1/4	48. 甲种	49. 磁
50. 多速	51. 5%	52. 接地	53. 产生火花
54. 电枢	55. 热态下	56. 永久变形	57. 线匝
58. 上下层	59. 鼠笼式	60. 双层波	61. 电磁性能
62. 相对位置	63. 漆温	64. 绝缘	65. 下降
66. 浸渍漆	67. 有溶剂	68. 水分	69. 渗透能力
70. 碱性	71. 前	72. 横	73. 轴线
74. 接触面积	75. 环火	76. 大于	77. $n=f(M)$
78. $n=(U-\dot{I}_\mathrm{A}R)/(C_\mathrm{e}\phi)$	79. 机械负载		80. 励磁电流
81. 制动	82. 转速	83. 第一气隙	84. 第二气隙
85. 偏弱	86. 适当	87. 环火故障	88. 定子铁损耗
89. 鼠笼式	90. 不饱和	91. 励磁绕组	92. 电流
93. 两相	94. 电磁	95. 高	96. 耐压试验
97. 变频	98. $K_\mathrm{M}\phi I_2\cos\phi_2$	99. 槽楔	100. 偏高
101. 内阻偏大	102. 匝间短路	103. 兆欧表	104. 差
105. $150\sim165℃$	106. 机械	107. 保证定额	108. 小时定额
109. 电阻	110. 机壳	111. 转速高	112. 绕组烧坏

113. 上偏差	114. 平行度	115. 削弱	116. 粗加工
117. 单臂电桥	118. 高频振荡型	119. 电气部分	120. 机械
121. 气密性	122. 化学能	123. 电压	124. 继续流通
125. 固定直流	126. 短路	127. 埋入地下	128. 绝缘老化
129. 无限大	130. 交流	131. 生料带	132. 12 V
133. 断开	134. 短路	135. 大	136. 顺序控制
137. ⌣	138. 90 K	139. 欧姆定律	140. 减小
141. 合金结构钢	142. 预烘	143. 研究性试验	144. 米
145. 实际尺寸	146. 0.005 mm	147. 数学期望	148. 测量误差
149. (绝对)测量误差	150. 相同测量条件	151. 专职	152. 最少
153. 对零	154. 抽样检验	155. 宽度	156. 产生火花
157. 再生发电	158. 输出功率	159. 出力	160. 换向
161. 0.5	162. 换向极	163. 质量改进	164. 质量
165. 控制图	166. 以顾客为关注焦点	167. 数据和信息分析	168. 内部顾客
169. 产品实现过程	170. 把关	171. 把关	172. 检验规程
173. 流动检验	174. 破坏性试验	175. 非破坏性试验	176. 99.73%
177. 预防	178. 控制限	179. 过程质量特性值	180. 及时警告
181. 规格限	182. 计量值控制图	183. 99.73%	184. 异常波动
185. 提高质量保证能力		186. 排列图	187. 频率或频数
188. 直方图	189. 因果图	190. 最高到最低	191. 散布图
192. 异常波动			

二、单项选择题

1. C	2. D	3. B	4. D	5. B	6. B	7. B	8. C	9. A
10. B	11. D	12. D	13. B	14. B	15. D	16. B	17. C	18. B
19. C	20. D	21. D	22. D	23. D	24. C	25. D	26. B	27. C
28. C	29. A	30. B	31. B	32. B	33. D	34. D	35. B	36. D
37. A	38. D	39. C	40. B	41. B	42. A	43. B	44. B	45. D
46. D	47. B	48. D	49. A	50. D	51. C	52. B	53. A	54. C
55. D	56. C	57. B	58. C	59. A	60. A	61. C	62. A	63. B
64. D	65. B	66. D	67. A	68. A	69. B	70. A	71. A	72. B
73. D	74. C	75. C	76. A	77. A	78. A	79. B	80. B	81. A
82. B	83. C	84. D	85. A	86. A	87. C	88. D	89. B	90. A
91. C	92. A	93. C	94. A	95. B	96. A	97. C	98. C	99. C
100. D	101. D	102. A	103. D	104. A	105. D	106. C	107. B	108. D
109. A	110. D	111. A	112. C	113. B	114. A	115. D	116. B	117. D
118. C	119. A	120. B	121. C	122. C	123. D	124. B	125. D	126. B
127. A	128. B	129. C	130. A	131. C	132. A	133. B	134. C	135. A
136. D	137. C	138. C	139. A	140. B	141. A	142. C	143. D	144. A

145. C　146. A　147. A　148. D　149. A　150. B　151. C　152. D　153. A
154. A　155. A　156. A　157. A　158. B　159. D　160. C　161. A　162. C
163. B　164. D　165. A　166. B　167. D　168. A　169. C　170. A　171. D
172. C　173. D　174. B　175. A　176. C　177. C　178. B　179. C　180. B
181. B　182. A　183. C　184. A　185. C　186. C　187. D　188. D　189. B
190. B　191. B　192. A　193. B　194. C　195. D　196. B　197. C　198. D
199. A

三、多项选择题

1. ABCD　2. ABD　3. ABC　4. ABCD　5. BCD　6. ABD　7. ABCD
8. BCD　9. AB　10. ACD　11. ACD　12. BCD　13. ABC　14. ABD
15. ABD　16. ACD　17. ACD　18. ABD　19. ABD　20. ABD　21. ACD
22. AC　23. BCD　24. AB　25. ABCD　26. AB　27. ABC　28. ABD
29. ABC　30. BCD　31. ABD　32. BCD　33. ABCD　34. BCD　35. ABC
36. ACD　37. BCD　38. ABD　39. BD　40. ABCD　41. ABCD　42. ABCD
43. ABCD　44. ABC　45. BC　46. ABCD　47. ABCD　48. ABD　49. ABCD
50. ABC　51. ABC　52. BC　53. ABCD　54. BCD　55. ABCD　56. ABCD
57. BC　58. ABC　59. CD　60. BD　61. BC　62. ABC　63. AB
64. AB　65. AB　66. BC　67. AB　68. BC　69. ABCD　70. AB
71. BC　72. ABC　73. ACD　74. ACD　75. ACD　76. BC　77. ABC
78. BC　79. AC　80. ABCD　81. ABC　82. ABCD　83. AB　84. BCD
85. BC　86. AB　87. AB　88. ABCD　89. ABCD　90. ABC　91. AB
92. ABC　93. AB　94. ABCD　95. ABCD　96. BC　97. BCD　98. ABCD
99. CD　100. BCD　101. BC　102. BC　103. ABCD　104. ABCD　105. ABCD
106. ACD　107. ABCD　108. ABC　109. ABCD　110. ABC　111. ABCD　112. CD
113. ABCD　114. ABCD　115. BC　116. ABC　117. ABC　118. ABCD　119. ABCD
120. ABCD　121. BCD　122. ABCD　123. ACD　124. ABC　125. ABCD　126. BCD
127. BD　128. ABC　129. ABCD　130. ABCD　131. ABCD　132. ABCD　133. BCD
134. ABCD　135. BCD　136. ABC　137. BC　138. BD　139. ABCD　140. ABCD
141. ABCD　142. ABCD　143. ABCD　144. ABCD　145. ABC　146. BCD　147. AC
148. ABCD　149. ABC　150. ABC　151. ABC　152. AB　153. ABCD　154. ABCD
155. ABCD　156. ABC　157. AD　158. ABC　159. ABC　160. ACD　161. ABC
162. BCD　163. AC　161. AC　165. ABC　166. BC　167. ACD　168. ABCD
169. BD　170. BCD　171. AD　172. ACD　173. ACD　174. AC　175. CD
176. ABD　177. BD　178. BCD　179. ACD　180. ACD　181. BCD　182. AC
183. BC　184. AB　185. AB　186. AB　187. ABC

四、判 断 题

1. √　2. √　3. √　4. √　5. ×　6. ×　7. √　8. √　9. √

10.√	11.×	12.×	13.×	14.×	15.×	16.×	17.√	18.√
19.×	20.×	21.√	22.×	23.×	24.√	25.×	26.×	27.√
28.√	29.√	30.√	31.√	32.√	33.√	34.√	35.√	36.×
37.×	38.×	39.√	40.√	41.√	42.×	43.×	44.×	45.√
46.√	47.√	48.√	49.√	50.×	51.×	52.×	53.√	54.√
55.√	56.√	57.√	58.√	59.√	60.√	61.√	62.√	63.×
64.√	65.×	66.√	67.√	68.√	69.√	70.√	71.√	72.√
73.√	74.×	75.√	76.√	77.√	78.×	79.×	80.√	81.×
82.√	83.√	84.√	85.×	86.√	87.√	88.√	89.√	90.√
91.√	92.×	93.√	94.√	95.√	96.√	97.√	98.√	99.√
100.×	101.×	102.×	103.×	104.√	105.×	106.√	107.√	108.√
109.×	110.√	111.√	112.√	113.√	114.√	115.√	116.√	117.√
118.√	119.√	120.√	121.√	122.√	123.√	124.√	125.√	126.√
127.√	128.√	129.√	130.√	131.√	132.√	133.√	134.√	135.√
136.×	137.×	138.√	139.×	140.√	141.√	142.√	143.√	144.√
145.√	146.×	147.√	148.√	149.√	150.√	151.√	152.√	153.√
154.×	155.×	156.√	157.√	158.√	159.√	160.√	161.√	162.√
163.√	164.√	165.√	166.√	167.√	168.√	169.√	170.√	171.√
172.√	173.×	174.√	175.√	176.√	177.√	178.√	179.√	180.√
181.√	182.×	183.√	184.×	185.√	186.√	187.√	188.√	189.√
190.√	191.√	192.×	193.×	194.×				

五、简 答 题

1. 答:概括了解,弄清表达方法(2分);具体分析,掌握形体结构(2分);归纳总结,获得完整概念(1分)。

2. 答:形状公差是指实际形状对理想形状所允许的变动全量(3分)。位置公差是指实际位置对理想位置所允许的变动全量(2分)。

3. 答:多台电动机控制电路中,要求一台电动机启动后另一台电动机才能启动的控制方式叫顺序控制(5分)。

4. 答:(1)开路摇动手柄时,表针应指向"∞"(3分);(2)短路摇动手柄时,表针应指向"0"(2分)。

5. 答:(1)开路和短路检查摇表(1分);(2)接上被试件,摇动兆欧表均匀加速,到达转速后,记下第15 s和60 s时的读数(2分);(3)当试验电容较大的设备时,终止试验应在摇表原转速时断开接线(1分);(4)测试完,将兆欧表与试件充分放电(1分)。

6. 答:在零件加工表面上的微小峰谷的高低程度和间距状况,称为表面结构(2分)。表面结构有关高度特性的基本评定参数有三个。它们的代号分别是 R_a、R_y、R_z(3分)。

7. 答:黏度(0.5分),固体含量(0.5分)、渗透性(0.5分)、干燥时间(0.5分)、酸值(0.5分)、吸水率(0.5分)、耐热性(0.5分)、耐油性(0.5分)、击穿强度(0.5分)、体积电阻率等(0.5分)。

8. 答:固化快,黏度随温度变化,浸透性好(1分);固化过程中挥发物少,绝缘整体性好(1分)。可提高绕组的导热性和耐潮性能,降低材料消耗,缩短浸烘时间(3分)。

9. 答:覆盖漆用于涂覆经浸渍处理过的绕组端部和绝缘零部件,在其表面形成连续、均匀的漆膜,作为绝缘保护层(2分),防止机械损伤和受大气、润滑油、化学药品等的侵蚀(2分),提高表面放电电压(1分)。

10. 答:降低影响螺栓强度的应力幅(2分);改善螺纹牙上载荷分布不均的现象(2分);减少应力集中的影响(0.5分);对螺栓采用合理的制造工艺(0.5分)。

11. 答:在电传动机车中,广泛采用电空接触器来接通和断开主发电机与牵引电动机(牵引工况时)(2分)或者牵引电动机(发电机运行)与制动电阻之间(电阻制动工况时)的主电路(3分)。

12. 答:(1)绝缘寿命提高(1分);(2)绝缘等级提高可从 A 级提高到 E 级,单纯聚酯薄膜可以达到 B 级(2分);(3)电机小型化、轻量化(1分);(4)简化电机制造过程(1分)。

13. 答:电弧是气体在强电场作用下产生的放电现象(2分)。电弧的危害性:烧蚀接触器触头,减少触头的使用寿命,降低工作可靠性(2分);使切断电路的时间延长,甚至造成弧光短路或引起火灾事故(1分)。

14. 答:在电机制造中,造成质量不稳定的因素有两个:一是原材料质量的不稳定(2分);二是工艺不够完善或未认真按工艺规程加工(3分)。

15. 答:(1)不能采用机油或肥皂液等冷却剂(2分);(2)不能使金属沫、屑落入绝缘部分,更要防止铁屑扎入绝缘材料中(3分)。

16. 答:由于电抗电势和电枢反应电势的存在,使换向元件被电刷短接的瞬间,出现电流 iK,阻碍电流换向(2分)。后刷边的电流密度增大,当换向结束时,换向元件中储存的磁场能量要释放出来,于是在电刷和换向器之间产生火花(3分)。

17. 答:电空接触器灭弧装置位于电器上部(2分),主要由灭弧线圈(1分)、灭弧角(1分)和灭弧罩(1分)等组成。

18. 答:压力增大时,换向器与电刷的接触面积增大了,有利于换向(2分)。但压力过大时,将使换向器表面的氧化亚铜薄膜不易形成,对换向非常不利(3分)。

19. 答:(1)在电枢回路中串电阻(2分);(2)改变励磁电流(2分);(3)改变电枢电压(1.5分)。

20. 答:改变直流电动机的旋转方向的方法有:保持励磁电流的方向不变(1分),改变电枢电流的方向(2分);保持电枢电流的方向不变,改变励磁电流的方向(2分)。

21. 答:主磁极气隙偏大时,电机的主磁通减小,电机转速升高(3分);主磁极气隙偏小时电机的主磁通增大,电机转速降低(2分)。

22. 答:当主磁极的不垂直度超过允许值时,将使电机的中性区宽度变窄(3分),对换向不利(2分)。

23. 答:如果定装时主附极螺钉紧固不牢,机车运行振动将会造成主附极线圈松动、(1分)磨破主附极绝缘和联线绝缘(1分),以至于造成主附极线圈接地(1分)、联线接地(1分)或断裂(1分)。

24. 答:(1)减少电抗电势(1分);(2)换向极极性要正确(1分);(3)换向极线圈和电枢绕组串联(1分);(4)换向极磁路映处于低饱和状态(1分);(5)增加换向回路电阻(1分)。

25. 答:将刷架圈放在刷握校正模上(1分),然后装上刷握和刷座(1分),调整刷盒底面至刷架圈距离(1分),插入假电刷校正等分度(1分),调整刷盒底面至校正模外圆(相当于换向器直径)的距离为 2~4 mm(1分)。

26. 答:换向器偏心(1分);换向片凸出,电刷的压力过大或过小(1分),电刷在刷盒内太松或太紧,换向器表面不清洁(1分);换向极等分不均匀都会在电刷与换向器之间产生火花(2分)。

27. 答:异步电动机的感应电势频率与旋转磁场、磁极对数的关系为:$f = \dfrac{pn_0}{60}$ 周/秒(5分)。

28. 答:(1)保持电动机过载能力不变的变频调速(2分);(2)保持电动机恒转矩输出的变频调速(2分);(3)保持电动机恒功率输出的变频调速(1分)。

29. 答:(1)励磁绕组与电枢绕组均在电枢上,且无电刷与滑环装置,转子部分整体性好,运行可靠(2分);(2)维修量小(1分);(3)制造工艺简单(1分);(4)磁通利用率低,硅钢片用量较大(1分)。

30. 答:(1)对地短路(2分);(2)匝间短路(2分);(3)相间短路(1分)。

31. 答:定子绕组匝间短路时,等效为匝数减少(2分),由 $U_1 = 4.44 f_1 N_1 K_1 \phi_m$ 可知,U_1 不变时,N_1 减少(1分),将使 ϕ_m 增大(1分),电动机的空载电流增大(且三相电流不平衡)(1分)。

32. 答:采用移动电刷的方法改善换向(2分)。对于电动机应逆旋转方向移动刷架圈;对于发电机应顺旋转方向移动刷架圈(3分)。

33. 答:(1)换向器光刀后,铜沫清理不干净或升高片光刀后连片(2分);(2)线圈引线修头处不平整,有薄弱点,造成引线头处匝间短路(2分);(3)嵌线时操作不当,造成引线错位,绝缘损伤(1分)。

34. 答:绝缘受潮老化(2分);电机绕组和导电部分有灰尘、油污、金属屑等(3分)。

35. 答:(1)电枢绕组线圈包扎时存在薄弱点(1分);(2)电枢槽清理不干净,铁心有毛刺,或槽形不整齐(1分);(3)电枢嵌线时,造成绝缘破坏(1分);(4)槽楔打进时损伤绝缘(1分);(5)电枢线圈在槽中松动等原因磨损绝缘(1分)。

36. 答:电阻增大时,由于转子电流的减小,起动电流降低(1分),但转子铜耗增加(1分),故效率降低(1分)。转子电阻增加使转子电流有功分量增加(1分),从而使功率因数上升(1分)。

37. 答:先记录铭牌数据(1分)、绕组的型式(1分)、线圈节距(1分)、线圈匝数(1分),并联支路数等,再拆除线圈(1分)。

38. 答:(1)给主极绕组通入约 20% 的额定电流,用毫伏表测量各相邻电刷的感应电势(2分);(2)在断开磁场电流时,读取毫伏表的读数(2分);(3)调整刷架位置,使毫伏表的读数为最小(1分)。

39. 答:由速率特性曲线可知,在额定转速下,当电动机的电枢电流相同或相近时,电机出力均匀(3分),不会出现有的电动机轻载、有的电动机过载的情况(2分)。

40. 答:若直接把手柄由"顺"扳至"倒"的位置,电动机的定子绕组中会因为电源突然反接而产生很大的反接电流(3分),易使电动机定子绕组因过热而损坏(2分)。

41. 答:常见的原因有:触头选用不当,触头容量太小(1分),负载电流过大(1分);操作频率过高(1分);触头弹簧损坏(1分);初压力减小(1分)。

42. 答:(1)额定工作电压≥线路额定电压(1分);(2)自额定电流≥线路计算负载电流(1分);(3)热脱扣器的整定电流=所控制负载的额定电流(1分);(4)电磁脱扣器瞬时脱扣整定电流>负载电路正常工作时的峰值电流(1分);(5)欠压脱扣器的额定电压=线路额定电压(1分)。

43. 答:位置转换开关是电动机车上的专用电器设备(1分),它的用途是改变电动机车励磁绕组的连接(1分),以改变励磁绕组内电流的方向(2分),来达到改变机车运行方向的目的(1分)。

44. 答:在压制过程中要保证模具内的塑料完全固化(1分),必须按照材料的特性(1分),在一定范围内的温度下,足够的保压时间、足够的压力才能保证塑料完全固化(3分)。

45. 答:(1)可以排除塑料中的挥发物,减少制品收缩(1分)。(2)可以提高制品的机械性能(1分)。(3)注射时工艺性能好,可用较低的温度和压力(2分)。(4)提高制品的表面光洁度及外观质量性能(1分)。

46. 答:(1)模具温度太低(1分);(2)注射速度太低(1分);(3)注射压力太大(1分);(4)物料中含水分、挥发物含量大(1分);(5)料筒温度过高,塑料产生分解(1分);(6)注射螺杆退回太早。

47. 答:(1)物料中含有水分与挥发物含量太大(1分);(2)排气不良(1分);(3)模温过高或太低(1分);(4)模压压力低或固化时间短(1分);(5)加热不均匀(1分)。

48. 答:预紧的目的在于增强联接的可靠性和紧密性(1分),防止受载后被联接件出现缝隙或发生相对滑移(1分)。但过大的预紧力会导致联接件在装配中或偶然过载时被拉断(1分)。因此,预紧力要适当,特别对重要的螺纹联接要严格控制预紧力(2分)。

49. 答:可分为控制电器和保护电器两大类(2分)。控制电器有闸刀开关,接触器和按纽等;保护电器有熔断器、热继电器等(3分)。

50. 答:(1)浮沉振动(1分);(2)侧摆振动(1分);(3)侧滚振动(1分);(4)点头振动(1分);(5)伸缩振动(0.5分);(6)摇头振动(0.5分)。

51. 答:产品检验是为了判断产品是否合格,检验产生的信息决定是否采取纠正措施(2分)。计数是检验产品的一组或一项指标不合格的个数,计量室在某一范围测量检验产品的尺度(如尺寸等)(3分)。

52. 答:(1)尽可能采用设计基准或装配基准作为定位基准(2分);
(2)尽可能使定位基准与测量基准重合(1分);
(3)尽可能使定位基准统一(1分);
(4)选择精度高,安装稳定可靠的表面作为精基准(1分)。

53. 答:选择测量器具时应选择的测量器具的测量范围、示值范围、刻度、等规格指标应满足被测工件的要求(3分);测量器具心灵敏度、测量不确定度(等精度指标应与被测工件公差相适应(2分)。

54. 答:主要原理是根据齿轮或杠杆齿轮的传动放大比原理(2分),将微小的直线位移转变为角位移,由指针在刻度盘上指示出来相应的示值(3分)。

55. 答:31.600 mm(5分)。

56. 答:5°24′(5 分)。

57. 答:一是形状公差与位置公差的关系(1 分);二是尺寸公差与位置公差的关系(2 分);三是形状公差与表面结构的关系(2 分)。

58. 答:工序能力只表示一种工序固有的实际的加工能力,而与产品的技术要求无关(2 分)。为了反映工序能力能否满足客观的技术要求,需要将两者进行比较,我们引入了工序能力指数的概念(3 分)。

59. 答:质量成本是将产品质量保持在规定的质量水平上所需的有关费用(2 分),它包括确保满意质量所发生的费用,以及未达到满意质量时所遭受的有形与无形损失(3 分)。

60. 答:将相互关联的过程作为体系来看待、理解和管理,就是管理的系统方法(3 分)。管理的系统方法有助于组织提高实现目标的有效性和效率(2 分)。

61. 答:QC 小组是在生产或工作岗位上从事各种劳动的职工(1 分),以改进质量、降低消耗、提高人的素质和经济效益为目的组织起来(2 分),运用质量管理的理论和方法开展活动的小组(2 分)。

62. 答:计量数据:凡是可以连续取值,或者说可以用测量工具具体测量出小数点以下数值的数据(2 分)。计数数据:凡是不能连续取值,或者说即使利用测量工具也得不到小数点以下数值的数据(3 分)。

63. 答:控制图是过程质量加以测定、记录并进行控制管理的一种用统计方法设计的图(2 分)。图上有中心线 CL、上控制界限 UCL 和下控制界限 LCL,并有按时间顺序抽取的样本统计量数值的描点序列(3 分)。

64. 答:在一定条件下,对同一被测的量具进行多次重复测量时,误差的大小和符号均保持不变,或按一定规律变化的误差称为系统误差(5 分)。

65. 答:使被测要素相应的实际轮廓要素不得超越由其实效尺寸确定的理想形状的包容面(2 分),使其实际轮廓要素的局部实际尺寸在最大实体尺寸与最小实体尺寸之内的一种公差原则(3 分)。

66. 答:是指在本工序加工完毕时的检验(2 分),其目的是预防产生大批的不合格品,并防止不合格品流入下道工序(3 分)。

67. 答:指通过直接测量与欲知量有函数关系的其他量(2 分),然后通过函数关系的计算求得欲知量的测量方法(3 分)。

68. 答:全数检查是对交检的一批产品逐个进行检查(2 分),并对每个单位产品作出合格或不合格的判定(3 分)。

69. 答:热处理是通过加热、保温和冷却(3 分),改善金属及其合金的组织结构(1 分),从而改善钢的性能的一种工艺方法(1 分)。

70. 答:测量就是将被测的量与用计量单位表示的标准量进行比较,从而确定被测量量值的过程(3 分),而量值则以带有计量单位的数值表示(2 分)。

六、综 合 题

1. 解:如图 1 所示,利用电源的等效变换,将原图逐步简化单回路电路,从而求得电流:

$$I = \frac{1}{5+5} = 0.1 \text{ A}(2 \text{ 分})$$

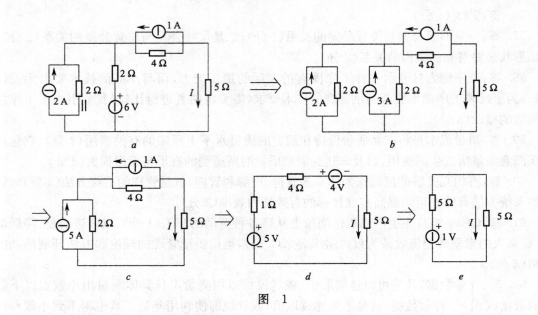

图 1

$$U=\frac{\dfrac{E_1}{R_1}+\dfrac{E_2}{R_2}-\dfrac{E_3}{R_3}}{\dfrac{1}{R_1}+\dfrac{1}{R_2}+\dfrac{1}{R_3}}=\frac{\dfrac{40}{5}+\dfrac{5}{10}-\dfrac{25}{10}}{\dfrac{1}{5}+\dfrac{1}{10}+\dfrac{1}{10}}=15 \text{ V}(2 \text{分})$$

$$I_1=\frac{E_1-U}{R_1}=\frac{40-15}{5}=5 \text{ A}(2 \text{分})$$

$$I_2=\frac{E_2-U}{R_2}=\frac{5-15}{10}=-1 \text{ A}(2 \text{分})$$

$$I_3=\frac{E_3+U}{R_3}=\frac{25+15}{10}=4 \text{ A}(2 \text{分})$$

2. 解:

$$Z=\sqrt{R^2+(\omega L)^2}\approx600 \text{ }\Omega(1 \text{分})$$

$$\phi=\text{Arctan}\frac{X_L}{R}=\arctan\frac{314\times1.65}{300}=60°(1 \text{分})$$

$$I=\frac{U}{Z}=\frac{220}{600}=0.365 \text{ A}(2 \text{分})$$

$$P=UI\cos\phi=220\times0.365\times\cos60°=40 \text{ W}(2 \text{分})$$

$$Q=UI\sin\phi=220\times0.365\times\sin60°=70 \text{ Var}(2 \text{分})$$

$$S=UI=220\times0.365=80 \text{ VA} \qquad \cos\phi=\cos60°=0.5(2 \text{分})$$

3. 解:

$$(1)X_c=\frac{1}{\omega c}=\frac{1}{2\pi fc}=\frac{1}{2\pi\times20\times10\times10^{-6}}\approx318 \text{ }\Omega \text{ }(2 \text{分})$$

$$Z=\sqrt{R^2+X_c^2}=\sqrt{100^2+318^2}=333 \text{ }\Omega(2 \text{分})$$

$$I=\frac{U}{Z}=\frac{220}{330}=0.66 \text{ A}(2 \text{分})$$

$(2)U_R = I \cdot R = 0.66 \times 100 = 66$ V(2分)

$U_C = I \cdot X_C = 0.66 \times 318 = 210$ V(2分)

4. 解:(1)完全互换法。装配工作简单,生产效率高,可组织专业化生产,但要求零件加工精度较高,生产成本高(2分)。(2)分组装配法(选择装配法)。可将零件公差适当扩大,使加工较为容易,然后将零件按装配精度要求分组进行装配,适用于装配精度要求高,尺寸链组成环节数目少的大批量生产中(3分)。(3)修配法。将有关零件公差放宽进行加工,选择其中一个零件预留修配量,装配时按需要进行修配,使之满足装配精度要求,此种方法可使零件加工比较方便,但装配工作比较麻烦(3分)。(4)调整法。确定一个或几个零件作为调整件,预先做好各种尺寸,装配时,根据不同的误差情况,选择尺寸合适的调整件装入;或用改变调整件的位置补偿或消除积累误差,使之达到装配精度要求(2分)。

5. 解:$U_{线} = \dfrac{U_{线}}{\sqrt{3}} = \dfrac{380}{\sqrt{3}} \approx 220$ V(2分)

$Z = \sqrt{R^2 + X^2} = \sqrt{6^2 + 8^2} = 10$ Ω(2分)

$I_{相} = \dfrac{U_{相}}{Z} = \dfrac{220}{10} = 22$ A(2分)

$I_{线} = I_{相} = 22$ A(2分)

$P = \sqrt{3} U_{线} \ I_{线} \ \cos\phi = \sqrt{3} \times 380 \times 22 \times \dfrac{6}{10} = 8\ 664$ W(2分)

6. 答:此时,转子绕组产生旋转磁场(2分),同步转速为 n_0(2分),(假设为逆时针方向),那么定子绕组产生感应电势和感应电流(2分),此电流在磁场的作用下又产生电磁转矩(逆时针方向),但是定子不能转动,故反作用于转子(2分)。使得转子向顺时针方向旋转(2分)。

7. 答:电机不能起动(3分),电流过大(3分),并有很大的嗡嗡声(2分)。

8. 解:如图2所示。

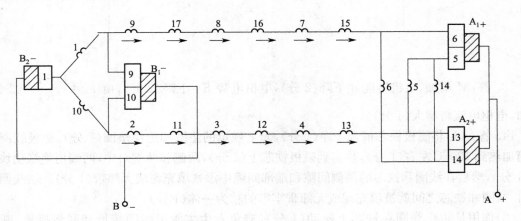

图　2

由图2(2分)可见,当去掉 A_1 与 B_1 电刷时,电刷间的电压及输出功率均无变化(4分)。但 A_2 与 B_2 的电流增大,会引起换向困难(4分)。

9. 解:单层交叉式绕组的每槽线圈匝数与每槽导体数相等(2分)。根据电动机的防护形式和极对数,选拔气隙磁通密度 B=0.7T,(2分)故有:

$$N=\frac{2.4pU_1a\times10^2}{B^\delta D_iLZ_1}=\frac{2.4\times2\times380\times10^2}{0.7\times17.0\times19.5\times36}=21.8\text{匝}(4\text{分}),\text{取}22\text{匝}(2\text{分})$$

10. 答:如图 3 所示。(10 分)

图 3

11. 答:因为双臂电桥是将寄生电阻,并入误差项,并使误差项等于零,因而对电桥的平衡不因这部分寄生电阻大小而受到影响,从而提高了电桥测量的准确性。(10 分)

12. 解:答案如图 4 所示。(10 分)

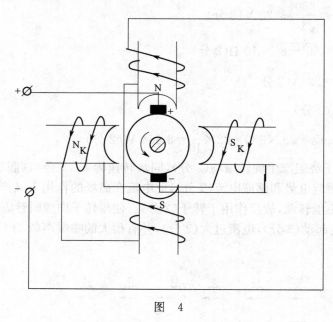

图 4

13. 答:M 增加,电机转速 n 下降(2 分),电枢电势 E_A 下降(2 分),由 $I_A=\dfrac{U-E_A}{R_A}$(2 分)可知,电枢电流将增大(4 分)。

14. 答:(1)将磁极铁芯清理干净(1 分),套上规定的垫圈和绝缘垫圈(1 分),磁极线圈用烘箱加热到 120 ℃左右(1 分),热套到磁极铁芯上(1 分),两侧和两端对中,两端用绝缘垫块塞紧(1 分),然后在线圈和铁芯的两侧间隙和端部间隙中添塞填充泥或无纬带(1 分)。当线圈冷却后,线圈和铁芯之间就被填充泥或无纬带牢牢的粘为一体(1 分)。

(2)作用是防止线圈在铁芯上松动(1 分),避免发生主附极线圈接地和联线接地、断裂(2 分)。

15. 答:电刷与刷盒的间隙必须适当(2 分)。间隙过大,电机在正反向运行时,电刷将形成两个工作面,使电刷的中性位偏移(2 分),换向火花增大(2 分),同时使电刷的磨损加快(2 分);间隙过小,电刷在刷盒内活动不灵活,甚至卡死,引起火花(2 分)。

16. 答:应顺时针移动刷架圈(4 分)。当电刷不在几何中性线上时,电枢反应的纵轴磁势对主磁极有去磁作用或助磁作用(4 分),使电机正反向的速度不相等(2 分)。所以应顺时针移动刷架圈。

17. 解:(1)输入功率

$$P_1=\sqrt{3}U_NI_N\cos\phi_N=\sqrt{3}\times380\times183.5\times0.9=108\ 698\ \text{W}(4\ 分)$$

$$\eta_N=\frac{P_N}{P_1}=\frac{100\times10^3}{108\ 698}=0.92(3\ 分)$$

(2) $I=\dfrac{I_N}{\sqrt{3}}=\dfrac{183.5}{\sqrt{3}}=106\ \text{A}(3\ 分)$

18. 答:由 $U_1\approx E_1\approx4.44f_1N_1K_1\phi_m$ 可知(2 分),当降低频率 f_1 进行调速时,若 U_1 不变,则磁通 ϕ_m 将增大,使定子铁心饱和,损耗增大,电机温升升高(3 分),这是不允许的。为了保持 ϕ_m 不变,在 f_1 降低的同时,必须降低 U_1 以保持 $\dfrac{U_1}{f_1}$ 为常数(5 分)。

19. 答:因为异步电动机的励磁电流是由电网供给的(2 分),气隙大时磁阻增加(2 分),所需励磁电流将增加(2 分),从而降低电机的功率因数(2 分)。所以一般异步电动机的空气隙做的很小(2 分)。

20. 答:在接触器联锁的正反转控制线路中,KM_1 和 KM_2 的主触头不允许同时闭合(2 分),否则将造成两相电源短路(2 分)。为了保证 KM_1 得电时,KM_2 不能得电,以免电源相间短路(2 分),故在 KM_1 线圈支路串接 KM_2 的常闭触头(2 分);在 KM_2 线圈支路串接 KM_1 的常闭触头,从而可靠地避免了两相电源短路事故的发生(2 分)。

21. 答:测量机构(5 分)、测量线路(5 分)。

22. 答:在电动机控制电路中,使用熔断器是为实现短路保护(2 分);使用热继电器是为实现过载保护(2 分)。其作用是不能互相代替的。如果用熔断器取代热继电器会造成电路在高于额定电流不太多的过载电流时,长时间不熔断(2 分),这样达不到过载保护的要求(2 分),如果用热继电器代替熔断器会由于热元件的热惯性造成不能及时切断短路电流(2 分)。

23. 答:熔断器选择:在电动机电路中,常选用 RL 系列螺旋式熔断器,熔体额定电流 $I_{RN}=(1.5\sim2.5)$ IN 电机额定电流(2 分)。

系数取 2,故 $I_{RN}=2\times12.6=25.2$ A(2 分)。

可选 RL-60/30,熔断器额定电流为 60 A,熔体额定电流为 30 A(2 分)。

热电器选择:根据负载数据,可选取 JR0-20/3 型热继电器(2 分)。

选用额定电流为 16 A 的热元件,整定电流调节范围为 10～16 A,将电流整定在 12.6 A 即可(2 分)。

24. 答:现场位置→信号变速器→A/D、I/O 转换→微机(10 分)。

25. 解:$\mu=0.24+12\div(100+8v)$ (2 分)

式中 μ——轮轨黏着系数;

v——运行速度。

$\mu=0.24+12\div(100+8v)=0.251\ 3(2\ 分)$

$F=\mu\times G(2\ 分)$

式中 F——牵引力;

G——机车重量。

$F=\mu\times G=34.177$ t(2分)

答:牵引力为 34.177 t。(2分)

26. 答:(1)机车运行时所受到的空气阻力和运行速度的关系,不是简单的线性关系(3分)。(2)机车中低速运行时,空气阻力不大,高速运行时,空气阻力突出地表现出来,以至成为进一步提高运行速度的严重限制因素(4分)。(3)合理的流线型车体结构减少机车的阻力,节省机车的功率消耗(3分)。

27. 答:承载能力较大(2分);传动比大,而且准确(2分);传动平稳、无噪声(2分);具有自锁作用(2分);传动效率低(1分);不能任意呼唤啮合(1分)。

28. 答:司机通过司机控制器来控制主电路中工矿转换开关的动作(2分),控制柴油机供油量的大小(即控制柴油机的功率及转速的大小)(2分),来改变主发电机的端电压(2分),达到既方便又安全的控制机车的起动、调速、转换运行方向及运行工矿的目的(4分)。

29. 答:如果采用电磁机构来传动,则要求衔铁(或动铁心)的行程长,气隙大,电磁力大(2分)。这样,电磁机构的功率造成其体积大且笨重,耗费电能也多(2分),所以主电路电器通常都采用电空传动机构(2分),即用电控制的压缩空气传动机构,其特点是在较大行程下可以保持足够大的传动力(2分)。由于制动停车的需要,在机车上装置有空气压缩机,因而有现成气源供传动电器之用(2分)。

30. 答:分层就是把所收集的数据进行合理的分类(2分),把性质相同、在同一生产条件下收集的数据归在一起(2分),把划分的组叫做"层"(2分),通过数据分层把错综复杂的影响质量因素分析清楚(2分)。

通常,我们将分层与其他质量管理中统计方法一起联用,即将性质相同、在同一生产条件下得到的数据归在一起,然后再分别用其他方法制成分层排列图、分层直方图、分层散步图等(2分)。

31. 答:全数检验和抽样检验(2分);

计数检验和计量检验(2分);

理化检验与器官检验(2分);

破坏性检验与无损检验(2分);

验收性质的检验和监控性质的检验(2分)。

32. 答:为有效防止作业差错,推行防错法应遵循以下五条防错原则:

只生产所需产品(2分);

削减、简化和合并作业步骤(2分);

全员参与(2分);

追求完美(2分);

设计系统和程序来消除缺陷产生的机会(2分)。

33. 答:控制图的种类:均值—极差控制图;均值—标准控制图;中位数—极差值控制图;单值—移动极差控制图;不合格品率控制图;不合格品数控制图;单位不合格数控制图(旧称:单位缺陷数控制图);不合格数控制图(旧称:缺陷数控制图)(2分)。

判断常规控制图异常的原则有:(1)1个点落在 A 区以外(1分);(2)连续 9 点落在中心线同一侧(1分);(3)连续 6 点递增或递减(1分);(4)连续 14 点相邻点交替上下(1分);(5)连续 3 点中有 2 点落在中心线同一侧的 B 区以外(1分);(6)连续 5 点中有 4 点落在中心线同一侧

的 C 区以外(1 分);(7)连续 15 点落在中心线两侧的 C 区内(1 分);(8)连续 8 点落在中心线两侧,无一在 C 区内(1 分)。

34. 答:如果点子出现异常,应执行"查出异因,采取措施,保证消除,纳入标准,不再出现"(2 分)。对于过程而言,控制图起着告警的作用(2 分),控制图点子出界就好比告警铃响,告诉工作人员现在到了查找原因、采取措施、防止再犯的关键时刻(6 分)。

35. 答:当知道 C_P 和 C_{PK} 后,可以按照以下思路调整。

(1)根据公式 $C_P = T/6S$,可知 C_P 的大小反映的是数据分布的离散程度,当 C_P 不足时,应在加工时保证制造时质量特性不要分散太大,尽量集中(5 分)。

(2)根据公式 $C_{PK} = (1-K)C_P$,K 是偏离度,当 C_P 满足要求后,尽量在制造过程中保证质量特性的平均值靠近公差带的中值(5 分)。

电器产品检验工(初级工)技能操作考核框架

一、框架说明

1. 依据《国家职业标准》[注],以及中国北车确定的"岗位个性服从于职业共性"的原则,提出电器产品检验工(初级工)技能操作考核框架(以下简称:技能考核框架)。

2. 本职业等级技能操作考核评分采用百分制。即:满分为 100 分,60 分为及格,低于 60 分为不及格。

3. 实施"技能考核框架"时,考核制件(活动)命题可以选用本企业的加工件(活动项目),也可以结合实际另外组织命题。

4. 实施"技能考核框架"时,考核的时间和场地条件等应依据《国家职业标准》,并结合企业实际确定。

5. 实施"技能考核框架"时,其"职业功能"的分类按以下要求确定:

(1)"电器产品检验"、"质量管理"属于本职业等级技能操作的核心职业活动,其"项目代码"为"E"。

(2)"检验准备"、"测量工具的维护和保养"属于本职业等级技能操作的辅助性活动,其"项目代码"分别为"D"和"F"。

6. 实施"技能考核框架"时,其"鉴定项目"和"选考数量"按以下要求确定:

(1)按照《国家职业标准》有关技能操作鉴定比重的要求,本职业等级技能操作考核制件的"鉴定项目"应按"D"+"E"+"F"组合,其考核配分比例相应为:"D"占 20 分,"E"占 65 分,"F"占 15 分。

(2)依据中国北车确定的"核心职业活动选取 2/3,并向上取整"的规定,在"E"类鉴定项目——"电器产品检验"与"质量管理"的全部 6 项中,至少选取 4 项。

(3)依据中国北车确定的"其余'鉴定项目'的数量可以任选"的规定,"D"和"F"类鉴定项目——"检验准备"、"测量工具的维护和保养"中,至少分别选取 1 项。

(4)依据中国北车确定的"确定'选考数量'时,所涉及'鉴定要素'的数量占比,应不低于对应'鉴定项目'范围内'鉴定要素'总数的 60%,并向上取整"的规定,考核制件的鉴定要素"选考数量"应按以下要求确定:

①在"D"类"鉴定项目"中,在已选定的 1 个鉴定项目中,至少选取所对应的全部鉴定要素的 60%项,并向上保留整数。

②在"E"类"鉴定项目"中,在已选的 5 个鉴定项目所包含的全部鉴定要素中,至少选取总数的 60%项,并向上保留整数。

③在"F"类"鉴定项目"中,在已选定的 1 个鉴定项目中,至少选取所对应的全部鉴定要素的 60%项,并向上保留整数。

举例分析:

按照上述"第 6 条"要求,若命题时按最少数量选取,即:在"D"类鉴定项目中选取了"量具准备"1项,在"E"类鉴定项目中选取了"目测检查"、"电气性能检查"、"机械性能检查"、"特殊过程检查"、"不合格品处置"5项,在"F"类鉴定项目中选取了"检查、检测用设备、工装、工具、量具的维护和保养"1项,则:

此考核制件所涉及的"鉴定项目"总数为7项,具体包括:"量具准备","目测检查"、"电气性能检查"、"机械性能检查"、"特殊过程检查"、"不合格品处置","检查、检测用设备、工装、工具、量具的维护和保养";

此考核制件所涉及的鉴定要素"选考数量"相应为19项,具体包括:"量具准备"鉴定项目包含的全部4个鉴定要素中的3项,"目测检查"、"电气性能检查"、"机械性能检查"、"特殊过程检查"、"不合格品处置"5个鉴定项目包括的全部21个鉴定要素中的13项,"检查、检测用设备、工装、工具、量具的维护和保养"鉴定项目包含的全部4个鉴定要素中的3项。

7. 本职业等级技能操作需要两人及以上共同作业的,可由鉴定组织机构根据"必要、辅助"的原则,结合实际情况确定协助人员的数量。在整个操作过程中,协助人员只能起必要、简单的辅助作用。否则,每违反一次,至少扣减应考者的技能考核总成绩10分,直至取消其考试资格。

8. 实施"技能考核框架"时,应同时对应考者在质量、安全、工艺纪律、文明生产等方面行为进行考核。对于在技能操作考核过程中出现的违章作业现象,每违反一项(次)至少扣减技能考核总成绩10分,直至取消其考试资格。

注:按照中国北车规定,各《职业技能操作考核框架》的编制依据现行的《国家职业标准》或现行的《行业职业标准》或现行的《中国北车职业标准》的顺序执行。

二、电器产品检验工(初级工)技能操作鉴定要素细目表

| 职业功能 | 鉴定项目 | | 鉴定比重(%) | 选考方式 | 鉴定要素 | | 重要程度 |
	项目代码	名称			要素代码	名称	
检查准备	D	量具准备	20	必选	001	游标卡尺、百分表、千分尺、深度尺、万能角度尺、高度尺、塞尺使用	X
					002	数字微欧计、万用表、双臂电桥使用	X
					003	漆膜测厚仪、划格试验仪、振动检测仪、表面粗糙度检测仪使用	X
					004	工频耐压仪、匝间测试仪、介质损耗检测仪、功率分析仪使用	Y
电器产品检验	E	目测检查	65	至少选择4项	001	绝缘部件外观检查	Y
					002	机械部件外观检查	Y
					003	工件图号、材料编码与实物匹配性检查	X
					004	环境条件检查	X
		电气性能检查			001	对地耐压检查	X
					002	匝间耐压检查	X
					003	电阻检查	X
					004	绝缘电阻检查	X

职业功能	鉴定项目				鉴定要素		
	项目代码	名　称	鉴定比重(%)	选考方式	要素代码	名　称	重要程度
电器产品检验	E	机械性能检查	65	至少选择4项	001	加工尺寸检测	Y
					002	转子动平衡检查	Y
					003	热套装配尺寸检查	X
					004	螺栓紧固检查	X
					005	轴承游隙检查	X
					006	部件装配检查	X
					007	跳动量检测	X
		特殊过程检查			001	漆膜厚度检查	Y
					002	油漆划格试验检查	Y
					003	升高片焊接检查	X
					004	烘箱或感应加热工件过程检查	X
					005	压接电缆线	X
质量管理	E	不合格品处置			001	不合格品的标识、隔离	X
					002	不合格的纠正和预防	X
		质量管理			001	质量管理体系的要求	Y
测量工具的维护和保养	F	检查、检测用设备、工装、工具、量具的维护和保养	15	必选	001	正确选择、使用设备、工装、量具、工具	X
					002	常用量具的状态确认	X
					003	工具、量具的维护、保养	Y
					004	设备、工装的日常维护、保养	Z

注:重要程度中 X 表示核心要素,Y 表示一般要素,Z 表示辅助要素。下同。

电器产品检验工（初级工）
技能操作考核样题与分析

职 业 名 称：_____

考 核 等 级：_____

存 档 编 号：_____

考核站名称：_____

鉴定责任人：_____

命题责任人：_____

主管负责人：_____

中国北车股份有限公司劳动工资部制

职业技能鉴定技能操作考核制件图示或内容

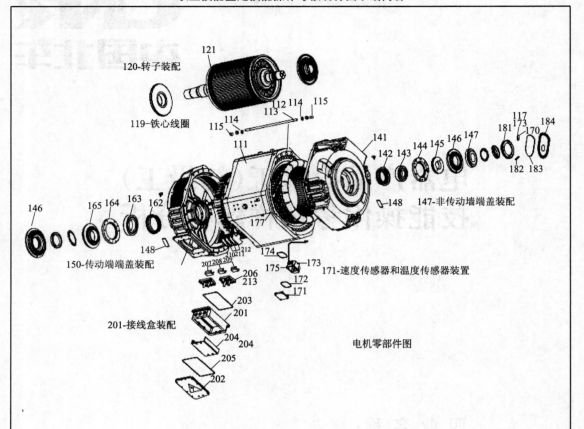

120-转子装配
121
119-铁心线圈
112 114 115
113
115 114
111
141
142 143 144 145 146 147
181 117 173 170 184
182 183
148
147-非传动墙端盖装配
177
146
165 164 163 162
148
174
175 173
171-速度传感器和温度传感器装置
172
171
150-传动端端盖装配
207208209
210211 212
206
213
203
201
201-接线盒装配
204 204
205
202

电机零部件图

职业名称	电器产品检验工
考核等级	初级工
试题名称	交流异步电机检查
材质等信息:无	

职业技能鉴定技能操作考核准备单

职业名称	电器产品检验工
考核等级	初级工
试题名称	交流异步电机检查

一、材料准备

材料规格：某动车牵引电动机组装及试验所需零部件。

二、量具准备清单

序号	名　称	规　格	数量	备　注
1	百分表		1	
2	磁性表座		1	
3	塞尺		1	
4	红外线测温仪		1	
5	外径千分尺		1	
6	深度游标卡尺		1	
7	振动检测仪		1	
8	微欧计		1	
9	兆欧表		1	

三、考场准备

1. 考核场地及安全防范措施：

1)部分考核在总装二车间总装工地进行；

2)部分考核项目在总装二车间试验站进行；

3)在考场附近立牌进行考试标识。

2. 主要配合人员：

1)总装二车间总装班负责 YJXX 动车牵引电动机的总装的操作工,2 人；

2)总装二车间试验站负责 YJXX 动车牵引电动机试验的操作工,2 人；

3)天车工等其他人员,2 人。

3. 主要设备

总装翻身机。

4. 其他准备

四、考核内容及要求

1. 考核内容

1)完成职业技能鉴定技能操作考核制件图示产品(YJXX 动车牵引电动机)总装配过程 (不包括安全装置装配)中的检查及质量监控任务；

　　2)完成职业技能鉴定技能操作考核制件图示产品(YJXX 动车牵引电动机)例行试验过程中定子三相电阻检测,定子绕组、温度传感器、速度传感器绝缘电阻检测,对地耐压检测任务。

　　2. 考核时限

　　本次技能考核时间为 300 分钟(不包含工件转序时间及因生产组织造成的等待时间)。

　　3. 考核评分(表)

职业名称	电器产品检验工	考核等级	初级工		
试题名称	交流异步电机检查	考核时限	300 分钟		
鉴定项目	考核内容	配分	评分标准	扣分说明	得分
量具准备	游标卡尺、百分表、千分尺、深度尺、万能角度尺、高度尺、塞尺使用	12	未准备合格量具一项扣 2 分		
	数字微欧计、万用表、双臂电桥使用	3	未准备合格量具一项扣 3 分		
	漆膜测厚仪、划格检测仪、振动检测仪、表面粗糙度检测仪、红外线测温仪使用	5	未准备合格量具一项扣 5 分		
目测检查	机械部件外观检查	2	每缺少或错一项查扣 1 分		
	工件图号、材料编码与实物匹配性检查	4	每缺少或错一项查扣 1 分		
	环境条件检查	2	每缺少或错一项查扣 1 分		
电气性能检查	对地耐压检查	3	每缺少或错一项查扣 1 分		
	电阻检查	2	缺少或错一项检查扣 2 分		
	绝缘电阻检查	4	每缺少或错一项查扣 1 分		
机械性能检查	螺栓紧固检查	8	每缺少或错一项查扣 1 分		
	轴承游隙检查	4	每缺少或错一项查扣 2 分		
	部件装配检查	10	每缺少或错一项查扣 2 分		
	跳动量检查	4	每缺少或错一项查扣 2 分		
特殊过程检查	烘箱或感应加热工件	8	每缺少或错一项查扣 2 分		
	压接电缆线	6	每缺少或错一项查扣 2 分		
不合格品处置	不合格品的标识、隔离	4	处置不当扣 4 分		
	不合格的纠正和预防	4	处置不当扣 4 分		
维护和保养	正确选择、使用设备、工装、量具、工具	6	选择或使用不正确一项扣 2 分		
	常用量具的状态确认	5	未检查一项扣 2 分		
	工具、量具的维护、保养	4	未进行保养扣 4 分		
质量、安全、工艺纪律、文明生产等综合考核项目	考核时限	不限	每超时 5 分钟,扣 10 分		
	工艺纪律	不限	依据企业有关工艺纪律规定执行,每违反一次扣 10 分		
	劳动保护	不限	依据企业有关劳动保护管理规定执行,每违反一次扣 10 分		
	文明生产	不限	依据企业有关文明生产管理规定执行,每违反一次扣 10 分		
	安全生产	不限	依据企业有关安全生产管理规定执行,每违反一次扣 10 分		

职业技能鉴定技能考核制件(内容)分析

职业名称	电器产品检验工
考核等级	初级工
试题名称	交流异步电机检查
职业标准依据	国家职业标准

试题中鉴定项目及鉴定要素的分析与确定

鉴定项目分类 分析事项	基本技能"D"	专业技能"E"	相关技能"F"	合计	数量与占比说明
鉴定项目总数	1	6	1	8	
选取的鉴定项目数量	1	5	1	7	
选取的鉴定项目 数量占比(%)	100	83.3	100	87.5	专业技能满足2/3,鉴 定要素满足60%的要求
对应选取鉴定项目所 包含的鉴定要素总数	4	23	4	31	
选取的鉴定要素数量	3	14	3	20	
选取的鉴定要素 数量占比(%)	75	60.9	75	64.52	

所选取鉴定项目及相应鉴定要素分解与说明

鉴定项目类别	鉴定项目名称	国家职业标准规定比重(%)	《框架》中鉴定要素名称	本命题中具体鉴定要素分解	配分	评分标准	考核难点说明
D	量具准备	20	游标卡尺、百分表、千分尺、深度尺、万能角度尺、高度尺、塞尺使用	游标卡尺、百分表、千分尺、塞尺	12	未准备合格量具一项扣2分	
			数字微欧计、万用表、双臂电桥使用	数字微欧计	3	未准备合格量具一项扣3分	
			漆膜测厚仪、划格检测仪、振动检测仪、表面粗糙度检测仪、红外线测温仪使用	红外线测温仪	5	未准备合格量具一项扣5分	
E	目测检查	65	机械部件外观检查	对总装前部件进行外观检查,确认是否有磕碰等异常情况,如有则需按照程序进行处置	2	每缺少或错一项检查扣1分	
			工件图号、材料编码与实物匹配性检查	确认各零、部件图号及材料的正确性	4	每缺少或错一项检查扣1分	
			环境条件检查	确认组装及试验环境符合工艺要求。如轴承装配的清洁度、温度;如例行试验时的温度、湿度等	2	每缺少或错一项检查扣1分	

鉴定项目类别	鉴定项目名称	国家职业标准规定比重(%)	《框架》中鉴定要素名称	本命题中具体鉴定要素分解	配分	评分标准	考核难点说明
E	电气性能检查	65	对地耐压检查	在电机试验时,能够正确选择仪表及量程,进行: 1)定子绕组对地耐压检测; 2)温度传感器对地耐压检测; 3)速度传感器对地耐压检测	3	每缺少或错一项检查扣1分	
			电阻检查	在电机试验时,能够正确选择仪表及量程,进行定子三相电阻检查	2	缺少或错一项检查扣2分	
			绝缘电阻检查	在电机组装及试验时,能够正确选择仪表及量程,进行: 1)定子绕组绝缘电阻检测; 2)速度传感器绝缘电阻检测; 3)温度传感器绝缘电阻检测; 4)绝缘轴承绝缘电阻检测	4	每缺少或错一项检查扣1分	
	机械性能检查		螺栓紧固检查	1)检查操作工紧固螺栓的紧固标识、锁紧标识是否完整; 2)抽检操作工紧固螺栓的力矩值是否符合工艺要求; 3)确认操作工上螺纹锁固剂前是否清洁紧固件; 4)确认操作工使用的力矩扳手精度校准在有效期内	8	每缺少或错一项检查扣1分	
			轴承游隙检查	能够正确选择仪表及量程,进行: 1)传动端轴承组装游隙检测; 2)非传动端轴承组装游隙检测	4	每缺少或错一项检查扣2分	
			部件装配检查	检查部件装配过程。如油路检查、轴承油脂量检查、速度传感器装配间隙检查等	10	每缺少或错一项检查扣2分	
			跳动量检查	能够正确选择仪表及量程,进行: 1)转轴跳动量检测; 2)测速齿轮跳动量检测	4	每缺少或错一项检查扣2分	

鉴定项目类别	鉴定项目名称	国家职业标准规定比重(%)	《框架》中鉴定要素名称	本命题中具体鉴定要素分解	配分	评分标准	考核难点说明
E	特殊过程检查	65	烘箱或感应加热工件	能够正确使用红外线测温仪进行温度监控,并有效监控此特殊过程。如:端盖烘焙、轴承内圈热套、传动端封环热套、挡圈热套等	8	每缺少或错一项检查扣2分	
			压接电缆线	能够有效监控此特殊过程,并掌握:1)压线钳精度校准是否在有效期内;2)压线钳送检频次;3)压接电缆线实物拉力检测频次	6	每缺少或错一项检查扣2分	
	不合格品处置		不合格品的标识、隔离	能依据公司程序文件要求正确对现场不合格品进行标识及隔离	4	处置不当扣4分	
			不合格的纠正和预防	能够依据公司程序文件要求正确预防及纠正不合格品	4	处置不当扣4分	
F	检查、检测用设备、工装、工具、量具的维护和保养	15	正确选择、使用设备、工装、量具、工具	能够正确选择使用量具及设备等	6	选择或使用不正确一项扣2分	
			常用量具的状态确认	1)检查量具是否在校准合格期内;2)检查量具外观状态	5	未检查一项扣2分	
			工具、量具的维护、保养	量具使用完成是否清洁干净并妥善放置	4	未进行保养扣4分	
	质量、安全、工艺纪律、文明生产等综合考核项目		考核时限		不限	每超时5分钟,扣10分	
			工艺纪律		不限	依据企业有关工艺纪律规定执行,每违反一次扣10分	
			劳动保护		不限	依据企业有关劳动保护管理规定执行,每违反一次扣10分	
			文明生产		不限	依据企业有关文明生产管理规定执行,每违反一次扣10分	
			安全生产		不限	依据企业有关安全生产管理规定执行,每违反一次扣10分	

电器产品检验工(中级工)技能操作考核框架

一、框架说明

1. 依据《国家职业标准》^注，以及中国北车确定的"岗位个性服从于职业共性"的原则，提出电器产品检验工(中级工)技能操作考核框架(以下简称：技能考核框架)。

2. 本职业等级技能操作考核评分采用百分制。即：满分为 100 分，60 分为及格，低于 60 分为不及格。

3. 实施"技能考核框架"时，考核制件(活动)命题可以选用本企业的加工件(活动项目)，也可以结合实际另外组织命题。

4. 实施"技能考核框架"时，考核的时间和场地条件等应依据《国家职业标准》，并结合企业实际确定。

5. 实施"技能考核框架"时，其"职业功能"的分类按以下要求确定：

(1)"电器产品检验"、"质量管理"属于本职业等级技能操作的核心职业活动，其"项目代码"为"E"。

(2)"检验准备"、"测量工具的维护和保养"属于本职业等级技能操作的辅助性活动，其"项目代码"分别为"D"和"F"。

6. 实施"技能考核框架"时，其"鉴定项目"和"选考数量"按以下要求确定：

(1)按照《国家职业标准》有关技能操作鉴定比重的要求，本职业等级技能操作考核制件的"鉴定项目"应按"D"＋"E"＋"F"组合，其考核配分比例相应为："D"占 15 分，"E"占 75 分，"F"占 10 分。

(2)依据中国北车确定的"核心职业活动选取 2/3，并向上取整"的规定，在"E"类鉴定项目——"电器产品检验"与"质量管理"的全部 8 项中，至少选取 6 项。

(3)依据中国北车确定的"其余'鉴定项目'的数量可以任选"的规定，"D"和"F"类鉴定项目——"检验准备"、"测量工具的维护和保养"中，至少分别选取 1 项。

(4)依据中国北车确定的"确定'选考数量'时，所涉及'鉴定要素'的数量占比，应不低于对应'鉴定项目'范围内'鉴定要素'总数的 60％，并向上取整"的规定，考核制件的鉴定要素"选考数量"应按以下要求确定：

①在"D"类"鉴定项目"中，在已选定的 1 个鉴定项目中，至少选取所对应的全部鉴定要素的 60％项，并向上保留整数。

②在"E"类"鉴定项目"中，在已选的 6 个鉴定项目所包含的全部鉴定要素中，至少选取总数的 60％项，并向上保留整数。

③在"F"类"鉴定项目"中，在已选定的 1 个鉴定项目中，至少选取所对应的全部鉴定要素的 60％项，并向上保留整数。

举例分析：

　　按照上述"第 6 条"要求,若命题时按最少数量选取,即:在"D"类鉴定项目中的选取了"量具准备"1 项,在"E"类鉴定项目中选取了"目测检查"、"电气性能检查"、"机械性能检查"、"特殊过程检查"、"问题分析能力"、"质量管理"6 项,在"F"类鉴定项目中选取了"检查、检测用设备、工装、工具、量具的维护和保养"1 项,则:

　　此考核制件所涉及的"鉴定项目"总数为 8 项,具体包括:"量具准备","目测检查","电气性能检查"、"机械性能检查"、"特殊过程检查"、"问题分析能力"、"质量管理","检查、检测用设备、工装、工具、量具的维护和保养";

　　此考核制件所涉及的鉴定要素"选考数量"相应为 22 项,具体包括:"量具准备"鉴定项目包含的全部 4 个鉴定要素中的 3 项,"目测检查"、"电气性能检查"、"机械性能检查"、"特殊过程检查"、"问题分析能力"、"质量管理"6 个鉴定项目包括的全部 26 个鉴定要素中的 16 项,"检查、检测用设备、工装、工具、量具的维护和保养"鉴定项目包含的全部 4 个鉴定要素中的 3 项。

　　7. 本职业等级技能操作需要两人及以上共同作业的,可由鉴定组织机构根据"必要、辅助"的原则,结合实际情况确定协助人员的数量。在整个操作过程中,协助人员只能起必要、简单的辅助作用。否则,每违反一次,至少扣减应考者的技能考核总成绩 10 分,直至取消其考试资格。

　　8. 实施"技能考核框架"时,应同时对应考者在质量、安全、工艺纪律、文明生产等方面行为进行考核。对于在技能操作考核过程中出现的违章作业现象,每违反一项(次)至少扣减技能考核总成绩 10 分,直至取消其考试资格。

　　注:按照中国北车规定,各《职业技能操作考核框架》的编制依据现行的《国家职业标准》或现行的《行业职业标准》或现行的《中国北车职业标准》的顺序执行。

二、电器产品检验工(中级工)技能操作鉴定要素细目表

职业功能	鉴定项目				鉴定要素		
	项目代码	名　称	鉴定比重(%)	选考方式	要素代码	名　称	重要程度
检查准备	D	量具准备	10	必选	001	游标卡尺、百分表、千分尺、深度尺、万能角度尺、高度尺、塞尺使用	X
					002	数字微欧计、万用表、双臂电桥使用、兆欧表使用	X
					003	漆膜测厚仪、划格试验仪、振动检测仪、表面粗糙度检测仪、红外线测温仪使用	X
					004	工频耐压仪、匝间测试仪、介质损耗检测仪、功率分析仪使用	Y
电器产品检验	E	目测检查	75	至少选择6项	001	绝缘部件外观检查	Y
					002	机械部件外观检查	Y
					003	工件图号、材料编码与实物匹配性检查	X
					004	环境条件检查	X
		电气性能检查			001	对地耐压检查	X
					002	匝间耐压检查	X
					003	电阻检查	X

职业功能	鉴定项目				鉴定要素		
	项目代码	名　称	鉴定比重（%）	选考方式	要素代码	名　称	重要程度
电器产品检验	E	电气性能检查	75	至少选择6项	004	绝缘电阻检查	X
					005	浸水检查	X
					006	介质损耗检查	X
		机械性能检查			001	加工尺寸检测	Y
					002	转子动平衡检查	Y
					003	热套装配尺寸检查	X
					004	螺栓紧固检查	X
					005	轴承游隙检查	X
					006	振动检测	Y
					007	部件装配检查	X
					008	跳动量检测	X
		特殊过程检查			001	漆膜厚度检查	Y
					002	油漆划格试验检查	Y
					003	升高片焊接检查	X
					004	烘箱或感应加热工件过程检查	X
					005	压接电缆线	X
		问题分析能力			001	试验数据分析	Y
					002	现场质量问题的分析与处置	Y
质量管理		不合格品处置			001	不合格品的标识、隔离	X
					002	不合格的纠正和预防	X
		质量管理			001	质量管理体系的要求	Y
		质量统计			001	直方图、散布图、排列图、因果图的应用	Y
					002	分层法、调查表的应用	Y
					003	抽样检验方法的应用	X
					004	控制图的应用	Y
测量工具的维护和保养	F	检查、检测用设备、工装、工具、量具的维护和保养	15	任选	001	正确选择、使用设备、工装、量具、工具	X
					002	常用量具的状态确认	X
					003	工具、量具的维护、保养	Y
					004	设备、工装的日常维护、保养	Z
		培训及指导			001	指导实际操作的方法	Y

电器产品检验工(中级工)
技能操作考核样题与分析

职 业 名 称：＿＿＿＿＿＿＿＿＿＿＿

考 核 等 级：＿＿＿＿＿＿＿＿＿＿＿

存 档 编 号：＿＿＿＿＿＿＿＿＿＿＿

考核站名称：＿＿＿＿＿＿＿＿＿＿＿

鉴定责任人：＿＿＿＿＿＿＿＿＿＿＿

命题责任人：＿＿＿＿＿＿＿＿＿＿＿

主管负责人：＿＿＿＿＿＿＿＿＿＿＿

中国北车股份有限公司劳动工资部制

职业技能鉴定技能操作考核制件图示或内容

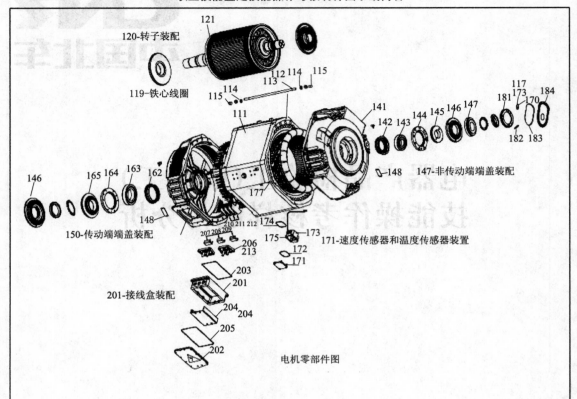

120-转子装配

119-铁心线圈

147-非传动端端盖装配

150-传动端端盖装配

171-速度传感器和温度传感器装置

201-接线盒装配

电机零部件图

职业名称	电器产品检验工
考核等级	中级工
试题名称	交流异步电机检查
材质等信息:无	

职业技能鉴定技能操作考核准备单

职业名称	电器产品检验工
考核等级	中级工
试题名称	交流异步电机检查

一、材料准备

材料规格：某动车牵引电动机组装及试验所需零部件。

二、量具准备清单

序号	名　　称	规　　格	数量	备　　注
1	百分表		1	
2	磁性表座		1	
3	塞尺		1	
4	红外线测温仪		1	
5	外径千分尺		1	
6	深度游标卡尺		1	
7	振动检测仪		1	
8	微欧计		1	
9	兆欧表		1	
10	漆膜厚度检测仪		1	
11	划格试验仪		1	

三、考场准备

1. 考核场地及安全防范措施：

1)部分考核在总装二车间总装工地进行；

2)部分考核项目在总装二车间试验站进行；

3)在考场附近立牌进行考试标识。

2. 主要配合人员：

1)总装二车间总装班负责 YJXX 动车牵引电动机的总装的操作工,2 人；

2)总装二车间试验站负责 YJXX 动车牵引电动机试验的操作工,2 人；

3)天车工等其他人员,2 人。

3. 主要设备

总装翻身机。

4. 其他准备

四、考核内容及要求

1. 考核内容

1)完成职业技能鉴定技能操作考核制件图示产品(YJXX 动车牵引电动机)总装配过程(不包括安全装置装配)中的检查及质量监控任务;

2)完成职业技能鉴定技能操作考核制件图示产品(YJXX 动车牵引电动机)例行试验过程中定子三相电阻检测,定子绕组、温度传感器、速度传感器绝缘电阻检测,对地耐压检测任务;

3)完成职业技能鉴定技能操作考核制件图示产品(YJXX 动车牵引电动机)涂装的检测任务。

2. 考核时限

本次技能考核时间为 300 分钟(不包含工件转序时间及因生产组织造成的等待时间)。

3. 考核评分(表)

职业名称	电器产品检验工	考核等级	中级工		
试题名称	交流异步电机检查	考核时限	300 分钟		
鉴定项目	考核内容	配分	评分标准	扣分说明	得分
量具准备	游标卡尺、百分表、千分尺、塞尺	6	未准备合格量具一项扣 2 分		
	数字微欧计	4	未准备合格量具一项扣 4 分		
	漆膜测厚仪、划格检测仪、红外线测温仪	5	未准备合格量具一项扣 2 分		
目测检查	对总装前部件进行外观检查,确认是否有磕碰等异常情况,如有则需按照程序进行处置	1	每缺少或错一项检查扣 1 分		
	对绝缘部件进行外观检查,确认是否有磕碰等异常情况,如有则需按照程序进行处置	1	每缺少或错一项检查扣 1 分		
	确认各零、部件图号及材料的正确性	4	每缺少或错一项检查扣 1 分		
	确认组装及试验环境符合工艺要求。如轴承装配的清洁度、温度;如例行试验时的温度、湿度等	2	每缺少或错一项检查扣 1 分		
电气性能检查	在电机试验时,能够正确选择仪表及量程,进行定子三相电阻检查	2	缺少或错一项检查扣 2 分		
	在电机组装及试验时,能够正确选择仪表及量程,进行: 1)定子绕组绝缘电阻检测; 2)速度传感器绝缘电阻检测; 3)温度传感器绝缘电阻检测; 4)绝缘轴承绝缘电阻检测	4	每缺少或错一项检查扣 1 分		

续上表

鉴定项目	考核内容	配分	评分标准	扣分说明	得分
机械性能检查	1）检查操作工紧固螺栓的紧固标识、锁紧标识是否完整； 2）抽检操作工紧固螺栓的力矩值是否符合工艺要求； 3）确认操作工上螺纹锁固剂前是否清洁紧固件； 4）确认操作工使用的力矩扳手精度校准在有效期内	8	每缺少或错一项检查扣1分		
	能够正确选择仪表及量程，进行： 1）传动端轴承组装游隙检测； 2）非传动端轴承组装游隙检测	4	每缺少或错一项检查扣2分		
	检查部件装配过程。如油路检查、轴承油脂量检查、速度传感器装配间隙检查等	10	每缺少或错一项检查扣2分		
	能够正确选择仪表及量程，进行： 1）转轴跳动量检测； 2）测速齿轮跳动量检测	4	每缺少或错一项检查扣2分		
特殊过程检查	能够正确使用漆膜厚度检测仪进行机座表面漆检测	4	每缺少或错一项检查扣4分		
	能够正确使用划格试验仪进行机座表面漆检测	4	每缺少或错一项检查扣4分		
	能够正确使用红外线测温仪进行温度监控，并有效监控此特殊过程。如：端盖烘焙、轴承内圈热套、传动端封环热套、挡圈热套等	8	每缺少或错一项检查扣2分		
	能够有效监控此特殊过程，并掌握： 1）压线钳精度校准是否在有效期内； 2）压线钳送检频次； 3）压接电缆线实物拉力检测频次	6	每缺少或错一项检查扣2分		
问题分析能力	能够对考核样件的例行试验结果进行合格与否判定，并简单分析	5	分析不正确扣2分		
质量管理	能够对关键产品的追溯性进行管理及监控。如轴承供应商记录、传感器编号记录、定子装配、转子装配、端盖等编号记录	8	缺少一项扣2分		
维护和保养	能够正确选择使用量具及设备等	4	选择或使用不正确一项扣2分		
	1）检查量具是否在校准合格期内； 2）检查量具外观状态	3	未检查一项扣1分		
	量具使用完成是否清洁干净并妥善放置	3	未进行保养扣3分		
质量、安全、工艺纪律、文明生产等综合考核项目	考核时限	不限	每超时5分钟，扣10分		
	工艺纪律	不限	依据企业有关工艺纪律规定执行，每违反一次扣10分		
	劳动保护	不限	依据企业有关劳动保护管理规定执行，每违反一次扣10分		
	文明生产	不限	依据企业有关文明生产管理规定执行，每违反一次扣10分		
	安全生产	不限	依据企业有关安全生产管理规定执行，每违反一次扣10分		

职业技能鉴定技能考核制件(内容)分析

职业名称	电器产品检验工
考核等级	中级工
试题名称	交流异步电机检查
职业标准依据	国家职业标准

试题中鉴定项目及鉴定要素的分析与确定

分析事项 ＼ 鉴定项目分类	基本技能"D"	专业技能"E"	相关技能"F"	合计	数量与占比说明
鉴定项目总数	1	8	1	11	
选取的鉴定项目数量	1	6	1	8	
选取的鉴定项目数量占比(%)	100	75	100	72.73	专业技能满足2/3,鉴定要素满足60%的要求
对应选取鉴定项目所包含的鉴定要素总数	4	26	4	34	
选取的鉴定要素数量	3	16	3	22	
选取的鉴定要素数量占比(%)	75	61.5	75	64.7	

所选取鉴定项目及相应鉴定要素分解与说明

鉴定项目类别	鉴定项目名称	国家职业标准规定比重(%)	《框架》中鉴定要素名称	本命题中具体鉴定要素分解	配分	评分标准	考核难点说明
D	量具准备	15	游标卡尺、百分表、千分尺、深度尺、万能角度尺、高度尺、塞尺使用	游标卡尺、百分表、千分尺、塞尺	6	未准备合格量具一项扣2分	
			数字微欧计、万用表、双臂电桥使用	数字微欧计	4	未准备合格量具一项扣4分	
			漆膜测厚仪、划格检测仪、振动检测仪、表面粗糙度检测仪、红外线测温仪使用	漆膜测厚仪、划格检测仪、红外线测温仪	5	未准备合格量具一项扣2分	
E	目测检查	75	机械部件外观检查	对总装前部件进行外观检查,确认是否有磕碰等异常情况,如有则需按照程序进行处置	1	每缺少或错一项检查扣1分	
			绝缘部件外观检查	对绝缘部件进行外观检查,确认是否有磕碰等异常情况,如有则需按照程序进行处置	1	每缺少或错一项检查扣1分	
			工件图号、材料编码与实物匹配性检查	确认各零、部件图号及材料的正确性	4	每缺少或错一项检查扣1分	
			环境条件检查	确认组装及试验环境符合工艺要求。如轴承装配的清洁度、温度;如例行试验时的温度、湿度等	2	每缺少或错一项检查扣1分	

鉴定项目类别	鉴定项目名称	国家职业标准规定比重(%)	《框架》中鉴定要素名称	本命题中具体鉴定要素分解	配分	评分标准	考核难点说明
E	电气性能检查	75	电阻检查	在电机试验时,能够正确选择仪表及量程,进行:定子三相电阻检查	2	缺少或错一项检查扣2分	
			绝缘电阻检查	在电机组装及试验时,能够正确选择仪表及量程,进行: 1)定子绕组绝缘电阻检测; 2)速度传感器绝缘电阻检测; 3)温度传感器绝缘电阻检测; 4)绝缘轴承绝缘电阻检测	4	每缺少或错一项检查扣1分	
	机械性能检查		螺栓紧固检查	1)检查操作工紧固螺栓的紧固标识、锁紧标识是否完整; 2)抽检操作工紧固螺栓的力矩值是否符合工艺要求; 3)确认操作工上螺纹锁固剂前是否清洁紧固件; 4)确认操作工使用的力矩扳手精度校准在有效期内	8	每缺少或错一项检查扣1分	
			轴承游隙检查	能够正确选择仪表及量程,进行: 1)传动端轴承组装游隙检测; 2)非传动端轴承组装游隙检测	4	每缺少或错一项检查扣2分	
			部件装配检查	检查部件装配过程。如油路检查、轴承油脂量检查、速度传感器装配间隙检查等	10	每缺少或错一项检查扣2分	
			跳动量检查	能够正确选择仪表及量程,进行: 1)转轴跳动量检测; 2)测速齿轮跳动量检测	4	每缺少或错一项检查扣2分	
	特殊过程检查		漆膜厚度检查	能够正确使用漆膜厚度检测仪进行机座表面漆检测	4	每缺少或错一项检查扣4分	
			划格试验检查	能够正确使用划格试验仪进行机座表面漆检测	4	每缺少或错一项检查扣4分	

续上表

鉴定项目类别	鉴定项目名称	国家职业标准规定比重(%)	《框架》中鉴定要素名称	本命题中具体鉴定要素分解	配分	评分标准	考核难点说明
E	特殊过程检查		烘箱或感应加热工件	能够正确使用红外线测温仪进行温度监控,并有效监控此特殊过程。如:端盖烘焙、轴承内圈热套、传动端封环热套、挡圈热套等	8	每缺少或错一项检查扣2分	
			压接电缆线	有效监控此过程:1)压线钳精度校准是否在有效期内;2)压线钳送检频次;3)压接电缆线实物拉力检测频次	6	每缺少或错一项检查扣2分	
	问题分析能力		试验数据分析	能够对考核样件的例行试验结果进行合格与否判定,并简单分析	5	分析不正确扣2分	
	质量管理		质量管理体系的要求	能够对关键产品的追溯性进行管理及监控。如轴承供应商记录、传感器编号记录、定子装配、转子装配、端盖等编号记录	8	缺少一项扣2分	
F	检查、检测用设备、工装、工具、量具的维护和保养	10	正确选择、使用设备、工装、量具、工具	能正确选择使用量具及设备等	4	选择或使用不正确一项扣2分	
			常用量具的状态确认	1)检查量具是否在校准合格期内;2)检查量具外观状态	3	未检查一项扣1分	
			工具、量具的维护、保养	量具使用完成是否清洁干净并妥善放置	3	未进行保养扣3分	
	质量、安全、工艺纪律、文明生产等综合考核项目			考核时限	不限	每超时5分钟,扣10分	
				工艺纪律	不限	依据企业有关工艺纪律规定执行,每违反一次扣10分	
				劳动保护	不限	依据企业有关劳动保护管理规定执行,每违反一次扣10分	
				文明生产	不限	依据企业有关文明生产管理规定执行,每违反一次扣10分	
				安全生产	不限	依据企业有关安全生产管理规定执行,每违反一次扣10分	

电器产品检验工(高级工)
技能操作考核框架

一、框架说明

1. 依据《国家职业标准》^注，以及中国北车确定的"岗位个性服从于职业共性"的原则，提出电器产品检验工(高级工)技能操作考核框架(以下简称:技能考核框架)。

2. 本职业等级技能操作考核评分采用百分制。即:满分为 100 分，60 分为及格，低于60 分为不及格。

3. 实施"技能考核框架"时，考核制件(活动)命题可以选用本企业的加工件(活动项目)，也可以结合实际另外组织命题。

4. 实施"技能考核框架"时，考核的时间和场地条件等应依据《国家职业标准》，并结合企业实际确定。

5. 实施"技能考核框架"时，其"职业功能"的分类按以下要求确定:

(1)"电器产品检验"、"质量管理"属于本职业等级技能操作的核心职业活动，其"项目代码"为"E"。

(2)"检验准备"、"测量工具的维护和保养"属于本职业等级技能操作的辅助性活动，其"项目代码"分别为"D"和"F"。

6. 实施"技能考核框架"时，其"鉴定项目"和"选考数量"按以下要求确定:

(1)按照《国家职业标准》有关技能操作鉴定比重的要求，本职业等级技能操作考核制件的"鉴定项目"应按"D"+"E"+"F"组合，其考核配分比例相应为:"D"占 10 分，"E"占 85 分，"F"占 5 分。

(2)依据中国北车确定的"核心职业活动选取 2/3，并向上取整"的规定，在"E"类鉴定项目——"电器产品检验"与"质量管理"的全部 8 项中，至少选取 6 项。

(3)依据中国北车确定的"其余'鉴定项目'的数量可以任选"的规定，"D"和"F"类鉴定项目——"检验准备"、"测量工具的维护和保养"中，至少分别选取 1 项。

(4)依据中国北车确定的"确定'选考数量'时，所涉及'鉴定要素'的数量占比，应不低于对应'鉴定项目'范围内'鉴定要素'总数的 60%，并向上取整"的规定，考核制件的鉴定要素"选考数量"应按以下要求确定:

①在"D"类"鉴定项目"中，在已选定的 1 个鉴定项目中，至少选取所对应的全部鉴定要素的 60%项，并向上保留整数。

②在"E"类"鉴定项目"中，在已选的 6 个鉴定项目所包含的全部鉴定要素中，至少选取总数的 60%项，并向上保留整数。

③在"F"类"鉴定项目"中，在已选定的 1 个或多个鉴定项目中，至少选取所对应的全部鉴定要素的 60%项，并向上保留整数。

举例分析：

按照上述"第 6 条"要求，若命题时按最少数量选取，即：在"D"类鉴定项目中的选取了"量具准备"1 项，在"E"类鉴定项目中选取了"目测检查"、"电气性能检查"、"机械性能检查"、"特殊过程检查"、"问题分析能力"、"质量统计"6 项，在"F"类鉴定项目中选取了"检查、检测用设备、工装、工具、量具的维护和保养"、"培训及指导"2 项，则：

此考核制件所涉及的"鉴定项目"总数为 8 项，具体包括："量具准备"，"目测检查"、"电气性能检查"、"机械性能检查"、"特殊过程检查"、"问题分析能力"、"质量统计"，"检查、检测用设备、工装、工具、量具的维护和保养"；

此考核制件所涉及的鉴定要素"选考数量"相应为 26 项，具体包括："量具准备"鉴定项目包含的全部 4 个鉴定要素中的 4 项，"目测检查"、"电气性能检查"、"机械性能检查"、"特殊过程检查"、"问题分析能力"、"质量统计"6 个鉴定项目包括的全部 29 个鉴定要素中的 18 项，"检查、检测用设备、工装、工具、量具的维护和保养"、"培训及指导"鉴定项目包含的全部 5 个鉴定要素中的 4 项。

7. 本职业等级技能操作需要两人及以上共同作业的，可由鉴定组织机构根据"必要、辅助"的原则，结合实际情况确定协助人员的数量。在整个操作过程中，协助人员只能起必要、简单的辅助作用。否则，每违反一次，至少扣减应考者的技能考核总成绩 10 分，直至取消其考试资格。

8. 实施"技能考核框架"时，应同时对应考者在质量、安全、工艺纪律、文明生产等方面行为进行考核。对于在技能操作考核过程中出现的违章作业现象，每违反一项（次）至少扣减技能考核总成绩 10 分，直至取消其考试资格。

注：按照中国北车规定，各《职业技能操作考核框架》的编制依据现行的《国家职业标准》或现行的《行业职业标准》或现行的《中国北车职业标准》的顺序执行。

二、电器产品检验工（高级工）技能操作鉴定要素细目表

职业功能	鉴定项目					鉴定要素		
	项目代码	名　称	鉴定比重（%）	选考方式	要素代码	名　称		重要程度
检查准备	D	量具准备	10	必选	001	游标卡尺、百分表、千分尺、深度尺、万能角度尺、高度尺、塞尺使用		X
					002	数字微欧计、万用表、双臂电桥使用、兆欧表使用		X
					003	漆膜测厚仪、划格试验仪、振动检测仪、表面粗糙度检测仪、红外线测温仪使用		X
					004	工频耐压仪、匝间测试仪、介质损耗检测仪、功率分析仪使用		Y
电器产品检验	E	目测检查	80	至少选择6项	001	绝缘部件外观检查		Y
					002	机械部件外观检查		Y
					003	工件图号、材料编码与实物匹配性检查		X
					004	环境条件检查		X

职业功能	鉴定项目		鉴定比重(%)	选考方式	鉴定要素		
	项目代码	名称			要素代码	名称	重要程度
电器产品检验	E	电气性能检查	80	至少选择6项	001	对地耐压检查	X
					002	匝间耐压检查	X
					003	电阻检查	X
					004	绝缘电阻检查	X
					005	浸水检查	X
					006	介质损耗检查	X
		机械性能检查			001	加工尺寸检测	Y
					002	转子动平衡检查	Y
					003	热套装配尺寸检查	X
					004	螺栓紧固检查	X
					005	轴承游隙检查	X
					006	振动检测	Y
					007	部件装配检查	X
					008	跳动量检测	X
		特殊过程检查			001	漆膜厚度检查	Y
					002	油漆划格试验检查	Y
					003	升高片焊接检查	X
					004	烘箱或感应加热工件过程检查	X
					005	压接电缆线	X
		问题分析能力			001	试验数据分析	Y
					002	现场质量问题的分析与处置	Y
质量管理		不合格品处置			001	不合格品的标识、隔离	X
					002	不合格的纠正和预防	X
		质量管理			001	质量管理体系的要求	Y
		质量统计			001	直方图、散布图、排列图、因果图的应用	Y
					002	分层法、调查表的应用	Y
					003	抽样检验方法的应用	X
					004	控制图的应用	Y
测量工具的维护和保养	F	检查、检测用设备、工装、工具、量具的维护和保养	10	任选	001	正确选择、使用设备、工装、量具、工具	X
					002	常用量具的状态确认	X
					003	工具、量具的维护、保养	Y
					004	设备、工装的日常维护、保养	Z
		培训及指导			001	指导实际操作的方法	Y

电器产品检验工(高级工)
技能操作考核样题与分析

职 业 名 称：＿＿＿＿＿＿＿＿＿＿＿＿＿

考 核 等 级：＿＿＿＿＿＿＿＿＿＿＿＿＿

存 档 编 号：＿＿＿＿＿＿＿＿＿＿＿＿＿

考核站名称：＿＿＿＿＿＿＿＿＿＿＿＿＿

鉴定责任人：＿＿＿＿＿＿＿＿＿＿＿＿＿

命题责任人：＿＿＿＿＿＿＿＿＿＿＿＿＿

主管负责人：＿＿＿＿＿＿＿＿＿＿＿＿＿

中国北车股份有限公司劳动工资部制

职业技能鉴定技能操作考核制件图示或内容

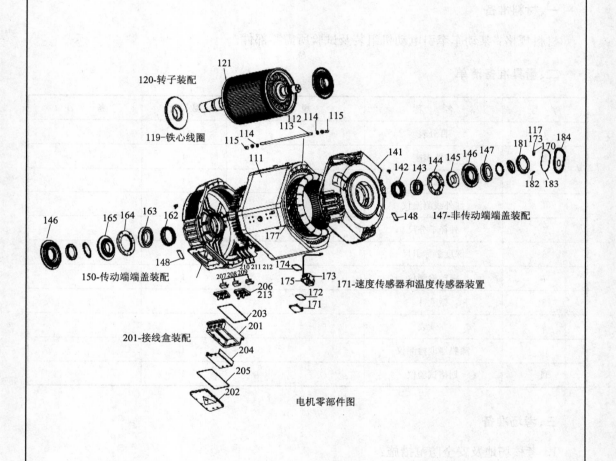

电机零部件图

职业名称	电器产品检验工
考核等级	高级工
试题名称	交流异步电机检查
材质等信息:无	

职业技能鉴定技能操作考核准备单

职业名称	电器产品检验工
考核等级	高级工
试题名称	交流异步电机检查

一、材料准备

材料规格：某动车牵引电动机组装及试验所需零部件。

二、量具准备清单

序 号	名 称	规 格	数 量	备 注
1	百分表		1	
2	磁性表座		1	
3	塞尺		1	
4	红外线测温仪		1	
5	外径千分尺		1	
6	深度游标卡尺		1	
7	振动检测仪		1	
8	微欧计		1	
9	兆欧表		1	
10	漆膜厚度检测仪		1	
11	划格试验仪		1	

三、考场准备

1. 考核场地及安全防范措施：

1)部分考核在总装二车间总装工地进行；

2)部分考核项目在总装二车间试验站进行；

3)在考场附近立牌进行考试标识。

2. 主要配合人员

1)总装二车间总装班负责 YJXX 动车牵引电动机的总装的操作工,2 人；

2)总装二车间试验站负责 YJXX 动车牵引电动机试验的操作工,2 人；

3)天车工等其他人员,2 人。

3. 主要设备

总装翻身机。

4. 其他准备

四、考核内容及要求

1. 考核内容

1)完成职业技能鉴定技能操作考核制件图示产品(YJXX 动车牵引电动机)定子装配的介质损耗检测任务;

2)完成职业技能鉴定技能操作考核制件图示产品(YJXX 动车牵引电动机)总装配过程(不包括安全装置装配)中的检查及质量监控任务;

3)完成职业技能鉴定技能操作考核制件图示产品(YJXX 动车牵引电动机)例行试验过程中定子三相电阻检测,定子绕组、温度传感器、速度传感器绝缘电阻检测,对地耐压检测,整机振动值检测任务;

4)完成职业技能鉴定技能操作考核制件图示产品(YJXX 动车牵引电动机)总装过程中轴承游隙检测数据的控制图制作及分析任务。

已知 30 组传动端轴承游隙及 30 组非传动端轴承游隙实测数据,并形成单值控制图(如图 1、图 3 所示)及移动极差控制图(如图 2、图 4 所示),请在完成此次考核的组装任务后,将数据添加至图 1~图 4 中,并根据表 1 中判稳原则进行分析。

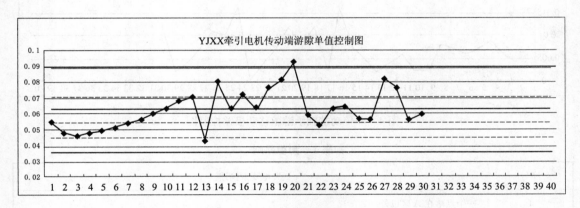

图 1 传动端轴承游隙单值控制图

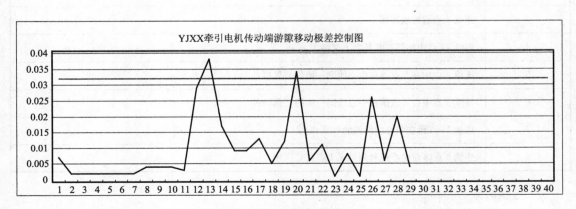

图 2 传动端轴承游隙移动极差控制图

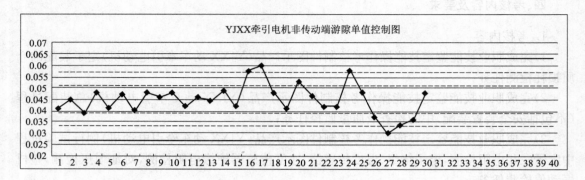

图3　非传动端轴承游隙单值控制图

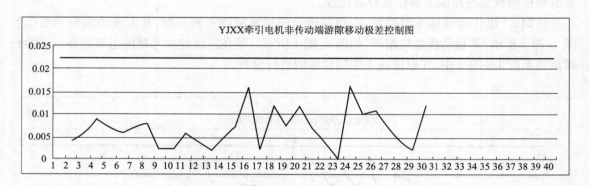

图4　非传动端轴承游隙移动极差控制图

表1　判稳原则

序号	失稳要素描述
1	一个点落在 A 区以外
2	连续 9 点落在中心线同一侧
3	连续 6 点递增或递减
4	连续 14 点中相邻点总是上下交替
5	连续 3 点中有 2 点落在中心线同一侧的 B 区以外
6	连续 5 点中有 4 点落在中心线同一侧的 C 区以外
7	连续 15 点落在中心线两侧的 C 区以内
8	连续 8 点落在中心线两侧且无 1 点在 C 区中

2. 考核时限

本次技能考核时间为 360 分钟(不包含工件转序时间及因生产组织造成的等待时间)。

3. 考核评分(表)

职业名称	电器产品检验工	考核等级	高级工		
试题名称	交流异步电机检查	考核时限	360 分钟		
鉴定项目	考核内容	配分	评分标准	扣分说明	得分
量具准备	游标卡尺、百分表、千分尺、塞尺	3	未准备合格量具一项扣 1 分		
	数字微欧计	1	未准备合格量具一项扣 1 分		
	漆膜测厚仪、振动检测仪、红外线测温仪	4	未准备合格量具一项扣 2 分		
	介质损耗检测仪	2	未准备合格量具一项扣 2 分		
目测检查	对总装前部件进行外观检查，确认是否有磕碰等异常情况，如有则需按照程序进行处置	2	每缺少或错一项检查扣 1 分		
	确认各零、部件图号及材料的正确性	4	每缺少或错一项检查扣 1 分		
	确认组装及试验环境符合工艺要求。如轴承装配的清洁度、温度；如例行试验时的温度、湿度等	2	每缺少或错一项检查扣 1 分		
电气性能检查	在电机试验时，能够正确选择仪表及量程，进行： 1）定子绕组对地耐压检测； 2）温度传感器对地耐压检测； 3）速度传感器对地耐压检测	3	每缺少或错一项检查扣 1 分		
	在电机试验时，能够正确选择仪表及量程，进行定子三相电阻检查	2	缺少或错一项检查扣 2 分		
	在电机组装及试验时，能够正确选择仪表及量程，进行： 1）定子绕组绝缘电阻检测； 2）速度传感器绝缘电阻检测； 3）温度传感器绝缘电阻检测； 4）绝缘轴承绝缘电阻检测	4	每缺少或错一项检查扣 1 分		
	能够正确选择仪表及量程，进行定子绕组介质损耗检查	4	检查错误扣 4 分		
机械性能检查	1）检查操作工紧固螺栓的紧固标识、锁紧标识是否完整； 2）抽检操作工紧固螺栓的力矩值是否符合工艺要求； 3）确认操作工上螺纹锁固剂前是否清洁紧固件； 4）确认操作工使用的力矩扳手精度校准在有效期内	8	每缺少或错一项检查扣 1 分		
	能够正确选择仪表及量程，进行： 1）传动端轴承组装游隙检测； 2）非传动端轴承组装游隙检测	4	每缺少或错一项检查扣 2 分		
	检查部件装配过程。如油路检查、轴承油脂量检查、速度传感器装配间隙检查等	10	每缺少或错一项检查扣 2 分		
	能够正确选择仪表及量程，进行： 1）转轴跳动量检测； 2）测速齿轮跳动量检测	4	每缺少或错一项检查扣 2 分		
	在电机试验时，能够正确选择仪表及量程，进行电机振动值检测	2	每缺少或错一项检查扣 2 分		

续上表

鉴定项目	考核内容	配分	评分标准	扣分说明	得分
特殊过程检查	能够正确使用漆膜厚度检测仪进行机座表面漆检测	2	每缺少或错一项检查扣2分		
	能够正确使用红外线测温仪进行温度监控,并有效监控此特殊过程。如:端盖烘焙、轴承内圈热套、传动端封环热套、挡圈热套等	8	每缺少或错一项检查扣2分		
	能够有效监控此特殊过程,并掌握: 1)压线钳精度校准是否在有效期内; 2)压线钳送检频次; 3)压接电缆线实物拉力检测频次	6	每缺少或错一项检查扣2分		
问题分析能力	能够对考核样件的例行试验结果进行合格与否判定,并简单分析	5	分析不正确扣2分		
	能够对考核现场出现的质量问题进行快速响应及处置	5	分析不正确扣2分		
质量统计	能够结合本次考核提供的两组数据,对轴承组装后游隙数值进行分析、判稳	5	分析不正确扣5分		
维护和保养	能够正确选择使用量具及设备等	2	选择或使用不正确一项扣2分		
	1)检查量具是否在校准合格期内; 2)检查量具外观状态	3	未检查一项扣1分		
	量具使用完成是否清洁干净并妥善放置	3	未进行保养扣3分		
培训及指导	能够指导初级或中级检验工操作	2	未正确指导扣2分		
质量、安全、工艺纪律、文明生产等综合考核项目	考核时限	不限	每超时5分钟,扣10分		
	工艺纪律	不限	依据企业有关工艺纪律规定执行,每违反一次扣10分		
	劳动保护	不限	依据企业有关劳动保护管理规定执行,每违反一次扣10分		
	文明生产	不限	依据企业有关文明生产管理规定执行,每违反一次扣10分		
	安全生产	不限	依据企业有关安全生产管理规定执行,每违反一次扣10分		

职业技能鉴定技能考核制件(内容)分析

职业名称	电器产品检验工
考核等级	高级工
试题名称	交流异步电机检查
职业标准依据	国家职业标准

试题中鉴定项目及鉴定要素的分析与确定

分析事项＼鉴定项目分类	基本技能"D"	专业技能"E"	相关技能"F"	合计	数量与占比说明
鉴定项目总数	1	9	2	12	
选取的鉴定项目数量	1	6	2	12	
选取的鉴定项目数量占比(%)	100	66.67	100	100	专业技能满足2/3,鉴定要素满足60%的要求
对应选取鉴定项目所包含的鉴定要素总数	4	29	5	38	
选取的鉴定要素数量	4	18	4	26	
选取的鉴定要素数量占比(%)	100	62	80	68.4	

所选取鉴定项目及相应鉴定要素分解与说明

鉴定项目类别	鉴定项目名称	国家职业标准规定比重(%)	《框架》中鉴定要素名称	本命题中具体鉴定要素分解	配分	评分标准	考核难点说明
D	量具准备	10	游标卡尺、百分表、千分尺、深度尺、万能角度尺、高度尺、塞尺使用	游标卡尺、百分表、千分尺、塞尺	3	未准备合格量具一项扣1分	
			数字微欧计、万用表、双臂电桥使用	数字微欧计	1	未准备合格量具一项扣1分	
			漆膜测厚仪、划格检测仪、振动检测仪、表面粗糙度检测仪、红外线测温仪使用	漆膜测厚仪、振动检测仪、红外线测温仪	4	未准备合格量具一项扣2分	
			工频耐压仪、匝间测试仪、介质损耗检测仪、功率分析仪使用	介质损耗检测仪	2	未准备合格量具一项扣2分	
E	目测检查	80	机械部件外观检查	对总装前部件进行外观检查,确认是否有磕碰等异常情况,如有则需按照程序进行处置	2	每缺少或错一项检查扣1分	
			工件图号、材料编码与实物匹配性检查	确认各零、部件图号及材料的正确性	4	每缺少或错一项检查扣1分	
			环境条件检查	确认组装及试验环境符合工艺要求。如轴承装配的清洁度、温度;如例行试验时的温度、湿度等	2	每缺少或错一项检查扣1分	

鉴定项目类别	鉴定项目名称	国家职业标准规定比重(%)	《框架》中鉴定要素名称	本命题中具体鉴定要素分解	配分	评分标准	考核难点说明
E	电气性能检查	80	对地耐压检查	在电机试验时,能够正确选择仪表及量程,进行: 1)定子绕组对地耐压检测; 2)温度传感器对地耐压检测; 3)速度传感器对地耐压检测	3	每缺少或错一项检查扣1分	
			电阻检查	在电机试验时,能够正确选择仪表及量程,进行定子三相电阻检查	2	缺少或错一项检查扣2分	
			绝缘电阻检查	在电机组装及试验时,能够正确选择仪表及量程,进行: 1)定子绕组绝缘电阻检测; 2)速度传感器绝缘电阻检测; 3)温度传感器绝缘电阻检测; 4)绝缘轴承绝缘电阻检测	4	每缺少或错一项检查扣1分	
			介质损耗检查	能够正确选择仪表及量程,进行定子绕组介质损耗检查	4	检查错误扣4分	
	机械性能检查		螺栓紧固检查	1)检查操作工紧固螺栓的紧固标识、锁紧标识是否完整; 2)抽检操作工紧固螺栓的力矩值是否符合工艺要求; 3)确认操作工上螺纹锁固剂前是否清洁紧固件; 4)确认操作工使用的力矩扳手精度校准在有效期内	8	每缺少或错一项检查扣1分	
			轴承游隙检查	能够正确选择仪表及量程,进行: 1)传动端轴承组装游隙检测; 2)非传动端轴承组装游隙检测	4	每缺少或错一项检查扣2分	

鉴定项目类别	鉴定项目名称	国家职业标准规定比重(%)	《框架》中鉴定要素名称	本命题中具体鉴定要素分解	配分	评分标准	考核难点说明
E	机械性能检查	80	部件装配检查	检查部件装配过程。如油路检查、轴承油脂量检查、速度传感器装配间隙检查等	10	每缺少或错一项检查扣2分	
			跳动量检查	能够正确选择仪表及量程,进行: 1)转轴跳动量检测; 2)测速齿轮跳动量检测	4	每缺少或错一项检查扣2分	
			振动检测	在电机试验时,能够正确选择仪表及量程,进行电机振动值检测	2	每缺少或错一项检查扣2分	
	特殊过程检查		漆膜厚度检查	能够正确使用漆膜厚度检测仪进行机座表面漆检测	2	每缺少或错一项检查扣2分	
			烘箱或感应加热工件	能够正确使用红外线测温仪进行温度监控,并有效监控此特殊过程。如:端盖烘焙、轴承内圈热套、传动端封环热套、挡圈热套等	8	每缺少或错一项检查扣2分	
			压接电缆线	能够有效监控此特殊过程,并掌握: 1)压线钳精度校准是否在有效期内; 2)压线钳送检频次; 3)压接电缆线实物拉力检测频次	6	每缺少或错一项检查扣2分	
	问题分析能力		试验数据分析	能够对考核样件的例行试验结果进行合格与否判定,并简单分析	5	分析不正确扣2分	
			现场质量问题的分析与处置	能够对考核现场出现的质量问题进行快速响应及处置	5	分析不正确扣2分	
	质量统计		控制图的应用	能够结合本次考核提供的两组数据,对轴承组装后游隙数值进行分析、判稳	5	分析不正确扣5分	
F	检查、检测用设备、工装、工具、量具的维护和保养	10	正确选择、使用设备、工装、量具、工具	能够正确选择使用量具及设备等	2	选择或使用不正确一项扣2分	
			常用量具的状态确认	1)检查量具是否在校准合格期内; 2)检查量具外观状态	3	未检查一项扣1分	
			工具、量具的维护、保养	量具使用完成是否清洁干净并妥善放置	3	未进行保养扣3分	
	培训及指导		指导实际操作的方法	能够指导初级或中级检验工操作	2	未正确指导扣2分	

鉴定项目类别	鉴定项目名称	国家职业标准规定比重(%)	《框架》中鉴定要素名称	本命题中具体鉴定要素分解	配分	评分标准	考核难点说明
				考核时限	不限	每超时5分钟,扣10分	
				工艺纪律	不限	依据企业有关工艺纪律规定执行,每违反一次扣10分	
	质量、安全、工艺纪律、文明生产等综合考核项目			劳动保护	不限	依据企业有关劳动保护管理规定执行,每违反一次扣10分	
				文明生产	不限	依据企业有关文明生产管理规定执行,每违反一次扣10分	
				安全生产	不限	依据企业有关安全生产管理规定执行,每违反一次扣10分	

参 考 文 献

[1] 方日杰．电机制造工艺学[M]．北京：机械工业出版社．1998.

[2] 朱东起．电机学[M]．中央广播电视大学出版社．1995.

[3] 李发海，朱东起．电机学[M]．科学出版社，2007.

[4] 张皓阳．公差配合与技术测量[M]．人民邮电出版社．2012.

[5] 李德涛，顾钟毅．质量检验基础[M]．—2版．—北京：中国标准出版社．2008.